EAI/Springer 通信和计算创新丛书

丛书编辑

Imrich Chlamtac，欧洲创新联盟，比利时根特。

编者按

信息技术的影响在于创造一个尚未被充分理解的新世界。如果不了解背后的技术驱动力，就很难评估日常生活中已经感知到的经济、生活方式和社会变化的程度和速度。本丛书介绍了在这一过程中发挥关键作用的各种信息工程技术的最新进展。

本丛书主题范围聚焦于通信和计算工程，包括但不限于无线网络、移动通信、设计和学习、游戏、互动、电子健康和普及医疗、能源管理、智能电网、物联网、认知无线电网络、云计算、泛在连接，以及智能生活、智能城市等。本丛书包括一部由欧洲创新联盟（EAI）主办和赞助的会议论文选集，介绍了全球研究的前沿，并为相关传统工程领域提供了新的视角。这些内容加上公开征集的书名和个别章节内容，共同保证了 Springer 和 EAI 的高标准学术品质。该丛书的读者对象包括研究人员、行业专业人士、高年级学生及相关领域的从业人员，包括信息和通信专家、安全专家、经济学家、城市规划人员、医生，以及受信息革命影响的各行各业人员。

检索：该丛书被 Scopus、Ei Compendex 和 zbMATH 检索。

关于 EAI

EAI 是一个由企业、公私营机构和政府组织之间合作发起的基层成员组织，以应对欧洲未来竞争力面临的挑战，并将欧洲研究团体与全球同行联系起来。EAI 面向各大洲数十万名个人用户，并与包括财富 500 强公司、政府组织和教育机构在内的机构成员群合作，提供免费的研究和创新平台。EAI 通过其开放的、免费的会员模式，促进了基于合作、交流及崇尚卓越的研究和创新文化。

基于接收信号强度的
无线传感器网络目标定位与跟踪

［印］Satish R. Jondhale　［印］R. Maheswar　［西］Jaime Lloret　著

张东坡　丁　磊　方棉佳　等译

楼才义　审

電子工業出版社

Publishing House of Electronics Industry

北京·BEIJING

图书在版编目（CIP）数据

基于接收信号强度的无线传感器网络目标定位与跟踪 /（印）萨蒂什・琼多哈利（Satish R. Jondhale），（印）马赫斯瓦兰（R. Maheswar），（西）海梅・略雷特（Jaime Lloret）著；张东坡等译. —北京：电子工业出版社，2024.1

书名原文：Received Signal Strength Based Target Localization and Tracking Using Wireless Sensor Networks

ISBN 978-7-121-47169-8

Ⅰ. ①基… Ⅱ. ①萨… ②马… ③海… ④张… Ⅲ. ①无线电通信－传感器－定位跟踪－研究 Ⅳ. ①TP212

中国国家版本馆 CIP 数据核字（2024）第 010927 号

责任编辑：徐蕾薇　　文字编辑：赵　娜
印　　刷：三河市良远印务有限公司
装　　订：三河市良远印务有限公司
出版发行：电子工业出版社
　　　　　北京市海淀区万寿路 173 信箱　邮编 100036
开　　本：720×1 000　1/16　印张：13.25　字数：276 千字
版　　次：2024 年 1 月第 1 版
印　　次：2024 年 1 月第 1 次印刷
定　　价：99.00 元

凡所购买电子工业出版社图书有缺损问题，请向购买书店调换。若书店售缺，请与本社发行部联系，联系及邮购电话：（010）88254888，88258888。
质量投诉请发邮件至 zlts@phei.com.cn，盗版侵权举报请发邮件至 dbqq@phei.com.cn。
本书咨询联系方式：（010）88254438，xuqw@phei.com.cn。

译 者 序

基于无线传感器网络的目标定位与跟踪技术近几年蓬勃发展，在民用领域和军用领域都得到了广泛应用。利用接收信号强度（Received Signal Strength Indicator，RSSI）的无线传感器网络定位与跟踪系统具有易于实现、部署简单、维护方便、精度较高等优点，应用前景更为广阔，因而得到更多关注，发展迅速。

本书全面介绍了基于无线传感器网络的目标定位和跟踪系统的基本理论，对现有目标定位与跟踪系统进行了深入分析，提供了基于无线传感器网络构建目标定位与跟踪系统的方法，给出了基于 RSSI 和无线传感器网络的目标定位与跟踪系统实现途径，以及利用人工神经网络实现动态环境下运动目标跟踪的过程。本书给出了利用 MATLAB 编写的主要算法实现例程，可以为设计和实现高效的无线传感器网络定位跟踪系统提供有益帮助。

全书深入浅出、通俗易懂，与实际应用结合紧密，可以为从事无线传感器网络及目标定位与跟踪技术研究的高年级学生、高校教师及工程技术人员提供有益参考。

本书由张东坡、丁磊、方棉佳、张春磊和施征卿等翻译，张东坡负责全书的统稿，楼才义对全书进行了仔细审校。受译者技术水平和翻译水平所限，书中难免出现各种翻译错误和表达不准确之处，敬请读者批评指正。

译者

2023 年 8 月

前　言

位置感知涉及许多工业、科学和军事领域的室内外应用，是当前各种基于位置的服务（Location-based Services，LBS）的关键组成部分。尽管全球定位系统（Global Positioning System，GPS）技术更为流行，通过其可以很容易地获得位置更新信息，但是因存在许多室内和室外环境中的设备，GPS 信号访问受限，促使研究人员设计无 GPS 的定位系统。作为 21 世纪的关键技术之一，低功耗、低成本的无线传感器网络为设计和开发无 GPS 的室内外定位和跟踪（Localization and Tracking，L&T）系统铺平了道路。与其他技术方案相比，无线传感器网络（Wireless Sensor Network，WSN）易于部署、体积小、成本低、功耗低，并且具有自组织性。相比其他指标，接收信号强度（Received Signal Strength Indicator，RSSI）的测量不增加额外硬件且使用简单，是基于无线传感器网络的定位与跟踪系统中应用最广泛的现场测量指标之一。然而，由于存在诸如反射、折射、多径传播和非视距（Non-Line of Sight，NLOS）之类的信号传播问题，现有的基于接收信号强度的目标跟踪系统通常精度较低。除了信号传播问题，目标运动速度的突然变化、部分接收信号强度测量值无效、目标运动方式的变化等环境动态性方面的问题，也使基于接收信号强度的目标定位与跟踪极具挑战性。尽管对基于无线传感器网络的定位与跟踪已经有了很多研究，但大多数现有系统在跟踪精度和计算复杂度方面都不够稳健和高效。目前，在基于接收信号强度和无线传感器网络的定位与跟踪领域，研究人员的研究重点是开发高效、稳健和准确的定位与跟踪系统。该领域的研究正高速蓬勃发展，因此很难把所有的研究进展情况都纳入本书之中。然而，我们尽最大努力提供该领域现有系统的详细情况和相关信息。撰写本书的主要目的是给出一种系统的方法，用于学习无线传感器网络基本原理及其开发定位与跟踪应用程序的能力。本书试图回答如何设计一种新型、高效的基于接收信号强度的跟踪系统，该系统可以跟踪单个目标，并且不管目标运动与否，都能进行高精度跟踪。本书介绍了几种基于人工神经网络（Artificial Neural Network，ANN）的实现方法，用于处理动态环境下单个移动目标的跟踪，并通过大量基于 MATLAB 的仿真实验进行了验证。我们相信，本书可以提供一种有效的方法来设计或编程定制解决方案，借助测量接收信号强度，实现基于无线传感器网络的定位与跟踪系统的潜在应用。

因此，本书不仅介绍了射频通信的基本原理、基于无线传感器网络的目标定位与跟踪系统、硬件、协议架构及现有基于接收信号强度和无线传感器网络系统的优缺点，而且介绍了利用基于 MATLAB 开发的子系统模块实现目标定位与跟踪的系统级方法，人们可以使用这些现成模块来理解和开发他们自己的基于无线传感器网络的定位与跟踪应用程序，或者进行进一步研究，根据实际需求定制潜在应用程序。物理、数学、计算机科学或电子学科的本科生可以阅读本书。

Satish R. Jondhale

R. Maheswar

Jaime Lloret

致谢

衷心感谢 Chlamtac 教授（欧洲创新联盟 EAI 主席）和 Eliška Vlčková（EAI 总编辑），感谢他们让我有机会撰写这本题为《基于接收信号强度的无线传感器网络目标定位与跟踪》的书。作为本书的通讯作者，我要特别感谢本书的合著者 R. Maheswar 博士（博帕尔大学 EEE 学院）和 Jaime Lloret 博士（西班牙巴伦西亚理工大学），在完成本书的过程中，他们是无私的导师、出色的研究合作伙伴和难得的朋友。我要感谢 Rajkumar S. Deshpande 博士（我的博士生导师）、D. N. Kyatanvar 博士（Kopargaon Sanjivani 校长）和 B. S. Agarkar 博士（Kopargaon Sanjivani 首席执行官）激励我在撰写本书的过程中扩展我的博士研究工作。我还要感谢 R. P. Labade 博士（E&TC 部门负责人），以及我来自印度马哈拉施特拉邦桑甘纳 Amrutwahini COE 的同事，他们为我成功完成这本书提供了一切便利和支持。感谢所有评审人员，他们为我进一步改进工作提供了宝贵的建议。还要感谢 Springer 出版社的工作人员，他们真的对我帮助很多，他们的大力支持使本书最终得以成功出版。衷心感谢我的妻子 Amruta 教授、我的女儿 Aarohi 和 Rajlaxmi，以及我的父母，他们真心原谅我在撰写本书时缺席他们宝贵的人生时刻。如果没有家人的支持，本书的撰写是不可能成功的。最后，我必须向 Shri Krishna 勋爵表示衷心的感谢，感谢他在本书撰写过程中为我提供的知识和能量。

目　　录

第1章　无线传感器网络基础……1

1.1　无线传感器网络介绍……1

1.2　无线传感器网络与其他无线网络……3

1.3　传感器节点架构……4

1.3.1　供电单元……5

1.3.2　感应单元……5

1.3.3　处理单元……5

1.3.4　通信单元……6

1.3.5　自定位单元……7

1.4　传感器网络通信架构……7

1.5　无线传感器网络的设计约束……8

1.5.1　功耗……8

1.5.2　存储……9

1.5.3　部署、拓扑和覆盖率……9

1.5.4　通信与路由……10

1.5.5　安全性……10

1.5.6　制造成本……10

1.5.7　可扩展性和精准性……11

1.6　现有无线传感器网络平台……11

1.6.1　Wins……11

1.6.2　Eyes……12

1.6.3　Pico-Radio……12

1.6.4　Mica Mote 族……12

1.7　无线传感器网络的应用……13

1.7.1　军事应用……13

1.7.2 环境监测应用……13
1.7.3 健康应用……14
1.7.4 家庭应用……14
1.7.5 其他商业应用……14
原书参考文献……15

第2章 基于无线传感器网络的目标定位与跟踪……18

2.1 基于无线传感器网络的目标定位与跟踪简介……18
2.1.1 无线传感器网络中目标定位与跟踪的典型场景……20
2.1.2 目标定位与跟踪技术分类……21
2.2 基于RSSI的目标定位与跟踪算法……22
2.3 路径损耗模型的环境特征描述……25
2.3.1 自由空间传播模型……25
2.3.2 双线传播模型……26
2.3.3 对数正态阴影模型（LNSM）……27
2.3.4 最优拟合参数指数衰减模型（OFPEDM）……27
2.4 基于RSSI的目标定位与跟踪技术……28
2.4.1 RFID……28
2.4.2 Wi-Fi……28
2.4.3 蓝牙……29
2.4.4 ZigBee……29
2.5 目标定位的传统技术……30
2.5.1 三边测量技术……30
2.5.2 三角测量技术……31
2.5.3 指纹……31
2.6 运动目标跟踪模型……32
2.6.1 恒速（CV）模型……32
2.6.2 恒加速（CA）模型……32
2.7 目标跟踪状态估计技术……33
2.7.1 标准卡尔曼滤波（KF）……34
2.7.2 UKF……35
2.8 基于RSSI室内目标定位与跟踪的相关挑战……36
原书参考文献……37

第 3 章 基于 RSSI 的目标定位与跟踪系统综述……43

3.1 各种无线技术在室内跟踪中的应用综述……43
3.2 贝叶斯滤波在基于 RSSI 的目标跟踪中的应用综述……45
3.3 神经网络在基于 RSSI 的目标跟踪中的应用综述……47
3.4 BLE 技术在基于 RSSI 的目标跟踪中的应用综述……51
3.5 现有基于 RSSI 的目标定位与跟踪系统的局限性……52
原书参考文献……53

第 4 章 基于三边测量的 RSSI 目标定位与跟踪……58

4.1 基于三边测量的目标定位与跟踪系统假定与设计……58
4.2 基于三边测量的目标定位与跟踪算法流程……60
4.3 评估目标定位与跟踪算法的性能指标……61
4.4 结果讨论……61
4.4.1 案例 4.1 结果：测试环境动态性对目标定位与跟踪性能的影响（RSSI 测量中的噪声变化）……62
4.4.2 案例 4.2 结果：锚节点密度对目标定位与跟踪性能的影响测试……74
4.5 结论……79
基于三边测量的目标定位与跟踪算法的 MATLAB 代码……79
原书参考文献……88

第 5 章 基于 KF 的 RSSI 目标定位与跟踪……90

5.1 基于 KF 的目标定位与跟踪系统假定和设计……90
5.2 基于三边测量+KF 算法和三边测量+UKF 算法的目标定位与跟踪算法流程……95
5.3 评估目标定位与跟踪算法的性能指标……96
5.4 结果讨论……97
5.4.1 案例 5.1 结果……97
5.4.2 案例 5.2 结果……100
5.4.3 案例 5.3 结果……103
5.5 结论……106
基于 KF 的目标定位与跟踪算法的 MATLAB 代码……106
原书参考文献……124

第 6 章　基于 GRNN 的 RSSI 目标定位与跟踪 ······ 126
6.1　目标定位与跟踪应用的 GRNN 架构 ······ 126
6.2　系统假定与设计 ······ 127
6.3　基于三边测量+KF 算法与基于三边测量+UKF 算法流程 ······ 130
6.4　性能评估指标 ······ 130
6.5　结果讨论 ······ 131
6.5.1　案例 6.1 结果 ······ 131
6.5.2　案例 6.2 结果 ······ 133
6.5.3　案例 6.3 结果 ······ 136
6.6　结论 ······ 139
基于 GRNN 和 KF 架构的目标定位与跟踪算法的 MATLAB 代码 ······ 139
案例 6.1 的 MATLAB 代码 ······ 139
案例 6.2 的 MATLAB 代码 ······ 147
案例 6.3 的 MATLAB 代码 ······ 154
原书参考文献 ······ 162
第 7 章　基于监督学习架构的 RSSI 定位和跟踪 ······ 164
7.1　目标定位和跟踪方法的监督学习架构 ······ 164
7.1.1　FFNN ······ 164
7.1.2　径向基函数神经网络（RBFN 或 RBFNN） ······ 165
7.1.3　多层感知器（MLP） ······ 166
7.2　ANN 训练函数 ······ 166
7.3　监督学习架构在 L&T 系统中的应用 ······ 167
7.3.1　系统假定和设计 ······ 168
7.3.2　性能评估指标 ······ 169
7.3.3　ANN 架构的算法流程 ······ 170
7.3.4　结果讨论 ······ 170
7.4　结论 ······ 179
案例 7.1 和案例 7.2 的 MATLAB 代码 ······ 179
案例 7.1 的 MATLAB 代码 ······ 179
案例 7.2 的 MATLAB 代码 ······ 189
原书参考文献 ······ 193

关于著者

Satish R. Jondhale，分别于 2006 年、2012 年和 2019 年在印度萨维特里白普勒浦那大学获得电子和电信专业学士、硕士和博士学位，担任桑加姆纳阿姆鲁·瓦希尼工程学院电子和电信部助理教授十余年。他的研究方向包括信号处理、目标定位和跟踪、无线传感器网络、人工神经网络及其应用、图像处理和嵌入式系统设计，在 *IEEE Sensors Journal*、*Ad Hoc Networks*（Elsevier）、*Ad Hoc & Sensor Wireless Networks* 以及 *International Journal of Communication System*（Wiley）等著名期刊上发表了多篇研究论文。他在 Springer 出版社 2019 年出版的《无线传感器网络手册：当前场景中的问题和挑战》中编写了两章。他是 IEEE 和 ISTE 等专业协会的成员，曾是 *IEEE Transactions on Industrial Informatics*、*IEEE Sensors*、*Signal Processing*（Elsevier）、*IEEE Access*、*IEEE Signal Processing Letters*、*Ad Hoc & Sensor Wireless Networks* 等期刊的审稿人。他凭借出色的审稿工作获得了美国密西西比州立大学的认可和赞赏。他曾担任 2019 年 10 月 22 日至 25 日在西班牙格拉纳达举行的 The Sixth International Conference on Internet of Things: Systems, Management and Security（IOTSMS, 2019）的技术程序委员会成员（技术上由 IEEE 西班牙分会共同赞助）。他被任命为 2019—2020 年的“Bentham 品牌大使”。

R. Maheswar，于 1999 年在马德拉斯大学（Madras University）获得学士学位（ECE），于 2002 年在巴拉提亚大学（Bharathiar University）获得应用电子技术硕士学位，并于 2012 年在安娜大学（Anna University）获得无线传感器网络领域博士学位。他拥有 19 年的各级教学经验，目前担任 VIT Bhopal University 电气、电子与机电学院院长。他在国际期刊和国际会议上发表了 70 余篇论文，并获得 4 项专利，研究兴趣包括无线传感器网络、物联网、排队论和性能评估。曾担任 *Wireless Networks Journal* 的客座编辑，并担任同行评议期刊的编辑评审委员会成员，编辑了四本由 EAI/Springer 通信和计算创新丛书支持的书籍。他目前是 *Wireless Networks Journal*、*Springer*、*Alexandria Engineering Journal*、*Elsevier*、*Ad Hoc & Sensor Wireless Networks*、*Old City Publishing* 等期刊的副主编。

Jaime Lloret，于 1997 年获得物理学学士学位+理学硕士学位，2003 年获得电子工程学士学位+理学硕士学位，2006 年获得电信工程博士学位（工程博士）。他是思科认证的网络专业讲师，是 IEEE、ACM 高级会员和 IARIA 会员，同时任综合管理海岸研究所（IGIC）主席、IEEE 西班牙分部官员、IEEE 通信互联网技术委员会主席（2014—2015 年）、“教育中的主动和协作技术及技术资源使用（EITACURTE）”创新小组负责人及 IEEE 1907.1 标准工作组主席（截至 2018 年）。他目前是巴伦西亚理工大学副教授，是“计算机网络与通信”课程导师，并在 2012—2016 年担任“数字后期制作”硕士生导师。2010—2012 年担任 IEEE 通信学会欧/非区认知网络技术委员会副主席；2011—2013 年担任 IEEE 通信学会和互联网学会互联网技术委员会副主席，2013—2015 年担任该委员会主席。

他撰写了 22 本书的部分章节，并在国内外会议、国际期刊上发表了 480 多篇研究论文（ISI Thomson JCR 超过 230 篇）。曾担任 40 个会议论文集的联合编辑，以及数部国际书籍和期刊的客座编辑。他是 *Ad Hoc & Sensor Wireless Networks*（具有 ISI Thomson 影响因子）及国际期刊 *Networks Protocols and Algorithms* 和 *International Journal of Multimedia Communications* 的主编。他还是 *Sensors* 期刊传感器网络部分的副主编，是 *International Journal of Distributed Sensor Networks* 的顾问委员会成员（这两种期刊均具有 ISI Thomson 影响因子），他是 IARIA Journals 董事会主席（8 种期刊）。此外，他是（或曾经是）46 种国际期刊的副主编（其中 16 种具有 ISI Thomson 影响因子）。他参与了 450 多个国际会议项目委员会及 150 多个组织和指导委员会，领导了很多地区、国家和欧洲项目。根据 Clarivate Analytics 排名，自 2016 年以来，他是电信期刊列表中 h 索引最高的西班牙研究员。他曾担任 52 个国际研讨会和会议的主席（或联合主席）（担任主席的国际研讨会或会议有：SENSORCOMM 2007、UBICOMM 2008、ICNS 2009、ICWMC 2010、eKNOW 2012、SERVICE COMPUTATION 2013、COGNITIVE 2013、ADAPTIVE 2013、12th AICT 2016、11th ICIMP 2016、3rd GREENETS 2016、13th IWCMC 2017、10th WMNC 2017、18th ICN 2019、14th ICDT 2019、12th CTRQ 2019、12th ICSNC 2019、8th INNOV 2019、14th ICDS 2020、5th ALLSENSORS 2020、Industrial IoT 2020 和 GC ElecEng 2020；担任联合主席的国际研讨会或会议有：ICAS 2009, INTERNET 2010, MARSS 2011, IEEE MASS 2011, SCPA 2011, ICDS 2012, 2nd IEEE SCPA 2012, GreeNets 2012, 3rd IEEE SCPA 2013, SSPA 2013, AdHocNow 2014, MARSS 2014, SSPA 2014, IEEE CCAN 2015, 4th IEEE SCPA 2015, IEEE SCAN 2015, ICACCI 2015, SDRANCAN 2015, FMEC 2016, 2nd FMEC 2017, 5th SCPA 2017, XIII JITEL 2017, 3rd SDS 2018, 5th IoTSMS 2018, 4th FMEC 2019, 10th International Symposium on Ambient Intelligence 2019, 6th SNAMS 2019, ACN 2019；担任 2013 年 MIC-WCMC 和 2014 年 IEEE Sensors 的本地主席）。

— 第 1 章 —

无线传感器网络基础

1.1 无线传感器网络介绍

无线传感器网络可以被描述为由大量微小、低成本、电池供电的传感器节点（也称为微粒节点）组成的自主和自组织系统，这些节点通常随机部署在感兴趣的物体内部或非常接近它[1,2]。这些微粒节点通常用于监测环境和物理状态，如压力、温度、光线、湿度、火灾和化学水平[3-5]。这些节点可以感知环境（数据收集）、处理数据，并将处理后的数据直接转发给基站（也称为汇聚器），或通过其他传感器节点转发给基站，以便根据应用要求进行进一步处理。无线传感器网络中的传感器节点配备了车载处理器。传感器节点不转发原始传感数据，而是利用其内置处理能力在局部级别执行简单计算，然后仅将部分处理后的数据传输给负责数据融合的节点。无线传感器网络中的计算能力确保了广泛的应用[3,6-8]。例如，医生可以远程监测患者的生理数据，这节省了患者和医生的大量时间。无线传感器网络还可用于定位和/或检测污染程度，以及空气和水中有毒物质的百分比。因此，无线传感器网络可以为最终用户提供更好的智能环境解析。在未来10～15 年内，预计世界上大部分地区将被无线传感器网络覆盖，并通过互联网访问这些网络[3,6]，这并非不合理。

由传感器节点、汇聚器、互联网连接和最终用户组成的典型无线传感器网络模型如图 1.1 所示。传感器场只是一个设定的环境，可在其中部署节点以收集信

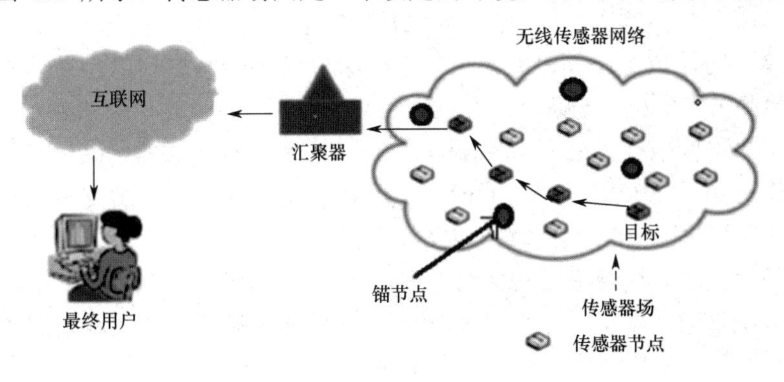

图 1.1　典型无线传感器网络模型

息[5]。每个节点都能够感知、处理数据，并将其转发给请求的节点或接收器。根据应用要求，汇聚器和传感器节点可以是静态的，也可以是移动的。汇聚器收集和处理来自传感器节点的数据。与传感器节点相比，汇聚器通常具有丰富的内存、计算能力和能量。汇聚器使用现有通信基础设施（如互联网），通过终端（如计算机）将无线传感器网络连接到最终用户。

无线传感器网络的概念可以通过以下简单等式来描述[3,5]：

传感+CPU+无线电=无线传感器网络的数千种可能应用

因此，了解了无线传感器网络的功能后，数以千计的应用场景就会浮现在脑海中。虽然这似乎是现代技术的直接组合，但将传感器、处理器和无线电组合成硬币大小的节点，需要详细了解每个底层硬件的能力和局限性，以及分布式系统和现代网络技术的基础知识[3,5]。每个传感器节点必须设计成包含形成节点网络所需的初始需求，同时严格满足成本、大小和功耗的要求。因此，主要挑战是刻画总体系统需求。

无线传感器网络节点可以具有不同类型的传感器接口，能够监测各种环境条件。传感器包括地震、压力、热、磁、红外、声学和视觉等类型[3,5]。传感器节点可以手动部署或随机部署。尽管每个节点在内存、能量、计算和通信能力方面都有一定的资源约束，但通过对它们的大量部署可以共同感知周围环境，传输和处理实验测量值。这就是为什么无线传感器网络的应用范围能从环境监测、实时跟踪扩展到结构健康监测的原因[3,6-8]。实时信息传输和处理能力使无线传感器网络成为解决突发事件、救灾行动和军事行动的理想方案，这些行动都需要有效协调和规划。无线传感器网络还可以用于对办公室、工厂、车辆、家庭和城市的设施进行检测和控制。任何基于无线传感器网络的应用，只有在提供测量数据的传感器节点位置正确且已知的情况下才有用。换句话说，节点定位对于任何基于无线传感器网络的应用都至关重要[9-12]。为了获得节点位置，需要有效的定位算法。基于无线传感器网络的定位系统虽然可以获得提供有用测量值的节点的位置估计，然而，由于存在噪声，估计的位置往往不可信。大多数情况下，位置估计不够准确，会导致无法确定所采用的基于无线传感器网络的应用是否稳定和可靠，这也是节点定位引起研究人员极大关注的原因。任何定位算法的主要目标都是提高节点定位精度（减小定位误差）。近年来，无线传感器网络领域的主要研究方面之一就是定位与跟踪（L&T）。因此，对任何基于无线传感器网络的应用，设计高效的定位与跟踪算法都是其重要环节[9-12]。

本书提供了无线传感器网络的基本形态，以及基于无线传感器网络的 L&T 系统的详细框架。我们介绍了基于接收信号强度（RSSI）的无线传感器网络目标定位与跟踪基本原理，同时模拟了实时的基于无线传感器网络的 L&T 系统框架。通过对最新期刊和会议论文的分析，我们尝试对现有基于 RSSI 的 L&T 系统进行深入研究。本书面向希望获得目标 L&T 知识，并希望实现基于无线传感器网络 L&T 系统相关广泛应用的经理、通信开发人员和从业人员。

1.2　无线传感器网络与其他无线网络

射频领域的进步和便携式设备的兴起加速了移动通信和无线网络的使用[13-15]。由于有了无线网络，用户可以以电子方式访问数据和服务，而不必考虑其物理位置[8]。基于无线技术的网络通常分为两类，即基于基础设施的网络和无基础设施的网络（Ad Hoc 网络）。前一类网络具有被称为接入点的固定基站，其通过传输线连接。如果移动节点在基站的通信范围内，则移动节点可以通过无线链路与基站通信。如果该移动节点移动到该基站的通信范围之外，则它尝试与其当前所在通信范围内的另一个基站建立连接。蜂窝电话系统、寻呼系统和无线局域网（Wireless Local Area Networks，WLAN）都是典型的基于基础设施的网络，而自组织网络没有此类预先定义的基础设施，其节点可以从一个地方自由移动到另一个地方，不断改变网络拓扑[3-5]。移动自组织网络（Mobile Ad Hoc Network，MANET）和无线传感器网络都是典型的自组织网络，这些网络不需要预先设置或提供基础设施。

MANET 是一个由具有无线通信能力（尤其是多跳通信）的自配置、自主、自组织节点组成的网络[16]。它通常用于满足无法部署有线基础设施场合中的即时通信需求。例如，MANET 可用于战场、救灾行动、粮食救济行动和大型建筑工地。与基于基础设施的网络相比，移动自组织网络可以覆盖更大的区域。无线传感器网络是一种特殊的自组织网络，由大量部署的传感器节点组成，与 MANET 相比，它可以覆盖更广泛的区域[16]。如 1.1 节所述，无线传感器网络中的传感器节点由电池供电，成本低、体积小。

无线传感器网络和 MANET 之间的一些相似之处包括：

- 两者都是分布式无线网络，都不需要以前的基础设施；
- 两者的节点都以无线自组织方式部署；
- 在大多数应用中，节点之间使用多跳方式进行通信；
- 由于两者都使用电池供电，因此都关注功耗最小化；
- 由于使用未经许可的频谱进行操作，两者通常都易受到运行在同一频段中其他射频设备的干扰；
- 由于分布式特性，两者都需要自我配置。

尽管无线传感器网络和 MANET 之间有许多相似之处，但它们之间也有一些重要的区别，如下所示[3,5,6,16]：

- 与 MANET 中节点数量较少相比，无线传感器网络的节点数量通常成百上千，因此，无线传感器网络中的节点部署密度非常高；
- 受环境和物理因素影响，无线传感器网络中的节点容易发生故障；
- 由于节点故障频繁，无线传感器网络拓扑结构经常更新；
- 在大多数情况下，无线传感器网络使用广播通信策略，而 MANET 采用点对点网络；
- 资源稀缺是无线传感器网络中的一个常见问题（这意味着受能量、计算能力和内存的限制更多）；
- 由于大规模（大量）部署，无线传感器网络节点通常没有全局唯一标识；
- 与 MANET 相比，在大多数应用中，无线传感器网络中的节点移动性相对较低或无移动性；

与 MANET 相比，无线传感器网络中的数据速率非常低。

1.3 传感器节点架构

传感器节点由许多组件组成，而不仅仅是无线传感器。如前文所述，传感器节点可以感知感兴趣的物理参数，并对其进行处理，将处理后的数据发送给基站。传感器节点可按以下方式定义[3-5,8]。

传感器节点是一种换能器，能感应某种类型的能量（现场测量值），并将其转换为合适的形式（电形式），以便将数据传输到其他传感器节点。此外，它具有避免传输从周围环境感应到的其他非必要数据的能力。

从硬件角度来看，传感器节点是具有各种传感器接口的小规模处理单元。通常，现场测量值包括温度、噪声电平、风压、物体的动静状态、接收信号强度（RSSI）等[3-5,8]。与节点相连接的传感器类型取决于底层目标应用。换句话说，传感器节点通常具有处理器（用于处理从接口传感器接收的物理量）、电池（用于为其供电）、存储器（用于存储原始感应或处理的数据）和无线电收发机（用于与其他节点或外界通信）等。传感器网络的联网和通信能力可以创造性地用于处理特定的底层应用。具有这四个功能单元的传感器节点组成如图 1.2 所示。

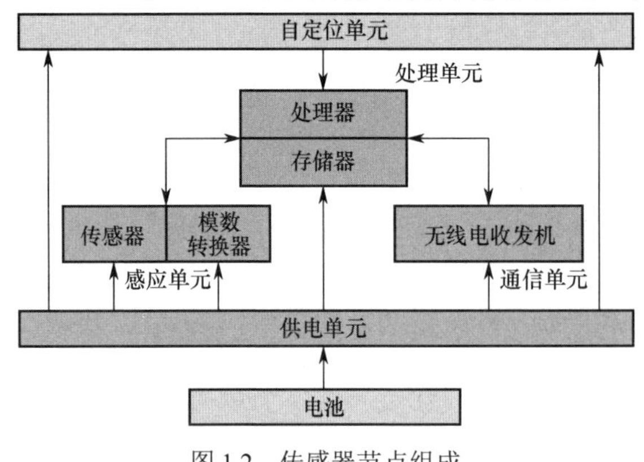

图 1.2 传感器节点组成

1.3.1　供电单元

供电单元通常包括一个硬币大小的不可再生电池，其作用是为传感器节点的所有单元供电[3-5,8,10]。电池显然是储能装置，其尺寸范围从小型币形电池到 AA 或 AAA 类型的大型铅酸电池。由于充电电池成本高、能量密度低，且实际应用困难，因此大多数基于无线传感器网络的应用中通常不使用充电电池。如果电池电量耗尽，传感器节点将无法工作。与大多数基于无线传感器网络的应用一样，传感器节点部署在恶劣环境中，通常无法接近，因此传感器节点的寿命主要取决于连接的电池。

在传感器节点中，节点活动（如感应、处理数据和通信）消耗功率。据观察，在这些活动中，数据通信是主要的功耗环节。例如，在 100m 距离上传输 1KB 数据的功耗，与处理能力为 1 亿条指令每秒（MIPS）的处理器执行约 300 万条指令的功耗大致相同[3]。由于电池尺寸的限制，功耗是无线传感器网络的主要设计约束。因此，在传感器网络设计中，供电单元的设计是一项非常关键的任务。此部分的设计可能因具体应用而异。通过使用太阳能电池从环境中提取能量，也可以为网络供电并延长无线传感器网络的寿命。

1.3.2　感应单元

感应单元通常由物理传感器组成，能够感应感兴趣的物理参数[3]。它还包含一个模数转换器（ADC），用于将感应数据转换为数字形式。传感器是一种转换器，它将物理现象的变化转换为可测量的电信号。传感器可以测量物理状态，如温度、湿度、光线、压力、声音、化学水平、磁场等。传感器使用 ADC 将模拟信号转换为数字信号，然后将其馈送给处理器进行进一步处理。传感器节点的形状通常很小、功耗需求低，并且可以在无人值守的情况下运行。传感器节点允许不止一种类型的传感器连接到该节点。

1.3.3　处理单元

无线传感器网络节点中的处理单元由适用的嵌入式处理器组成，用于处理从 ADC 获得的数字信号[3]。处理器可以执行各项任务，如处理输入数据和控制节点其他组件的工作。处理单元通常由一个微控制器来执行所有提到的任务。然而，在某些应用中，它可能由数字信号处理器（DSP）和现场可编程门阵列（FPGA）组成。由于具有低功耗和低成本，以及接口的灵活性和易于编程实现的特点，微控制器成为一种更好的选择。传感器节点中常用的微控制器有 Atmel

ATmega128 系列控制器、ARM 微控制器、德克萨斯仪器公司的 MSP 430 和 Microchip 的 PIC 控制器。应用程序越复杂，传感器节点中用于满足应用要求的微控制器就要越先进[3-5,16]。

处理单元中还包含一个存储单元，用于存储处理后的数据和底层应用的算法。存储单元由片上闪存、内部 RAM 和外部闪存组成。例如，Mica2 mote 基于 ATmega128L 微控制器，该微控制器具有 4KB 静态 RAM 和 128KB 闪存存储器[3]。

虽然现代的处理器都强大且微型，但传感器节点的功率（能量）和内存仍然被视为稀缺资源。处理单元执行的典型任务包括：

- 控制、信号处理和驱动；
- 数据聚合；
- 压缩、聚类、前向纠错和加密；
- 数据融合和数据分析。

1.3.4 通信单元

通信单元由无线电收发机组成。为了协同处理，传感器节点经常需要与相邻节点交换数据。收发器可以将从微控制器接收的数字比特流转换为射频波形或将射频波形转换为等效的数字比特流[3,16,17]。因此，传感器节点可以通过接口收发器与外界（其他节点）通信。节点之间通信的传输介质可以是射频、光或红外线。使用激光通信需要的能量更少，然而，这需要通信保持在视距之内，此外，它们对大气条件敏感。像激光一样，红外线也不需要天线，然而，其传播容量有限。射频通信通常涉及各种重要操作，如调制和解调、滤波和多路复用。与传感器节点的其他操作相比，这些操作使得传感器节点通信非常复杂且昂贵。此外，因为传感器节点天线通常靠近地面，因此两个传感器节点之间通信时的信号路径损耗与它们之间的距离成指数关系。尽管涉及的通信成本高，但在基于无线传感器网络的应用中，仍广泛将射频通信作为首选[9-12,18,19]，原因是射频通信中的数据速率低，数据包小。射频通信的另一个优点是，由于节点间通信距离较短，因此频率可以重复使用。无线电收发机有四种工作状态，即接收、发射、休眠和空闲。空闲模式下的功耗与接收模式下的功耗相当。因此，如果无线电收发机没有发射或接收，最好完全关闭它，而不是将其保持在空闲模式。另一个需要注意的重要方面是，在状态切换过程中会出现显著的功耗，因此，需要避免不必要的状态切换。流行的 Mica2 mote 使用两种射频收发机，即 Chipcon CC1000 和 RFM TR1000。Mica2 的传输范围约为 150m[3]。用于传感器节点通信的主要无线标准包括：

- IEEE 802.15.1 PAN/Bluetooth；
- IEEE 802.15.3/UWB；

- IEEE 802.15.4/ZigBee；
- IEEE Wi-Fi。

1.3.5 自定位单元

如前文所述，传感器节点定位在任何基于无线传感器网络的应用中都很重要。在无线传感器网络中，少数节点的位置是预先固定的，此类节点称为锚节点，而其余节点在环境中随机部署，称为非锚节点[20-23]。这意味着非锚节点的位置未知。由于传感器节点通常是随机部署的，并且在无人值守的情况下运行，因此需要与定位系统协作。传感器节点组成结构中的自定位单元是可选的，如果它存在于传感器节点中，则它包含一个全球定位系统（GPS）来估计节点的位置。通常假设每个传感器节点有一个精度约为 5m 的 GPS 单元[24-27]。由于成本问题，在无线传感器网络中为所有传感器节点配备 GPS 不是可行的解决方案。可行的解决方案是将 GPS 单元放到锚节点上，然后通过执行合适的定位算法，在锚节点的帮助下对非锚节点定位。

1.4 传感器网络通信架构

无线传感器网络的整体工作可以使用协议栈来解释，图 1.3 对此进行了详细描述[3,5]。协议栈包括五层，即应用层、传输层、网络层、数据链路层和物理层。基于传感任务，可以在应用层上构建和运行各种应用软件。传输层负责维护传感器节点之间的数据流。网络层监视传输层提供的数据路由。最大限度地减少传播过程中相邻节点间的冲突是数据链路层的主要任务。物理层处理无线传感器网络的调制、数据传输和数据接收。

除了这些协议层，与协议栈相关的三个管理平面是功率管理平面、移动性管理平面和任务管理平面（见图 1.3）。这三个平面监控无线传感器网络节点之间的功率、移动和任务分配，有助于传感器节点协调传感任务并降低总体功耗。功率管理平面负责整个网络运行期间传感器节点之间的功率有效利用[3,5]。例如，传感器节点可以关闭接收机以避免数据重复。考虑一种传感器节点功率电平较低的情况，在这种危急情况下，该传感器节点可能会向其相邻节点广播其功率低且无法参与数据路由的消息。换句话说，该节点将仅为传感保留剩余功率。移动性管理平面负责记录和检测传感器节点的移动，这使得每个传感器节点可以跟踪其相邻节点的移动。通过预先了解相邻节点，传感器节点可以在其任务和功率使用之间保持平衡。任务管理平面负责平衡和调度给定监测环境中特定区域的传感任务。因此，传感器节点不需要同时感知环境。换句话说，只有那些功率级别足够的传感器节点才能执行传感任务。所有这些管理平面对传感器网络有效规划数据路由、实现功率效率和网络节点之间的资源调度至关重要[3,5]。这意味着，如果没有这三个管理平面，传感器节点只能单独工作，而无法形成网络。对于整个传感器网络而言，如果网络中的传感器节点能够相互协作以延长传感器网络的寿命，将是非常有利的。

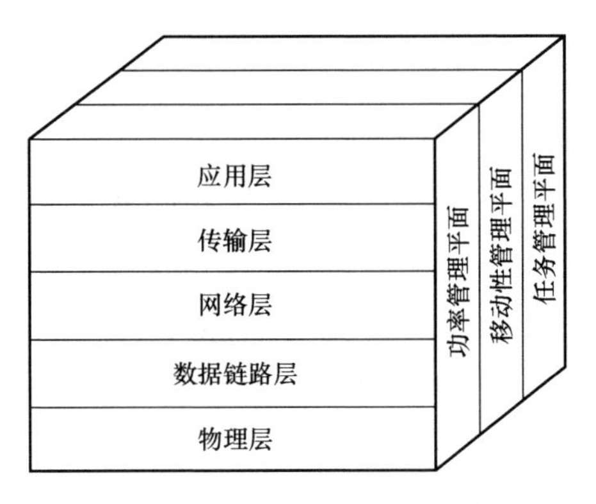

图 1.3　无线传感器网络协议栈

1.5　无线传感器网络的设计约束

无线传感器网络的特点是分布式传感、计算和通信的强大结合。单个无线传感器网络节点除尺寸很小外，还面临着许多其他挑战，如严格的功率约束、有限的通信范围，以及传感器节点的计算能力和存储空间[3-5,10,28]。存在这些约束的主要原因是传感器节点的物理尺寸小。无线传感器网络的主要目标是执行数据通信（路由）任务，同时采用节能技术尽可能延长网络寿命。其他运行上的挑战包括错误率高、带宽窄、测量易受噪声影响、传感器节点的休眠调度、传感器节点规模的可扩展性、动态环境中的生存能力、无线通信链路故障及频繁的节点故障。后续章节讨论影响无线传感器网络中数据路由的一些重要设计问题和挑战。

1.5.1　功耗

如前文所述，传感器节点通常由电池供电，部署在远程或难以接近的环境中[3,6-8]，在这种环境下更换电池或对电池充电几乎是不可能的。功率消耗是无线传感器网络中几乎所有操作都无法避免的因素。通常，传感器节点中的功率消耗在三个地方：①感应单元的功耗；②通信单元的功耗；③处理单元的功耗。因此，功耗是无线传感器网络应用中主要关注的问题之一[16,20,29,30]。据观察，无线传感器网络中传输单比特消耗的功率几乎与执行 800～1000 条指令消耗的功率相同。因此，无线电传输的功耗远高于感应和计算的功耗。

从架构的角度讲，必须选用低功率天线来降低功耗。低功耗是任何无线传感器网络应用成功的关键。这就是为什么无线传感器网络领域一直在进行大量研究，以开发可用于路由、定位和其他任务的节能算法的原因，这些算法可降低功耗[16,20,29,30]。与此同时，尽管传感器节点的运行受限于电池，但其他延长其寿命的研究仍在继续。无线传感器网络的功率效率可以通过以下三种方式提高：

（1）低占空比运行；

（2）本地/网络处理，以减少数据量，进而缩短传输时间；

（3）通过多跳通信降低对远程传输的要求；

（4）无线传感器网络中的每个节点都可以充当中继器，从而降低对通信链路覆盖范围的要求。

1.5.2　存储

传感器节点处理单元中的存储器用于存储数据和算法，容量通常很小[3-5]。该存储器以 RAM 和 ROM 的形式存在。由于存储容量有限，没有足够的内存来执行复杂的算法，尤其是在加载操作系统后。例如，在 Smart Dust 项目中，微操作系统 TinyOS 的指令占用了大约 4KB 内存，而只为应用程序剩下 4.5KB[3]。

1.5.3　部署、拓扑和覆盖率

根据应用需求不同，无线传感器网络中的节点可以按预定方式或随机方式部署[20,31-33]。监控区域中的节点部署可以是周期性活动，也可以是一次性活动。节点部署会影响重要的网络参数，如覆盖率、节点密度、可靠性、传感分辨率、通信和任务分配。由于可能存在诸如环境设置、节点移动和节点故障等突然变化，因此无线传感器网络通常要在动态环境中运行。由于环境的动态性，因此即便传感器节点处于静态状态，它们之间的通信链路也会经常出现中断。这种动态性的另一个缺点是会造成无线传感器网络拓扑结构的频繁变化，从而反过来影响许多网络特性，如鲁棒性、延迟和容量。数据路由和处理的复杂程度也取决于网络拓扑。覆盖率是衡量无线传感器网络覆盖区域的指标。它可以是稀疏的，即只有部分环境处于感应包络线内；也可以是密集的，即大部分环境都被覆盖。覆盖率也可以是冗余的，即相同的物理空间被多个传感器覆盖。覆盖率主要由具体应用所需求的传感分辨率决定。

1.5.4 通信与路由

由于无线传感器网络通常会受到带宽、处理能力和功耗方面的限制，而且工作在高度不确定、偏僻、恶劣的环境中[18,34]，因此，频繁的节点故障和噪声干扰，使网络的拓扑结构和覆盖范围不断发生变化。同时，由于部署量非常大，其节点也没有全局标识，在这种情况下，数据路由也是一个非常关键的问题。路由方案在很大程度上取决于潜在的应用需求。常用的无线传感器网络路由方案包括传感器信息协商协议（Sensor Protocols for Information via Negotiation）、约束各向异性扩散路由（Constrained Anisotropic Diffusion Routing）、传感器网络的主动查询转发（Active Query Forwarding in Sensor Networks）、低功耗自适应聚类层次结构（Low-energy Adaptive Clustering Hierarchy）、传感器信息系统中的节能收集（Power-efficient Gathering in Sensor Information Systems）和阈值敏感节能传感器网络协议（Threshold-sensitive Energy-efficient Sensor Network Protocol）[3-5,8]。

1.5.5 安全性

传感器网络会经常受到攻击，主要是窃听（对手监听数据和通信）、拒绝服务攻击（特定节点拒绝执行网络任务）、女巫攻击（恶意节点设法获取多个身份以中断路由、资源分配和数据聚合）、物理攻击（对手篡改传感器节点），以及流量分析攻击（对手重建网络拓扑）[7,18,35]。因此，网络安全是无线传感器网络中一个非常重要的方面，尤其是部署在敌方或秘密环境中时。网络安全问题目前正在进行持续研究，以提出适当的防御措施，保护传感器网络免受攻击。用更专业的话说，无线传感器网络的安全性需要确保以数据为中心的三个重要方面：

（1）数据保密性：对手必须不能窃取和解析数据；

（2）数据完整性：对手必须不能更改或损坏数据；

（3）数据可用性：对手必须不能干扰无线传感器网络源节点和汇聚节点之间的数据通信链路。

1.5.6 制造成本

众所周知，无线传感器网络通常由数百个甚至数千个传感器节点组成[3,4,8]。因此，单个节点的成本对于无线传感器网络的总体成本至关重要。如果部署无线传感器网络比部署传统传感器成本更高，那么无线传感器网络的成本就不合理。因此，为了使传感器网络具有可行性，每个传感器节点的成本必须尽可能低。目前，由于蓝牙技术的发展，一个传感器节点的成本仅为 1～2 美元。

1.5.7　可扩展性和精准性

可扩展性泛指当节点数量不受约束地增长时，传感器网络的所有操作规范在多大程度上满足所需的精准性[3, 4, 8]。根据操作环境及所要观察的现象，精准性可以涵盖各种性能参数，如空间和时间分辨率、误识别概率、数据传输的一致性、事件检测的延迟量和事件检测精度。根据精准性的度量标准，传感器网络的可扩展性可以用可靠性、网络容量、能耗、资源消耗，甚至其他任何操作参数随节点数量增加的变化情况来表述。因此，在可扩展性和精准性之间存在着高度的权衡，必须根据应用需求确定所设计传感器网络的可扩展性和精准性。

1.6　现有无线传感器网络平台

无线传感器网络的设计和部署历史可以追溯到第二次世界大战时期[3,4,8]。美国开发了一个用于声音监听的声学传感器平台，用于探测和跟踪当时的苏联潜艇。它目前被美国国家海洋和大气管理局（NOAA）用于探测和监测海洋中的地震和动物活动事件。1980 年，美国国防高级研究计划局（DARPA）开展了名为分布式传感器网络（DSN）的无线传感器网络研究。该网络由许多空间分布的低成本自主传感器节点组成，这些节点相互协作进行数据路由。历史上已有许多关于无线传感器网络的设计和开发研究。目前，还没有通用的无线传感器网络平台用于实现特定应用。Berkeley motes 平台及其变体拥有更广泛的用户和开发人员群体，与购买商用平台相比，它为预期应用构建自己的无线传感器网络平台，其成本要低得多。因此，在最近二十年中，许多研究人员、研发实验室和商业公司都倾向于设计和生产自己的无线传感器网络装置。以下对其中的一些研究和相关项目进行说明。

1.6.1　Wins

加利福尼亚大学与罗克韦尔科学中心合作开发了无线集成网络传感器（Wins）项目，该项目于 1998 年由 Sensoria 公司（位于加利福尼亚圣地亚哥）进行商业化[3,4,8]。该项目几乎涵盖了无线传感器网络设计的所有方面，从微电子机械系统（MEMS）传感器和收发机电路集成、网络协议设计、信号处理架构，到传感和检测理论基础。该项目得到的结论是，Wins 需要为传感器节点、任务控制提供分布式网络和互联网访问，并为节点添加嵌入式处理器。

1.6.2 Eyes

Infineon 开发了节能传感器网络（Eyes）。该项目由欧盟资助，旨在设计和开发可与大量移动节点联网的无线传感器技术和架构[3,4,8]。该项目着眼于支持 PDA、笔记本电脑甚至移动电话等设备。开发的传感器节点配备 TI 的 MSP430 处理器、声表面波滤波器、无线电设备 TDA 5250 和发射功率控制器。每个传感器节点都有一个 USB 端口，用于连接个人计算机。这些传感器节点还可以根据应用需求添加额外的传感器和驱动器。

1.6.3 Pico-Radio

1999 年，加利福尼亚大学启动了 Pico-Radio 项目，以支持研制具有自组织能力的低成本、低功耗传感器节点。Pico-Radio 网络的物理层采用直接序列扩频，MAC 协议应用载波侦听多址（CSMA）和扩频技术[4-7]。该项目的重要成果包括：①节点可以随机选择一个通道并监控网络活动；②如果信道当前处于占用状态，则节点可以从其余可用信道列表中搜索另一个信道，一旦检测到空闲通道，则停止搜索；③如果没有找到空闲通道，节点将退出并为每个通道设置一个随机的超时计时器；④节点可以使用第一个计时器到期的通道，并清除其他通道的计时器。

1.6.4 Mica Mote 族

Mica Mote 族传感器节点项目由加利福尼亚大学伯克利分校开发。该项目始于 20 世纪 90 年代末与英特尔的部分合作。这些传感器节点通常被称为 Mica 微粒，具有不同的变体，如 Mica、MicaZ、Mica2 和 Mica2Dot，通过 Crossbow 公司进行商业销售[3,4,6,7]。这些产品中的操作系统都是 TinyOS。TinyOS 采用基于组件的协议，用 nesC 语言编码。Mica Mote 族传感器使用 Atmel 系列的处理器（通常是运行在 7 MHz 的 ATmega128L 8 位处理器上）和 RFM 的无线电调制解调器（通常是 TR 1000）。Mica Mote 族传感器使用 I^2C 或 SPI 协议连接到控制器，其能量通过两个 AA 电池提供，电流容量为 2000 mAh。传感器节点通常采用 Chipcon 的收发机，如在 Mica2 Mote 中采用 Chipcon CC1000 收发机，其工作在 868/915 MHz 频段，数据速率为 38.4 kbps。在 MicaZ 中，使用了未经许可的 2.4 GHz 频段工作、数据速率为 250 kbps 的 Chipcon CC2420 收发器，该收发器使用偏移四元相移键控（O-QPSK）作为调制方式。

1.7　无线传感器网络的应用

随着无线传感器网络技术的不断发展，飞机、船舶甚至建筑物等国家重要资产可以及时检测结构故障（该应用领域通常称为结构健康监测）[7,26,36-38]。无线传感器网络还为设计开发地震和海啸预警系统铺平了道路。无线传感器网络在战场监视和侦察方面也有着广泛应用。无线传感器网络既有地震、海啸、战场和食品监测等关键应用，也有入侵检测、目标跟踪、森林火灾检测、工业监测、结构监测及环境和生物监测等应用。虽然它涵盖了广泛的应用领域，但这里只介绍其中几个。

1.7.1　军事应用

传感器网络研究最初是由军事需求推动的[3,4,6,8]。基于军事应用的需求包括设备节能和可快速部署，以及对河流沿线和恶劣环境的可靠感应。典型的军事应用如下：

- 监测和跟踪敌军及监测友军；
- 监测设备和库存；
- 侦察；
- 战区监视；
- 战损评估；
- 核子、生物和化学攻击检测；
- 国境监测。

1.7.2　环境监测应用

无线传感器网络具有无人值守能力，已被证明是许多环境监测应用的理想选择。典型的环境相关应用包括：

- 天气感应和监测；
- 森林火灾检测；
- 栖息地监测；
- 水、土地和空气污染水平监测；
- 洪水监测；
- 精准农业；

- 濒危物种种群测量；
- 鸟类和濒危野生动物的迁徙跟踪；
- 土壤侵蚀监测。

1.7.3 健康应用

很多时候，在大型医院进行复杂手术期间，不可能对患者或医疗设备进行人工监控[39-41]。在这种情况下，无线传感器网络可以帮助医生和医院管理部门准确、适当地执行各种任务。无线传感器网络涉及的典型健康系统相关应用包括：

- 远程生理数据监测；
- 在医院内定位和跟踪患者及医生；
- 远程用药；
- 老年人援助。

1.7.4 家庭应用

通过为人类创造安全和智能的生活空间来提高生活质量是智能家居背后的基本理念[39,42,43]。无线传感器网络在智能家居领域有着巨大的应用潜力。典型的家庭自动化相关应用包括：

- 家庭自动化；
- 仪表化环境；
- 自动抄表；
- 儿童和老年人跟踪系统。

1.7.5 其他商业应用

无线传感器网络在一些关系国计民生的重要商业领域非常有用[39,42,43]。在重要的商业应用中，无线传感器网络不仅可以提供可靠的测量，也可以基于这些测量有效地对重要实体进行定位。主要应用包括：

- 监测国家的关键资源，如发电厂、隧道、通信网和公园；
- 办公和工业建筑的环境温度控制；
- 库存管理和控制；
- 山体滑坡检测；
- 车辆跟踪和检测；
- 公路交通流量监测；
- 空中交通管制。

原书参考文献

1. Y. Zhang, L. Sun, H. Song, X. Cao, Ubiquitous WSN for healthcare: Recent advances and future prospects. IEEE Internet Things J. (2014).
2. S. Gezici et al., Localization via ultra-wideband radios: A look at positioning aspects of future sensor networks. IEEE Signal Process. Mag. (2005).
3. I. F. Akyildiz, T. Melodia, K. R. Chowdhury, A survey on wireless multimedia sensor networks. Comput. Netw. 51(4) (2007).
4. I. Khemapech, I. Duncan, A Miller, A survey of wireless sensor networks technology, in 6th Annual Postgraduate Symposium on the Convergence of Telecommunications, Networking and Broadcasting, vol. 6 (2005).
5. W. Dargie, C. Poellabauer, Fundamentals of Wireless Sensor Networks: Theory and Practice (Wiley, New York, 2011).
6. G. Xu, W. Shen, X. Wang, Applications of wireless sensor networks in marine environment monitoring: a survey. Sensors (Switzerland) 14(9) (2014).
7. P. Kumar, H. J. Lee, Security issues in healthcare applications using wireless medical sensor networks: a survey. Sensors 12(1) (2012).
8. B. Rashid, M. H. Rehmani, Applications of wireless sensor networks for urban areas: A survey. J. Netw. Comput. Appl. 60 (2016).
9. S. R. Jondhale, R. S. Deshpande, GRNN and KF framework based real time target tracking using PSOC BLE and smartphone. Ad Hoc Netw. (2019).
10. S. R. Jondhale, R. S. Deshpande, Kalman filtering framework-based real time target tracking in wireless sensor networks using generalized regression neural networks. IEEE Sensors J. (2019).
11. S. R. Jondhale, R. S. Deshpande, Self recurrent neural network based target tracking in wireless sensor network using state observer. Int. J. Sensors Wirel. Commun. Control (2018).
12. S. R. Jondhale, R. S. Deshpande, Modified Kalman filtering framework based real time target tracking against environmental dynamicity in wireless sensor networks. Ad Hoc Sens. Wirel. Netw. 40(1-2) (2018) .
13. M. Zhou, Q. Zhang, Z. Tian, F. Qiu, Q. Wu, Integrated location fingerprinting and physical neighborhood for WLAN probabilistic localization, in Fifth International Conference on Computing, Communications and Networking Technologies (ICCCNT) (2014).
14. R. S. Campos, L. Lovisolo, M. L. R. De Campos, Wi-Fi multi-floor indoor positioning considering architectural aspects and controlled computational complexity. Expert Syst. Appl. (2014).
15. A. Payal, C. S. Rai, B. V. R. Reddy, Artificial neural networks for developing localization

framework in wireless sensor networks, in 2014 International Conference on Data Mining and Intelligent Computing (ICDMIC) (2014).
16. M. Anand, T. Sasikala, Efficient energy optimization in mobile Ad Hoc network (MANET) using better-quality AODV protocol. Cluster Comput. 22 (2019).
17. C. Feng, W. S. A. Au, S. Valaee, Z. Tan, Received-signal-strength-based indoor positioning using compressive sensing. IEEE Trans. Mob. Comput. (2012).
18. S. R. Jondhale, R. S. Deshpande, S. M. Walke, A. S. Jondhale, Issues and challenges in RSSI based target localization and tracking in wireless sensor networks, in 2016 International Conference on Automatic Control and Dynamic Optimization Techniques (ICACDOT) (2017).
19. S. R. Jondhale, R. S. Deshpande, Tracking target with constant acceleration motion using Kalman Filtering, in 2018 International Conference On Advances in Communication and Computing Technology (ICACCT) (2018).
20. N. Patwari, J. N. Ash, S. Kyperountas, A. O. Hero, R. L. Moses, N. S. Correal, Locating the nodes: Cooperative localization in wireless sensor networks. IEEE Signal Process. Mag. (2005).
21. S. Kumar and S. Lee, Localization with RSSI values for wireless sensor networks: an artificial neural network approach. Int. J. Comput. Netw. Commun. (2014).
22. Z. Chen, Q. Zhu, and Y. C. Soh, Smartphone inertial sensor-based indoor localization and tracking with iBeacon corrections. IEEE Trans. Ind. Inf. (2016).
23. L. Mihaylova, D. Angelova, D. R. Bull, N. Canagarajah, Localization of mobile nodes in wireless networks with correlated in time measurement noise. IEEE Trans. Mob. Comput. (2011).
24. A. El-Rabbany, Introduction to GPS: the global position system (Artech House, London, 2006).
25. P. A. Zandbergen, S. J. Barbeau, Positional accuracy of assisted GPS data from high-sensitivity GPS-enabled mobile phones. J. Navig. (2011).
26. M. B. Higgins, Heighting with GPS: possibilities and limitations, in Comm. 5 Int. Fed. Surv. (1999).
27. Z. Bin Tariq, D. M. Cheema, M. Z. Kamran, I. H. Naqvi, Non-GPS positioning systems. ACM Comput. Surv. (2017).
28. F. Viani, M. Bertolli, M. Salucci, A. Polo, Low-cost wireless monitoring and decision support for water saving in agriculture. IEEE Sensors J (2017).
29. R. Faragher, R. Harle, Location fingerprinting with bluetooth low energy beacons. IEEE J. Sel. Areas Commun. (2015).
30. M. H. Anisi, G. Abdul-Salaam, A. H. Abdullah, A survey of wireless sensor network approaches and their energy consumption for monitoring farm fields in precision agriculture. Precis. Agric. (2015).
31. P. Abouzar, D. G. Michelson, M. Hamdi, RSSI-based distributed self-localization for wireless

sensor networks used in precision agriculture. IEEE Trans. Wirel. Commun. (2016).
32. J. Yick, B. Mukherjee, D. Ghosal, Wireless sensor network survey. Comput. Netw. (2008).
33. R. Silva, J. Sa Silva, F. Boavida, Mobility in wireless sensor networks - survey and proposal. Comput. Commun. (2014).
34. V. C. Paterna, A. C. Augé, J. P. Aspas, M. A. P. Bullones, A bluetooth low energy indoor positioning system with channel diversity, weighted trilateration and kalman filtering. Sensors (Switzerland) (2017).
35. Y.W. Prakash, V. Biradar, S. Vincent, M. Martin, A. Jadhav, Smart bluetooth low energy security system (2018).
36. M. S. Pan, Y. C. Tseng, ZigBee wireless sensor networks and their applications. Sens. Netw. Config. Fundam. Stand. Platforms Appl. (2007).
37. M. R. Mohd Kassim, I. Mat, A. N. Harun, Wireless sensor network in precision agriculture application, in 2014 International Conference on Computer, Information and Telecommunication Systems (CITS) (2014).
38. A. Minaie, Application of wireless sensor networks in health care system application of wireless sensor networks in health care system, in ASEE Annual Conference and Exposition (2013) .
39. R. J. F. Rossetti, Internet of Things (IoT) and smart cities, in IEEE Readings Smart Cities (2015) .
40. A. Zanella, Best practice in RSS measurements and ranging. IEEE Commun. Surv. Tutorials (2016).
41. B. Latré, B. Braem, I. Moerman, C. Blondia, P. Demeester, A survey on wireless body area networks. Wirel. Netw. (2011).
42. F. Viani, P. Rocca, G. Oliveri, D. Trinchero, A. Massa, Localization, tracking, and imaging of targets in wireless sensor networks: an invited review. Radio Sci. (2011).
43. D. M. Han, J. H. Lim, Smart home energy management system using IEEE 802.15.4 and ZigBee. IEEE Trans. Consum. Electron. (2010).

— 第 2 章 —
基于无线传感器网络的目标定位与跟踪

2.1 基于无线传感器网络的目标定位与跟踪简介

室内目标定位与跟踪在很多领域都有应用，如制造、体育、医疗保健和建筑行业等[1-6]。例如，在医疗保健领域，无论何时何地，当突发紧急情况需要响应时，目标对象的定位与跟踪都至关重要；医院员工在工作中需要借助目标定位与跟踪系统共享医疗器材，这些器材常常会被带离其正常位置，且使用后不能被及时送回原位；在制造领域，了解产品和其他物品在仓库中的位置信息有利于进行资产管理，帮助跟踪库存并缩短查找时间。目标定位与跟踪可以向不熟悉环境的人提供给定建筑区域（如大型建筑物）的定位地图，以便其找到通往预定目的地的路线。在盗窃检测和预防领域，当重要物品（如博物馆中物品或计算机硬盘）或高价值资产被未授权人员移出预定区域时，依据位置信息变动给出有用的警报，实现盗窃检测和预防。

目标定位与跟踪是无线传感器网络的基本应用之一，其主要目的是检测和定位移动目标，并借助传感器节点的现场测量，连续跟踪目标移动路径（轨迹）[7-10]，这被称为单目标的定位与跟踪问题。如果涉及借助无线传感器网络进行多个移动目标的定位与跟踪，则被称为多目标的定位与跟踪问题。较低的维护成本、简单随机的部署、无线自组织网络特性，以及无人值守的应用潜力，使无线传感器网络成为各种室内目标定位与跟踪应用的重要选择。无线传感器网络仅利用随机部署网络的简单现场测量，就可以很容易地定位与跟踪移动目标轨迹。在这类问题中，传感器节点被部署在感知环境的预先规划位置或完全随机部署。

考虑一个使用无线传感器网络进行目标定位与跟踪的一般场景，如图 2.1 所示，其中目标在无线传感器网络监控区域内沿着预定或未知路径移动。在基于无线传感器网络的定位与跟踪系统中，传感器节点被指定为检测节点（在移动目标附近并能够检测到目标的节点）、警报节点（可能在未来检测到目标的节点）和无效节点（在目标定位与跟踪过程中没有被利用）。移动目标可以是任意对象，如物品、动物、入侵者、车辆或人等[7-10]。图 2.2 显示了目标定位与跟踪机制的基本步骤，包括无线传感器网络在监视区域内对运动目标的检测、定位和跟踪。

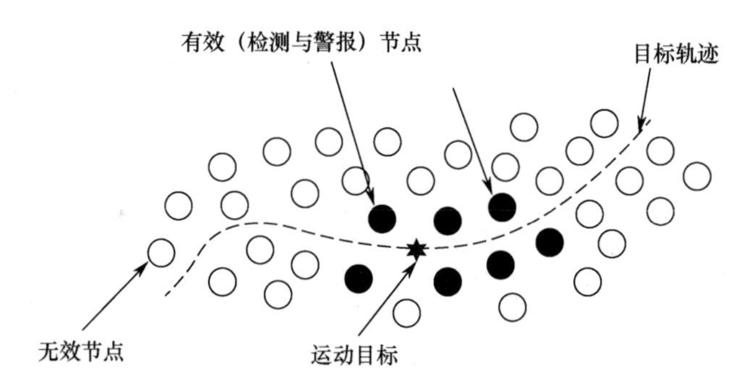

图 2.1　使用无线传感器网络进行目标定位与跟踪的一般场景

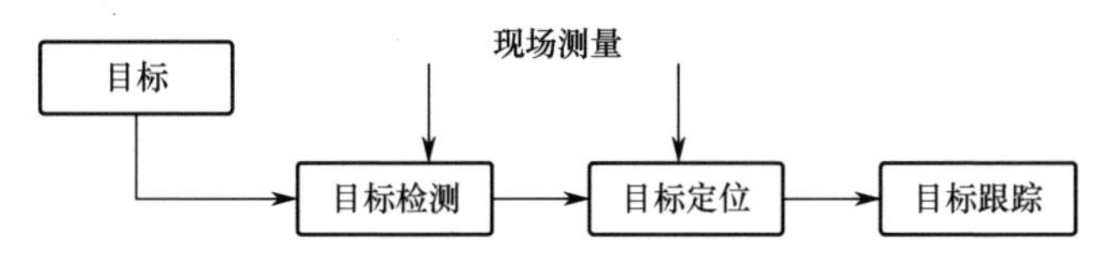

图 2.2　目标定位与跟踪的一般机制

基于无线传感器网络的目标定位与跟踪可以分为单目标跟踪定位和多目标跟踪定位、主动跟踪定位和被动跟踪定位、室内跟踪定位和室外跟踪定位、二维（2D）跟踪定位和三维（3D）跟踪定位等[7,11-14]。如果与目标配合进行定位，则称为主动目标定位与跟踪；否则，被称为被动目标定位与跟踪。在主动目标定位与跟踪的情况下，目标和传感器节点在一起，无线传感器网络中的其他节点可检测和定位目标；在被动目标定位与跟踪的情况下，目标是无设备的，不配备无线传感器节点。本书旨在讨论定位与跟踪算法的设计和开发，利用现场测量，在室内环境下有效跟踪单一运动目标。

在过去的十多年里，智能移动电话、可穿戴无线设备及无线传感器网络领域的巨大技术革命，使其广泛应用，包括室内目标定位与跟踪[7,11-14]。室内目标定位与跟踪是获得用户位置的过程，在医疗卫生、灾害救援、智能家居和监控等领域有广泛应用。它也被证明在诸如智慧城市、智能建筑和智能电网等重要领域具有很大用处。在基于无线传感器网络的室内目标定位与跟踪问题上，有锚节点（参考节点）和非锚节点两类重要节点[7]。一般来说，锚节点部署在已知位置，而非锚节点位置未知。假设目标上部署一个非锚节点，在目标运动过程中，借助锚节点，并通过节点之间的通信可以估计目标位置。然而，信号衰落、多径传播和非视距等环境问题，对高精度跟踪形成巨大挑战。基于无线传感器网络的跟踪系统必须具有足够的鲁棒性，才能应对目标速度和目标运动模式突变带来的问题。因此，学术界和工业界的研究人员需要提出有效的目标定位与跟踪算法，解决前面所提到的挑战。

2.1.1　无线传感器网络中目标定位与跟踪的典型场景

利用无线传感器网络对室内环境的目标进行定位与跟踪具有广泛应用[1-4]，如前文所述，运动目标可能是任意对象，如物品、动物、入侵者、车辆或人员等。这些运动目标有时沿预定路径移动，有时则沿未知路径移动。使用无线传感器网络的典型目标跟踪场景如图 2.3 所示。任意时刻 k，目标状态可以用状态向量 $\boldsymbol{X}_k=(x_k,y_k,\dot{x}_k,\dot{y}_k)'$ 表示，其中 x_k 和 y_k 分别表示目标在 x 轴和 y 轴的位置，$\dot{x}_k$ 和 $\dot{y}_k$ 分别表示目标沿 x 轴和 y 轴的速度。在上述状态向量中，也可以在 x 轴和 y 轴方向叠加加速度参数。当目标在无线传感器网络中运动时，状态向量发生变化。部署无线传感器网络的目的，是利用环境中的现场测量值，结合适用的目标定位与跟踪算法，实现状态向量连续估计[11,15-18]。因此，上述过程对于单纯的目标定位而言，是单次状态向量估计问题，而对目标跟踪而言，是连续的状态向量估计问题，也就是说，目标跟踪问题的算法与目标定位问题的算法是相同的。在状态向量估计过程的最后环节，我们可以了解到在所考虑的系统设计和假定背景中，定位与跟踪算法如何执行。目标定位与跟踪问题中常用的性能评估参数包括平均定位误差和均方根误差（RMSE），这两个参数数值越小，表示目标定位与跟踪的精度越高。

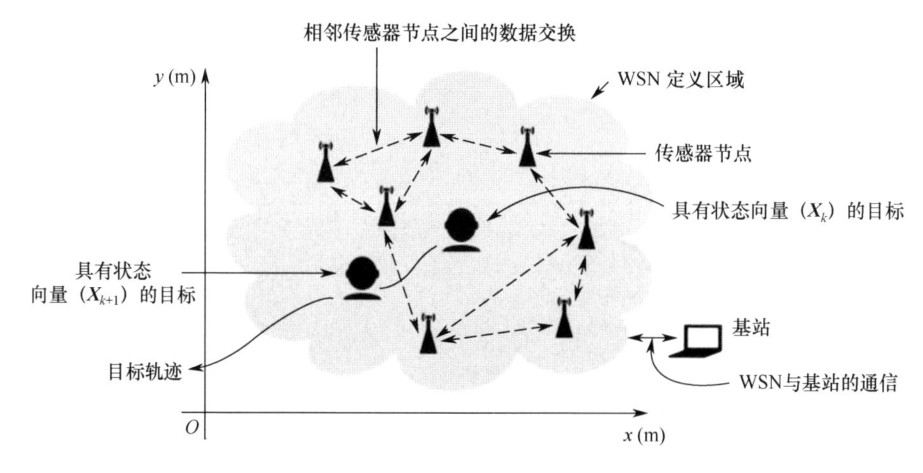

图 2.3　使用无线传感器网络的典型目标跟踪场景

正如上文所述，目标跟踪是一个连续的目标定位问题，需要具备递归性质的位置估计算法[16-19]。这类递归位置估计算法称为目标跟踪算法，影响目标跟踪算法性能的主要因素包括：环境类型（室内/室外）、现场测量类型、环境中障碍物密度、算法设计，以及锚节点和非锚节点密度。除了这些系统设计问题，现场测量还面临信号传播问题，如信号衰落、反射、非视距（NLOS）和多径传播等。因此，开发一种适用于室内环境的鲁棒、高精度的目标定位与跟踪系统是一个极具挑战性的任务。由于环境的动态变化，现有的目标定位与跟踪系统存在定位精度低等问题（如果定位误差超过 1 m，则可以认为定位精度低）。除系统设计和环境动态性问题外，其他一些问题，如运动过程中目标速度的突变、可用的现场测量较少，均会进一步降低目标定位与跟踪算法的性能。因此，设计开发鲁棒、精确的目标定位与跟踪算法是一个值得持续开展的研究课题，以获得定位精度更高（定位误差小于 1 m）、实时性更高和计算复杂度更低的算法。

2.1.2　目标定位与跟踪技术分类

如前文所述，无线传感器网络利用现场测量来定位运动目标。根据计算或估计得到运动过程中目标与锚节点间的距离，定位与跟踪算法可以分为基于距离的算法和不依赖距离的算法两类，具体如图 2.4 所示[9,11,20]。如果在定位过程中，算法依赖目标与锚节点之间的距离，则称为基于距离的目标定位与跟踪算法；否则，称为不依赖距离的目标定位与跟踪算法。与基于距离的算法不同，不依赖距离的算法利用传感器节点之间的连通性来定位运动目标，而不是利用目标与锚节点之间的距离。通常，基于距离的目标定位与跟踪算法的精度较高，而从硬件成本的角度出发，基于距离的目标定位与跟踪算法会带来额外的硬件开销。两者之间的总体比较如表 2.1 所示。

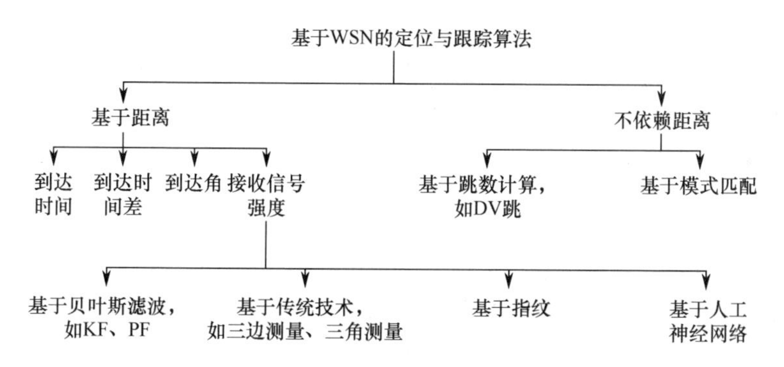

图 2.4　基于无线传感器网络的定位与跟踪算法分类

表 2.1　基于距离与不依赖距离的目标定位与跟踪算法比较

参　数	基于距离的目标定位与跟踪算法	不依赖距离的目标定位与跟踪算法
额外的硬件	需要	不需要
定位精度	80%～90%	60%～75%
能量开销	高	低
鲁棒性	高	低
部　署	通常较困难	通常较容易

基于距离的方法是利用到达时间（ToA）、到达时间差（TDoA）、到达角（AoA）和接收信号强度（RSSI）等现场测量进行目标定位[7,21]。基于 ToA 的目标定位与跟踪技术利用信号传播速度和发射信号的到达时间来计算发射机和接收机之间的距离，而 TDoA 技术是利用发射机与接收机之间信号到达时间差来计算距离，ToA 和 TDoA 的主要缺点是需要发射机和接收机之间时钟精确同步，易受非视距（NLOS）条件、干扰和测量噪声的影响。AoA 技术利用目标与锚节点之间的信号到达角来定位运动目标。尽管 AoA 技术不需要发射机和接收机的时钟严格同步，但其主要限制是需要定向天线阵列。由于 ToA、TDoA 和 AoA 测距技术存在额外硬件要求，因此运用这几类技术的目标定位与跟踪系统价格昂贵且复杂度高。与之不同的是，基于 RSSI 的目标定位与跟踪方法不需要额外的硬件，而是选用合适的路径损耗模型，利用目标和锚节点之间的距离来定位目标。建立路径损耗模型的前提是了解发射和接收信号功率、发射和接收天线增益及工作频率。基于 WSN 的目标定位与跟踪所涉及的测量参数类型如表 2.2 所示。

表 2.2　基于 WSN 的目标定位与跟踪所涉及的测量参数类型

测量类型	步骤	优势	弱势
ToA	基于距离	中等精度	需要接收机和发射机时钟精确同步；非视距条件、干扰和测量噪声会引入误差
TDoA	基于距离	高精度	需要接收机和发射机时钟精确同步；非视距条件、干扰和测量噪声会引入误差
AoA	基于角度	高精度	需要定向天线阵列
RSSI	基于距离	无额外硬件要求，低成本，低功耗	RSSI 测量易受环境动态影响，中等精度

不依赖距离的目标定位与跟踪技术主要分为基于跳数的目标定位与跟踪技术（如 DV-hop）和基于模式匹配的目标定位与跟踪技术（如 APIT）[11,20,22,23]。基于跳数的目标定位技术与跟踪通过计算射频信号到达目的地所需的跳数来计算未知节点（或目标）的位置。基于 APIT 的目标定位与跟踪技术利用节点或目标是否在预定区域的信息确定目标位置。这两种技术都不能提供目标的精确位置，只能指明目标所在的区域。人工神经网络（ANN）既可用于基于距离的方法，也可用于不依赖距离的方法。本书只讨论基于 RSSI 的目标定位与跟踪算法，其他算法不在本书的讨论范围内。2.2 节将详细讨论基于 RSSI 的目标定位与跟踪算法。

2.2　基于 RSSI 的目标定位与跟踪算法

RSSI 基本上是接收机接收到的功率大小的度量。在常规通信中，射频信号的 RSSI 很容易在接收机上测量[11,15,16,24,25]。如 2.1 节所讨论，基于 RSSI 的定位与跟踪系统不需要定向天线阵列，也不需要接收机和发射机的时钟同步。每个无线传感器节点都有片上 RSSI 测量电路，可以给出 RSSI 的测量值。因此，基于 RSSI 的目标定位与跟踪系统不需要额外的硬件资源，RSSI 测量是基于无线传感器网络的目标定位与跟踪系统的主流技术。与其他同类技术相比，其重要优势在于程序更简单且功耗更低。

从理论上讲，RSSI 是接收机和发射机之间的距离、以及部署无线传感器网络或其他无线系统的射频环境的函数。由于依赖射频信道，因此基于 RSSI 的目标定位与跟踪算法通常会因部署环境的改变而受到影响[11,15,16,24,25]。事实上，在基于 RSSI 的算法中，接收机和发射机之间的距离是根据发射功率和接收功率之差计算的。这个功率之差被表述为信号衰减或路径损耗。因此，选择适当的路径损耗模型来描述射频信道非常重要。更专业地说，RSSI 是 IEEE 802.11 协议的一部分，以 dBm 为单位。RSSI 的值为负值，通常介于 0 dBm（信号非常好）到 −110 dBm（信号非常差）之间[26,27]。在无线传感器网络的室内目标定位与跟踪应用中，相对其他算法而言，基于 RSSI 的算法被普遍使用。影响算法性能的主要因素包括：路径损耗模型的选择、非锚节点和锚节点的密度及位置、合适的传输功率算法设计及信号传播的相关问题，如衰落、反射、非视距条件和多径传播等[15,16,19,28,29]。

在大多数基于 RSSI 的室内目标定位与跟踪应用中，假设目标携带一个传感器节点，该节点配置为发射模式，而无线传感器网络的其余传感器节点配置为接收模式。本书从第 4 章开始讨论的所有基于 RSSI 的目标定位与跟踪算法都是基于这一假设。有些文献所提到的应用中，也有的将目标携带的传感器节点设置为接收模式，从周围传感器节点中收集测量值。在将目标配置为发射模式的情况下，目标携带的传感器节点在周围的无线传感器网络环境中广播射频信号，网络中其他传感器节点获取该广播信号的 RSSI 测量值。利用 RSSI 测量值，可以使用适当的信号路径损耗模型计算目标和传感器节点之间的距离。针对将目标携带的传感器节点设置为接收模式的情况这里考虑一个典型的场景，使用 RSSI 测量值来获得目标的未知位置，如图 2.5 所示。如果目标在三个发射节点（锚节点）的通信范围内，则在目标上（其携带配置为接收模式的传感器节点）接收三个 RSSI 测量值。然后，通过选用合适的信道损失模型，可以得到目标和三个对应锚节点之间的距离。使用这三个锚节点的坐标和三个计算出来的距离，可以得到未知的目标位置。锚节点与目标节点之间的实际距离越近，RSSI 的测量值越高，反之亦然[11,30,31]。如图 2.6 所示，接收到的 RSSI 测量值与距离具有高度非线性关系。

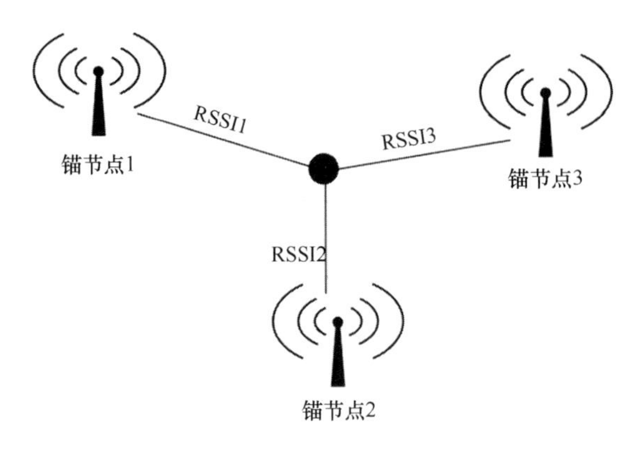

图 2.5　目标定位与跟踪系统的 RSSI 测量

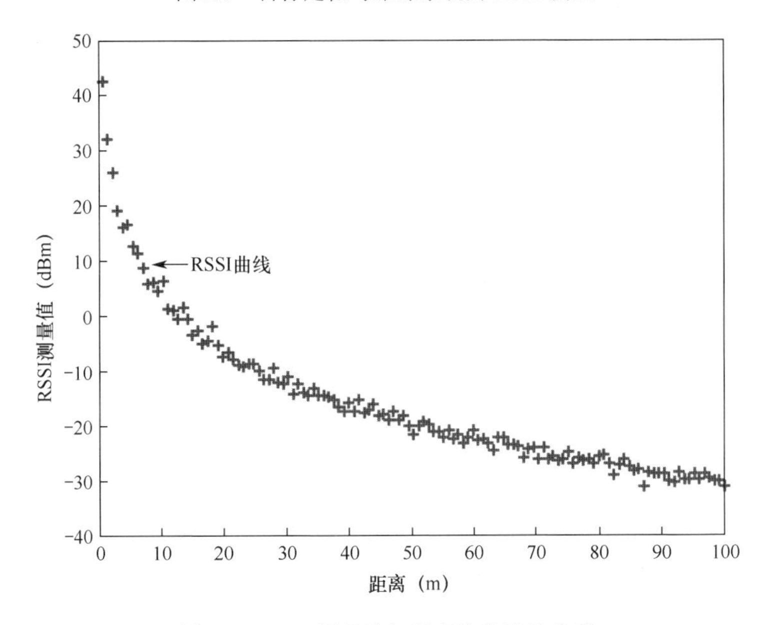

图 2.6　RSSI 测量值与距离的非线性关系

由于 RSSI 与信号的传播高度相关，如衰减、反射、衰落、非视距条件和多径传播，因此其测量值通常存在误差[11,30,31]。事实上，电磁波会沿不同距离的路径到达目的地（多径传播），沿不同路径传播需要不同传输时间开销。同一射频信号的多径分量在不同时间到达目的地的幅度不同，多径分量之间的相互作用导致多径衰落问题。这意味着这些分量相互干扰，对接收机而言可能有害也可能有利。多径传播和衰落的主要原因是，在给定环境下的不同路径中存在的障碍物数量不同，射频信号分量沿不同路径将经历不同次数的反射。非视距条件是指发射天线和接收天线不在视距之内。因此，即使环境保持不变，接收到的 RSSI 测量值也并不完全可信。

实验位置的细微改变，也会引起衰减、反射、衰落、多径传播和非视距条件的变化，即使在相同的环境条件下，也不能保证 RSSI 测量值保持不变。换句话说，RSSI 测量基本不存在可重复性和规律性。因此，RSSI 测量值稳定性差是众所周知的，与环境设定高度相关。由于 RSSI 测量存在上文所述的技术特点和限制条件，因此基于 RSSI 的定位与跟踪技术通常被认为精度低、稳定性差[11,30-33]。为了避免出现这个问题，现有文献中提出了一些预防措施。

- 在多个频率下进行 RSSI 测量；
- 选取恰当的时长对 RSSI 测量值进行平均，以平滑其变化；
- 对无线传感器网络收发机进行校准，获得适当的接收灵敏度和发射功率；
- 使用高质量天线；
- 尽量减少环境设置的变化和来自周围电子设备、雨水和移动物体的信号干扰。

2.3　路径损耗模型的环境特征描述

如前文所述，使用基于 RSSI 实现目标定位，必须对给定的射频通道进行描述，并基于射频信道特征选择合适的路径损耗模型，利用路径损耗模型将 RSSI 测量值换算成距离。因此，选取恰当的路径损耗模型是进行目标定位与跟踪的关键，对射频信道的正确理解和建模是提高目标定位与跟踪精度的重要前提。

通常，路径损耗模型用一组数学表达式、算法和框图表示，代表目标所处射频环境的无线电特性[9,14,26,33]。路径损耗模型的经验模型基于实际 RSSI 测量，而其理论模型基于射频通信基本原理。表征射频环境常用的 RSSI 路径损耗模型有自由空间传播模型、对数正态阴影模型（Log Normal Shadow Model，LNSM）和双线传播模型。现有文献给出了这几类基本模型的改进形式。在目标定位与跟踪研究领域，少数学者也设计了自己的路径损耗模型来描述给定的无线环境。例如，文献[9]中作者提出了最优拟合参数指数衰减模型（OFPEDM），该模型是专为大面积麦田环境所设计的模型，文献作者称该方法对射频环境变化的敏感度较低且具有较高的距离估计精度。自由空间传播模型和双线传播模型对底层应用环境有特定要求，而 LNSM 本质上更具有通用性。LNSM 更适合室内外环境下基于 RSSI 的目标定位与跟踪算法应用，在该模型中，通过调节多个可配置的参数，可以人工模拟给定的射频环境。接下来，从数学角度详细讨论这几类路径损耗模型。

2.3.1　自由空间传播模型

如果发射机和接收机在视距内且没有障碍物遮挡，则自由空间传播模型可以给出 RSSI 的测量值[9,26,34,35]。这个模型基于著名的 Friis 方程，并将天线增益、自由空间路径损耗、波长与发射和接收功率联系起来，该方程是射频通信和天线理论的基本方程之一。在数学表达式中，定义 d 为接收机和发射机之间的距离，则接收机的 RSSI 测量值表示为 $P_r(d)$。根据这个模型，接收功率和发射功率的比值为

$$\frac{P_r(d)}{P_t(d)}=\left[\frac{\sqrt{G_t-G_r}\lambda}{4\pi d}\right]^2 \rightarrow P_r(d)=\frac{P_t(d)G_tG_r\lambda^2}{(4\pi)^2d^2} \tag{2.1}$$

式中，P_t 和 $P_r(d)$ 分别为发射功率和接收功率；G_t 和 G_r 分别为发射天线增益和接收天线增益；λ 为信号波长，单位为 m。将式（2.1）重新排列，可以很容易得到发射机和接收机之间的距离。

Friis 方程指出，频率越高，路径损失的功率越大，这是该方程的一个基本结论。换句话说，对于某些给定增益的天线，在低频段的时候传输功率更高。频率越高，路径损耗造成的功率损失越大。由于在多数情况下发射机和接收机之间不一定满足视距条件，利用该模型估计的 RSSI 测量值并不可靠，因此通常会在目标定位与跟踪应用中带来较大的定位误差。

2.3.2 双线传播模型

自由空间传播模型的主要缺点是接收机和发射机之间必须满足视距条件[9,26,34,35]，双线传播模型不需要满足视距要求。基于给定射频环境的几何形状，并考虑接收机与发射机之间的直接路径和地面反射路径，相比使用自由空间传播模型，使用双线传播模型（见图 2.7）估计的 RSSI 更加准确。根据双线传播模型，RSSI（接收功率）[34,35]为

$$P_r(d)=P_t(d)G_rG_t\frac{h_t^2h_r^2}{d^4} \tag{2.2}$$

式中，G_r 和 G_t 分别为接收天线增益和发射天线增益；h_r 和 h_t 分别为接收天线高度和发射天线高度，将式（2.2）重新排列，可以很容易得到发射机和接收机之间的距离。

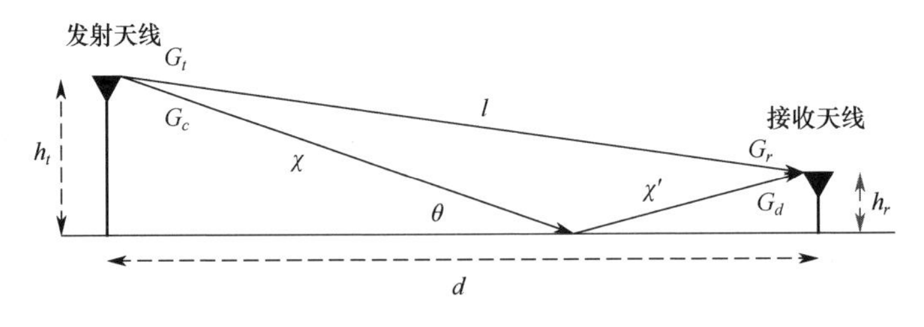

图 2.7 双线传播模型

2.3.3　对数正态阴影模型（LNSM）

LNSM 本质上是通用的，是自由空间传播模型的升级版本[34,35]。该模型可在多种射频环境下估计或预测路径损耗，而自由空间传播模型仅在接收机和发射机之间距离满足视距条件下适用。LNSM 在距离 d 的路径损耗 $\mathrm{PL}(d)$如文献[16,19,24]所示。

$$\mathrm{PL}(d)=P_r(d_0)-10n\log(d/d_0)+X_\sigma \tag{2.3}$$

式中，$P_r(d_0)$是某参考距离 d_0（一般为 1 m）处的 RSSI；X_σ是标准差为σ的正态随机变量（它是对由多径传播和非视距传播引起的信号传播测量噪声的度量）；n是路径损耗指数，如表 2.3 所示。

表 2.3　适用于各种环境的路径损耗指数（***n***）

射频环境		***n***
室外	自由空间	2
	市区蜂窝无线电	2.7～3.5
	市区阴影区域	3～5
室内	建筑物内的视距空间	1.6～1.8
	工厂内障碍区域	2～3
	建筑物内障碍区域	3～6

距离 d 为接收节点和发射节点之间的距离，可用式（2.4）计算。

$$d=d_0 10^{(P_r(d_0)-\mathrm{PL}(d)+X_\sigma)/10n} \tag{2.4}$$

2.3.4　最优拟合参数指数衰减模型（OFPEDM）

正如本节开始所述，信号衰减模型决定距离估计精度的可靠性和质量。因此，一些学者对实际工作环境中的信号衰减模型进行了研究。文献[9]的作者通过研究和分析麦田中的定位实验，提出了 OFPEDM，其最初的一般形式为

$$\mathrm{PL}(d)=Xf^Y d^Z \tag{2.5}$$

式中，f 是射频信号的频率；d 是发射机和接收机之间的距离；X、Y 和 Z 是常数，采用回归分析法进行计算。

对式（2.5）中的距离 d 计算如下。

$$d=\left(\frac{\mathrm{PL}(d)}{Xf^Y}\right)^{1/Z}=\left(\frac{|\overline{\mathrm{RSSI}}|}{Xf^Y}\right)^{1/Z} \tag{2.6}$$

$$\left|\overline{\text{RSSI}}\right| = \frac{1}{N}\sum_{i=1}^{N}\text{RSSI}i \tag{2.7}$$

式中，RSSIi 表示 RSSI 测量值。不同于 LNSM，在 OFPEDM 中没有变量来表征测量噪声的不确定性[9]，这是 OFPEDM 的一个重要缺陷。

2.4 基于 RSSI 的目标定位与跟踪技术

本节介绍几种常用的室内目标定位与跟踪主流技术，最重要的技术包括射频识别（RFID）、Wi-Fi、蓝牙、IEEE 802.11、ZigBee。基于视觉图像的定位系统同样存在应用的可能，但本书不讨论这个问题。

2.4.1 RFID

RFID 基于 IEEE 802.15 无线标准[36-38]，工作频段为超高频（UHF），频率范围为 300～1000 MHz。RFID 通常使用 433 MHz 和 860～960 MHz 两个频段[39-43]。RFID 是指在几种不同频率上使用射频波形的无线系统，包括两个组件：读取器（Reader）和标签（Tag）。读取器包括一个或多个天线，可以发射射频波形并接收来自标签的反射波；标签是一个向周围环境中的读取器传递身份和其他相关信息的设备。标签可以是有源的，也可以是无源的。有源标签携带电池工作，无源标签不需要携带电池工作，由读取器操作。有源标签通常使用 433 MHz 的频率，而无源标签通常使用 860～960 MHz 的频率。基于 RFID 的目标定位与跟踪技术被学术界广泛使用，该技术利用 RSSI 测量实现目标定位与跟踪。尽管如此，RSSI 测量的可靠性同样受室内环境布局和其他设施的直接影响，进而影响潜在应用中的定位精度[11,19,24,26,27]。

RFID 的标签主要优势在于可以存储多页信息，且每页信息按序编号。读取器通常是便携式的，有时候也被安装在柱子上。RFID 可以在各种应用中使用，如库存控制、起床监控、设备跟踪、跌倒检测和患者监护。

2.4.2 Wi-Fi

Wi-Fi 基于 IEEE 802.11 无线标准[44-46]，工作在工业、科学和医疗（ISM）波段。Wi-Fi 支持公共、私有和商业环境中的无线设备接入互联网。Wi-Fi 的接收范围现在已经从 100 m 发展到 1000 m，当前大多数的笔记本电脑、智能移动电话和其他各种便携式设备都配备了 Wi-Fi 功能。现有的 Wi-Fi 端口甚至可以直接作为目标定位与跟踪系统中的锚节点，不需要再配备额外设备。因此，Wi-Fi 可以作为室内目标定位与跟踪系统的理想选择[8,44-46]，可以利用 RSSI 测量实现目标定位与跟踪。Wi-Fi 一般用于数据通信而不是直接用于目标定位与跟踪，因此，需要设计高效且低成本的算法来提高定位精度，常见的方法包括三边测量法、三角测量法、指纹法和组合定位法。

2.4.3 蓝牙

蓝牙基于流行的 IEEE 802.15.1 无线标准[33,47-49]，由物理层和 MAC 层组成，用于在有限区域内连通固定或移动无线设备。最新版的蓝牙是低能耗蓝牙（BLE，也称为智能蓝牙），BLE 采用目前的主流技术，具有低成本、高通信范围和低功耗等特点。与之前的版本相比，BLE 有很高的能源效率，可以提供 24 Mbps 的数据速率和 60～90 m 的通信范围，可以与 AoA、RSSI 和 ToF 一起使用。由于 RSSI 存在的各种技术优势，许多基于 BLE 的目标定位与跟踪系统都使用 RSSI 测量信息[8,24,47,50,51]。最近主流的基于 BLE 的协议是 Eddystone（由谷歌公司开发）和 iBeacon（由苹果公司开发）。典型的基于 iBeacon 的系统架构如图 2.8 所示。

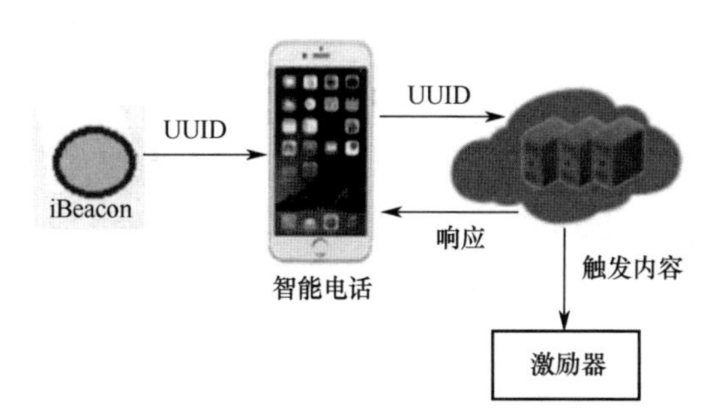

图 2.8　典型的基于 iBeacon 的系统架构

用户设备一旦从 iBeacon 接收到消息，便会联系服务器或云，以识别接收信标的动作，该动作可以是开门、向用户设备发送一个信息或在显示器上显示一些文本等。

2.4.4 ZigBee

ZigBee 是基于 IEEE 802.15.4 协议的低功耗技术[52,53]，基本上是为无线网络监视而设计和开发的，频率为 2.4 GHz。由于其鲁棒的通信特性，且具有自组织和可配置特性及自修复能力，在过去十年内，ZigBee 技术获得了广泛关注[14,52,53]。但该技术易受外部因素影响，且严重依赖环境，这成为影响其潜在应用的重要威胁。

2.5 目标定位的传统技术

传统常用的目标定位与跟踪技术为测时延技术和测角度技术[50,54-56]。在测时延技术中，利用传感器节点之间的距离进行目标定位与跟踪，而在测角度技术中，主要利用的是传感器节点之间的信号到达角。在实际使用中，由于 RSSI 测量时存在系统动态变化和噪声变化，因此计算的角度和距离通常是不精确的。下面简要介绍两种技术的具体细节。

2.5.1 三边测量技术

三边测量技术基本上是使用路径损耗模型获得目标与三个锚节点之间的距离，从而得到目标位置。根据计算的距离，画出三个圆，三个圆的交点用于定位目标节点的空间位置[50,54-56]。在图 2.9 中，三个锚节点 R_1、R_2 和 R_3 随机部署，一个目标节点围绕锚节点运动。考虑在运动期间的某个特定时刻，设此时目标在二维平面上的位置为(x, y)，与锚节点 R_1、R_2 和 R_3 之间的距离分别为 d_1、d_2 和 d_3。该未知目标位置可以用锚节点坐标和式（2.8）～式（2.11）计算。

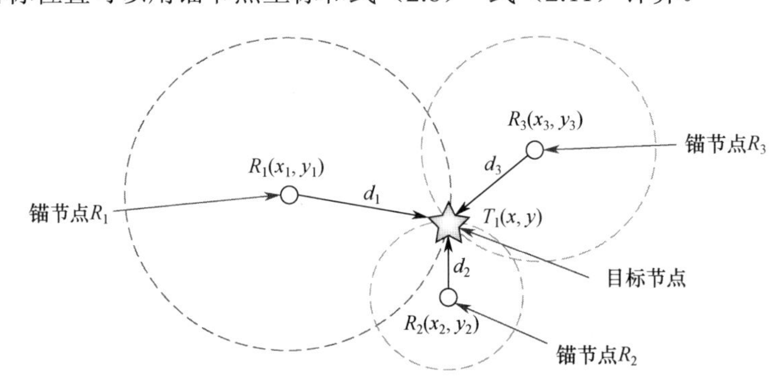

图 2.9 基于三边测量的位置估计

$$
\begin{aligned}
d_1^2 &= (x_1 - x)^2 + (y_1 - y)^2 \\
d_2^2 &= (x_2 - x)^2 + (y_2 - y)^2 \\
d_3^2 &= (x_3 - x)^2 + (y_3 - y)^2
\end{aligned}
\tag{2.8}
$$

将式（2.8）重新排列，求解 x 和 y，可得

$$
x = \frac{AY_{32} + BY_{13} + CY_{21}}{2(x_1Y_{32} + x_2Y_{13} + x_3Y_{21})}, y = \frac{AX_{32} + BX_{13} + CX_{21}}{2(y_1X_{32} + y_2X_{13} + y_3X_{21})} \tag{2.9}
$$

式中

$$
A = x_1^2 + y_1^2 - d_1^2,\ B = x_2^2 + y_2^2 - d_2^2,\ C = x_3^2 + y_3^2 - d_3^2 \tag{2.10}
$$

$$X_{32} = x_3 - x_2,\ X_{13} = x_1 - x_3,\ X_{21} = x_2 - x_1$$
$$Y_{32} = y_3 - y_2,\ Y_{13} = y_1 - y_3,\ Y_{21} = y_2 - y_1 \tag{2.11}$$

2.5.2　三角测量技术

三角测量技术是一种基于三角关系的目标定位与跟踪技术。在这种方法中，利用锚节点之间的距离和两个测向角来估计位置；两个锚节点需要部署在水平基线上作为 x 轴，两个锚节点需要部署在垂直基线上作为 y 轴[50,54-56]。设部署的三个锚节点为 R_1、R_2 和 R_3，任意时刻目标在二维平面上的未知位置 $T_1(x, y)$，以及节点间连线与基线的夹角 α_{x1}、α_{x2} 和 α_{y1}、α_{y2}，如图 2.10 所示。节点 R_1 和 R_2 构成水平基线，节点 R_1 和 R_3 构成垂直基线。未知的目标位置 (x, y) 可用式（2.12）计算，如下所示。

$$x = \frac{d_{ry}\sin(\alpha_{y1})\sin(\alpha_{y2})}{\sin(\alpha_{y1} + \alpha_{y2})},\ y = \frac{d_{rx}\sin(\alpha_{x1})\sin(\alpha_{x2})}{\sin(\alpha_{x1} + \alpha_{x2})} \tag{2.12}$$

基于角度的定位与跟踪技术的主要缺点在于需要至少两个定向天线组成阵列，确定信号的到达角。在无线传感器网络节点上安装定向天线会增加成本开销，并增加系统复杂度。

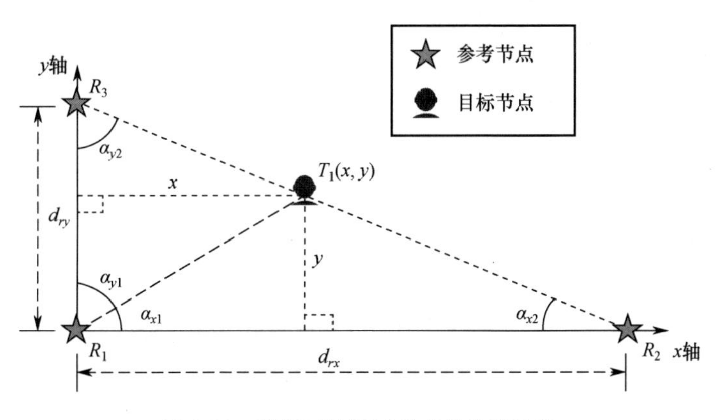

图 2.10　基于三角测量技术的位置估计

2.5.3　指纹

基于指纹的目标定位与跟踪技术需要构建海量数据库，数据库由接入点和给定无线设备之间的 RSSI 测量值组成（也称为无线电地图或射频指纹），在离线阶段完成建库[8,57-59]。在线估计阶段，将新的 RSSI 测量值向量与存储的无线电地图进行比较，根据比较结果估计未知目标位置。在基于 RSSI 的指纹技术中，由于

Wi-Fi 在许多室内区域都存在，且相比其他技术具有远距离通信能力，因此被广泛应用。然而，构建无线电地图是一个复杂且耗时的工作。另外，如果室内环境配置发生变化，则无线电地图也需要相应变化，否则不能给出正确结果。

2.6 运动目标跟踪模型

运动目标跟踪模型描述了目标在无线传感器网络定义的区域内的移动情况。当目标移动时，目标状态参数发生改变，进而改变目标状态向量。在基于贝叶斯滤波的目标跟踪系统中，系统模型和测量模型都利用目标状态向量进行定位与跟踪。文献[60,65]提出并讨论了各种目标的运动模型，如恒速（CV）模型、恒加速（CA）模型、随机行走模型、随机路点模型、Singer 加速度模型、平均自适应加速度模型等。针对基于无线传感器网络的目标跟踪问题，相对其他模型，CV 模型和 CA 模型更为合理可行。

2.6.1 恒速（CV）模型

在 CV 模型中，目标状态向量由运动目标的速度和位置组成[60-63]，如下所示。

$$\boldsymbol{X}_k^{\text{CV}} = [x_k, \dot{x}_k, y_k, \dot{y}_k]^{\text{T}} \tag{2.13}$$

式中，$\dot{x}_k$ 和 x_k 分别表示目标沿 x 轴的速度和位置，$\dot{y}_k$ 和 y_k 分别表示目标沿 y 轴的速度和位置。广义状态模型如下所示：

$$\boldsymbol{X}_k^{\text{CV}} = \begin{bmatrix} x_k \\ \dot{x}_k \\ y_k \\ \dot{y}_k \end{bmatrix} = \begin{bmatrix} 1 & T & 0 & 0 \\ 0 & 1 & 0 & 0 \\ 0 & 0 & 1 & T \\ 0 & 0 & 0 & 1 \end{bmatrix} \begin{bmatrix} x_{k-1} \\ \dot{x}_{k-1} \\ y_{k-1} \\ \dot{y}_{k-1} \end{bmatrix} + \begin{bmatrix} \frac{1}{2}T^2 & 0 \\ T & 0 \\ 0 & \frac{1}{2}T^2 \\ 0 & T \end{bmatrix} \begin{bmatrix} a_k^x \\ a_k^y \end{bmatrix} \tag{2.14}$$

式中，a_k^x 和 a_k^y 分别表示目标沿 x 轴和 y 轴的速度变化。本书在描述这个模型时常使用“接近”这个词，这是由于在该模型中速度存在波动，即加速度，通常假定加速度服从高斯分布。

2.6.2 恒加速（CA）模型

在 CA 模型中，目标状态向量由速度、位置和加速度等变量组成，形式如下所示[60-63]：

$$\boldsymbol{X}_k^{\text{CA}} = [x_k, \dot{x}_k, \ddot{x}_k, y_k, \dot{y}_k, \ddot{y}_k]^{\text{T}} \tag{2.15}$$

式中，$\ddot{x}_k$ 和 $\ddot{y}_k$ 分别表示目标沿 x 轴和 y 轴运动的加速度。本书在描述这个模型时常使用“接近”这个词，这是由于在该模型中加速度存在波动。用 n_k^x 和 n_k^y 表示白噪声，相应的状态空间模型如下所示：

$$\boldsymbol{X}_k^{\mathrm{CA}}=\begin{bmatrix}x_k\\ \dot{x}_k\\ \ddot{x}_k\\ y_k\\ \dot{y}_k\\ \ddot{y}_k\end{bmatrix}=\begin{bmatrix}1 & T & \frac{T^2}{2} & 0 & 0 & 0\\ 0 & 1 & T & 0 & 0 & 0\\ 0 & 0 & 1 & 0 & 0 & 0\\ 0 & 0 & 0 & 1 & T & \frac{T^2}{2}\\ 0 & 0 & 0 & 0 & 1 & T\\ 0 & 0 & 0 & 0 & 0 & 1\end{bmatrix}\begin{bmatrix}x_{k-1}\\ \dot{x}_{k-1}\\ \ddot{x}_{k-1}\\ y_{k-1}\\ \dot{y}_{k-1}\\ \ddot{y}_{k-1}\end{bmatrix}+\begin{bmatrix}\frac{T^2}{2} & T\\ T & 1\\ 1 & 0\\ 0 & \frac{T^2}{2}\\ 0 & T\\ 0 & 1\end{bmatrix}\begin{bmatrix}n_k^x\\ n_k^y\end{bmatrix} \tag{2.16}$$

2.7　目标跟踪状态估计技术

目标跟踪问题是指利用传感器测量模型和系统动态模型，对在无线传感器网络中移动的目标状态进行连续或按需估计[66-68]。通常，目标状态由运动变量描述，如目标的位置（通常为二维位置）、速度和加速度[15,19,24]。目标在无线传感器网络中移动，其状态随时间推移而变化。

在基于贝叶斯滤波的实现方案中，目标观测模型和运动模型的一般形式如下所示：

$$\boldsymbol{X}_k=f(\boldsymbol{X}_{k-1},\boldsymbol{u}_{k-1},\boldsymbol{w}_{k-1}) \tag{2.17}$$

$$\boldsymbol{z}_k=h(\boldsymbol{X}_k)+\boldsymbol{v}_k \tag{2.18}$$

式中，$\boldsymbol{X}_k$ 是目标状态向量；$\boldsymbol{z}_k$ 是在当前时刻 k 的观测向量；$\boldsymbol{u}_{k-1}$ 是控制输入向量；$\boldsymbol{w}_{k-1}$ 和 $\boldsymbol{v}_k$ 是相互独立的白噪声。

目前，已经有多种著名的基于贝叶斯滤波的跟踪算法，如在文献[15,19,24]中介绍的 KF 和 PF。其中，KF 和其扩展形式，如扩展卡尔曼滤波（EKF）和无迹卡尔曼滤波（UKF）被广泛应用。基于贝叶斯滤波的技术使用系统模型前一时刻的目标状态向量，预测下一时刻的目标状态向量，然后使用下一时刻的 RSSI 测量进行校正。

基于 RSSI 和贝叶斯滤波框架的第二种目标定位与跟踪算法，依据测量值的数量和性质、过程噪声和应用需求来决定选取 PF 或 KF[17,66-68]。在文献[66]中，对基于贝叶斯滤波的目标定位与跟踪系统种类进行了深入研究。研究表明，基于贝叶斯滤波的算法不如 KF、PF 那样可以应用于多模态和非高斯分布，但在处理测量非线性方面具有优势，代价是计算复杂度高。由于无线传感器网络是内存和功率受限的网络，因此在无线传感器网络上利用 PF 进行实时目标定位与跟踪是不合适的。另外，对于基于 RSSI 的目标定位与跟踪系统，其动态具有高度非线性，相比 KF 和 EKF，UKF 具有更高的定位精度。

2.7.1 标准卡尔曼滤波（KF）

KF 可以作为动态系统状态的估计器，如果系统是线性的且测量噪声是零均值高斯噪声，则 KF 可以被认为是最优估计器。KF 的运动模型和观测模型如式（2.19）和式（2.20）所示[16,19,24,25]。

$$\boldsymbol{X}_k = \boldsymbol{A}\boldsymbol{X}_{k-1} + \boldsymbol{B}\boldsymbol{u}_{k-1} + \boldsymbol{w}_{k-1} \tag{2.19}$$

式中，$\boldsymbol{X}_k$ 是目标状态向量，其变量包括目标在任意时刻 k 的位置、速度和加速度；$\boldsymbol{u}_{k-1}$ 为包含了控制输入的向量；$\boldsymbol{A}$ 为状态转移矩阵；$\boldsymbol{B}$ 为控制输入矩阵；$\boldsymbol{w}_{k-1}$ 是包含了 $\boldsymbol{X}_k$ 中每个参数的过程噪声值的参数。

$$\boldsymbol{z}_k = \boldsymbol{H}(\boldsymbol{X}_k) + \boldsymbol{v}_k \tag{2.20}$$

式中，$\boldsymbol{z}_k$ 是包含了目标在任意时刻 k 的位置、速度和加速度的向量；$\boldsymbol{H}$ 是变换矩阵；$\boldsymbol{v}_k$ 是 $\boldsymbol{X}_k$ 中由参数测量噪声值组成的向量。

两个噪声项 $\boldsymbol{w}_{k-1}$ 和 $\boldsymbol{v}_k$ 通常不互相依赖（不相关）。对 CV 模型，式（2.19）和式（2.20）中的矩阵 $\boldsymbol{A}$ 和 $\boldsymbol{B}$ 如下所示。

$$\boldsymbol{A} = \begin{bmatrix} 1 & 0 & \mathrm{d}t & 0 \\ 0 & 1 & 0 & \mathrm{d}t \\ 0 & 0 & 1 & 0 \\ 0 & 0 & 0 & 1 \end{bmatrix},\quad \boldsymbol{B} = \begin{bmatrix} \frac{1}{2}\mathrm{d}t^2 & 0 \\ 0 & \frac{1}{2}\mathrm{d}t^2 \\ \mathrm{d}t & 0 \\ 0 & \mathrm{d}t \end{bmatrix},\quad \boldsymbol{H} = \boldsymbol{I}_{4\times4} \tag{2.21}$$

KF 分为两个简单的阶段，即预测和更新。在预测步骤中，会用第 k−1 步来预测第 k 步，并利用第 k 步的测量来改善预测。预测和更新步骤中相关的数学方程如下所示。

预测：

$$\bar{\boldsymbol{X}}_k = \boldsymbol{A}\hat{\boldsymbol{X}}_{k-1} + \boldsymbol{B}\boldsymbol{u}_{k-1} + \boldsymbol{w}_{k-1} \tag{2.22}$$

$$\boldsymbol{P}_k^- = \boldsymbol{A}\boldsymbol{P}_{k-1}\boldsymbol{A}^{\mathrm{T}} + \boldsymbol{Q}_k \tag{2.23}$$

更新：

$$\boldsymbol{K}_k = \boldsymbol{P}_k^- \boldsymbol{H}_k^{\mathrm{T}} \left(\boldsymbol{H}_k \boldsymbol{P}_k^- \boldsymbol{H}_k^{\mathrm{T}} + \boldsymbol{R}_k\right)^- \tag{2.24}$$

$$\hat{\boldsymbol{X}}_k = \bar{\boldsymbol{X}}_k + \boldsymbol{K}_k(\boldsymbol{z}_k - \boldsymbol{H}_k\bar{\boldsymbol{X}}_k) \tag{2.25}$$

$$\boldsymbol{P}_k = (\boldsymbol{I} - \boldsymbol{K}_k\boldsymbol{H}_k)\boldsymbol{P}_k^- \tag{2.26}$$

式中，矩阵 $\boldsymbol{K}$ 是卡尔曼滤波增益矩阵，$\boldsymbol{I}$ 是 4×4 的单位矩阵，上标“^”表示状

态向量的估计。假设初始状态向量为 $\boldsymbol{X}_{k-1}$ 和对应的过程协方差矩阵为 $\boldsymbol{P}_{k-1}$，则下一时刻 k 的状态向量、对应过程协方差矩阵可预测［见式（2.22）和式（2.23）］。这些估计将使用时刻 k 的测量值进一步更新。

2.7.2　UKF

实际上，许多系统的测量模型和运动模型都是非线性的，这类系统用 KF 估计根本没用。为了处理这类非线性问题，可以使用 EKF 和 UKF[16,19,24,25]。EKF 算法对非线性非常敏感，与之相比，UKF 可通过对目标均值和协方差进行近似来处理非线性问题。UKF 算法基本上基于无迹变换（UT），算法中需要围绕确定的均值选取一个最小（最优）的样本点（也称 Sigma 点）集合。

UKF 的操作步骤与 KF 相似，也分为两个阶段（两步），即预测和更新。在仔细定义噪声协方差矩阵 $\boldsymbol{Q}$ 和测量噪声协方差矩阵 $\boldsymbol{R}$ 之后，初始化 $\boldsymbol{X}$ 和协方差矩阵 $\boldsymbol{P}$，则 Sigma 点可进行如下计算[16,19,24]：

$$\boldsymbol{\chi}_{k-1}=\left[\hat{\boldsymbol{X}}_{k-1}\quad \hat{\boldsymbol{X}}_{k-1}+\gamma\sqrt{\boldsymbol{P}_{k-1}}\quad \hat{\boldsymbol{X}}_{k-1}+\lambda\sqrt{\boldsymbol{P}_{k-1}}\right] \tag{2.27}$$

$k-1$ 时刻的估计用来预测下一个时刻 k 的估计，见式（2.28）～式（2.33）。

预测：

$$\boldsymbol{\chi}^{*}_{k/k-1}=f(\boldsymbol{X}_{k-1},\boldsymbol{u}_{k-1}) \tag{2.28}$$

$$\hat{\boldsymbol{X}}_{k}=\sum_{i=0}^{2L}\boldsymbol{w}_{i}^{m}\boldsymbol{\chi}^{*}_{k/k-1} \tag{2.29}$$

$$\boldsymbol{P}_{k}=\sum_{i=0}^{2L}\boldsymbol{w}_{i}^{c}[\boldsymbol{z}_{i,k/k-1}-\hat{\boldsymbol{z}}_{k}][\boldsymbol{z}_{i,k/k-1}-\hat{\boldsymbol{z}}_{k}]^{\mathrm{T}}+\boldsymbol{R} \tag{2.30}$$

$$\boldsymbol{\chi}_{k-1}=\left[\hat{\boldsymbol{X}}_{k-1}\quad \hat{\boldsymbol{X}}_{k-1}+\gamma\sqrt{\boldsymbol{P}_{k-1}}\quad \hat{\boldsymbol{X}}_{k-1}+\lambda\sqrt{\boldsymbol{P}_{k-1}}\right] \tag{2.31}$$

$$\boldsymbol{z}_{k/k-1}=\boldsymbol{H}\boldsymbol{\chi}^{*}_{k/k-1} \tag{2.32}$$

$$\hat{\boldsymbol{z}}_{k}=\sum_{i=0}^{2L}\boldsymbol{w}_{i}^{m}\boldsymbol{z}_{i,k/k-1} \tag{2.33}$$

在更新阶段，当前步骤的测量值（观测值）用来更新预测，获得更精确的估计值，见式（2.34）～式（2.39）。

更新：

$$\boldsymbol{P}_{zk,zk}=\sum_{i=0}^{2L}\boldsymbol{w}_{i}^{c}[\boldsymbol{z}_{i,k/k-1}-\hat{\boldsymbol{z}}_{k}][\boldsymbol{z}_{i,k/k-1}-\hat{\boldsymbol{z}}_{k}]^{\mathrm{T}}+\boldsymbol{R} \tag{2.34}$$

$$\boldsymbol{P}_{xk,zk}=\sum_{i=0}^{2L}\boldsymbol{w}_{i}^{c}[\boldsymbol{X}_{i,k/k-1}-\hat{\boldsymbol{X}}_{k}][\boldsymbol{z}_{i,k/k-1}-\hat{\boldsymbol{z}}_{k}]^{\mathrm{T}}+\boldsymbol{R} \tag{2.35}$$

卡尔曼增益：

$$\boldsymbol{K}_k = \boldsymbol{P}_{xk,zk}\boldsymbol{P}_{zk,zk}^{-1} \tag{2.36}$$

修正状态估计：

$$\hat{\boldsymbol{X}}_k = \hat{\boldsymbol{X}}_{k-1} + \boldsymbol{K}_k(\boldsymbol{z}_k - \hat{\boldsymbol{z}}_k) \tag{2.37}$$

误差协方差矩阵更新：

$$\boldsymbol{P}_k = \boldsymbol{P}_{k-1} - \boldsymbol{K}_k\boldsymbol{P}_{zk,zk}\boldsymbol{K}_k^{\mathrm{T}} \tag{2.38}$$

式中，w_0^m 是均值的权重；w_0^c 是协方差的权重；λ 是尺度参数；L 是增广状态的维数。

$$w_0^m = \lambda/(L+\lambda),\quad w_0^c = \lambda/(L+\lambda) + (1+\alpha^2+\beta) \tag{2.39}$$

式中，α 用来度量 Sigma 点在 $\hat{x}$ 周围的扩散程度，α 通常是一个小的正数集合；β 包含了 x 分布的先验知识。

2.8 基于 RSSI 室内目标定位与跟踪的相关挑战

基于射频的系统可以进一步细分为 Wi-Fi、RFID、蓝牙、ZigBee 和基于 UWB 的系统，如图 2.11 所示。虽然 RSSI 具备多种优势，但现有目标跟踪系统的跟踪精度通常都在 1 m 以上，主要有以下多种原因[14,36,39,69-71]。

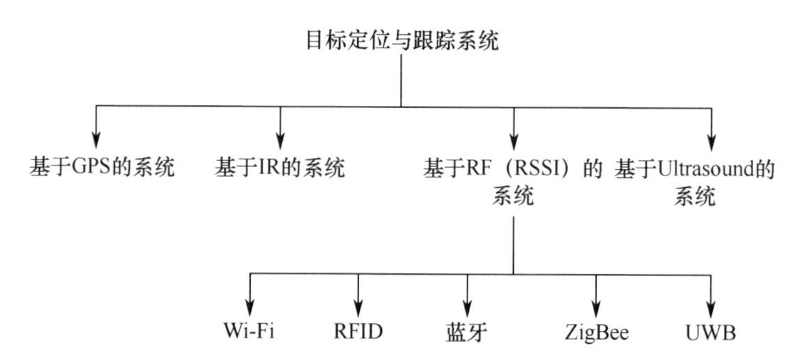

图 2.11　基于无线传感器网络的目标定位与跟踪系统的技术分类

（1）由于射频信号沿着距离不同的路径传播，并且存在多次反射，造成到达接收机的时间不同，信号衰减也存在区别。而在室内环境下，辐射源通常被障碍物包围，因此，与信号传播相关的问题，如反射、非视距和多径传播等，都会降低基于 RSSI 系统的目标跟踪精度。

（2）由于存在上述信号传播问题，RSSI 测量通常受环境噪声影响。RSSI 测量值转换为距离，需要选用适当的信号路径损耗模型，并根据给定环境设置进行微调（无线通道校准）。如果无线介质发生变化，需要再次校准路径损耗模型以适应环境变化。在实际应用中，如何对信号路径损耗模型的参数进行调整来解决信号传播问题，非常具有挑战性。

（3）很多时候，在给定的无线环境中，发射机和接收机节点离地面的高度不同，可能导致非视距问题。另外，天线的类型及其方向也将影响基于 RSSI 的跟踪系统性能。

（4）即使发射机和接收机之间的距离、功率和障碍物数量保持不变，接收到的信号强度也可能发生急剧变化。如图 2.12 所示，在发射机和接收机之间 10 m 的距离内，记录到 RSSI 测量值随时间的剧烈波动。

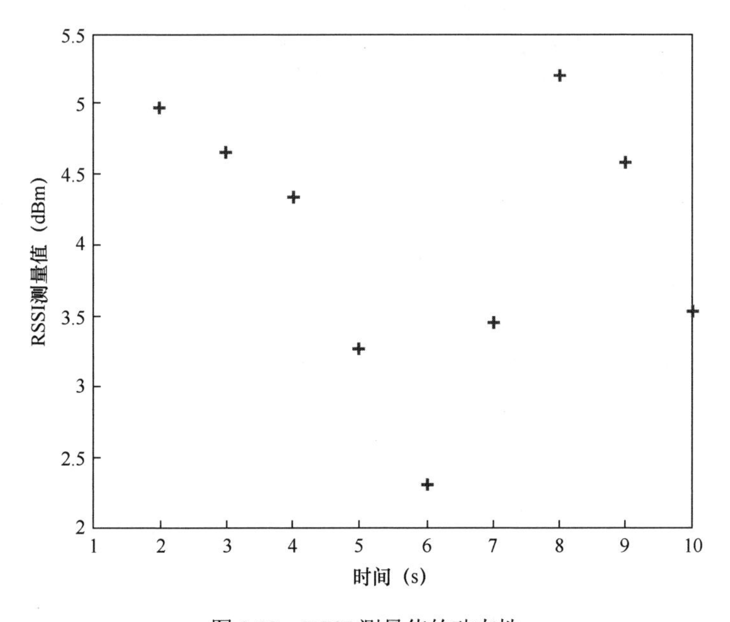

图 2.12　RSSI 测量值的动态性

（5）对于基于距离的目标跟踪系统，RSSI 测量值被转换为距离。处理高度非线性的 RSSI 与距离的关系具有挑战性。

（6）RSSI 测量值的性质取决于环境。这种依赖性在室内环境中尤为明显。例如，在给定的室内环境中，发射机或接收机的位置稍有变化，RSSI 测量值就会发生剧烈变化。因此，即使在相同的环境设置下，RSSI 测量值的重复性和规律性也较小，换句话说，RSSI 是非周期性的。

原书参考文献

1. G. Xu, W. Shen, X. Wang, Applications of wireless sensor networks in marine environment monitoring: a survey. Sensors (Switzerland) 14(9), 16932-16954 (2014).
2. P. Kumar, H. J. Lee, Security issues in healthcare applications using wireless medical sensor

networks: a survey. Sensors 12(1), 55-91 (2012).
3. B. Rashid, M. H. Rehmani, Applications of wireless sensor networks for urban areas: a survey. J. Netw. Comput. Appl. 60, 192-219 (2016).
4. I. F. Akyildiz, T. Melodia, K. R. Chowdhury, A survey on wireless multimedia sensor networks. Comput. Netw. 51(4), 921-960 (2007).
5. I. Khemapech, I. Duncan, A. Miller, A survey of wireless sensor networks technology, in 6th Annual Postgraduate Symposium on the Convergenceof Telecommunications, Networking and Broadcasting, vol. 6 (2005).
6. W. Dargie, C. Poellabauer, Fundamentals of Wireless Sensor Networks: Theory and Practice (Wiley, New York, 2011).
7. N. Patwari, J. N. Ash, S. Kyperountas, A. O. Hero, R. L. Moses, N. S. Correal, Locating the nodes: Cooperative localization in wireless sensor networks. IEEE Signal Process. Mag. 22(4), 54-69 (2005).
8. R. Faragher, R. Harle, Location fingerprinting with bluetooth low energy beacons. IEEE J. Sel. Areas Commun. (2015).
9. Y. Miao, H. Wu, L. Zhang, The accurate location estimation of sensor node using received signal strength measurements in large-scale farmland. J. Sensors (2018).
10. M. Perkins, N. Patwari, A. O. Hero, R. J. O'Dea, N. S. Correal, Relative location estimation in wireless sensor networks. IEEE Trans. Signal Process. (2003).
11. S. R. Jondhale, R. S. Deshpande, S. M. Walke, A. S. Jondhale, Issues and challenges in RSSI based target localization and tracking in wireless sensor networks, in 2016 International Conference on Automatic Control and Dynamic Optimization Techniques (ICACDOT), (2017).
12. A. Pal, Localization algorithms in wireless sensor networks: Current approaches and future challenges. Netw. Protoc. Algorithms (2011).
13. X. Zheng, H. Liu, J. Yang, Y. Chen, R. P. Martin, X. Li, A study of localization accuracy using multiple frequencies and powers. IEEE Trans. Parallel Distrib. Syst.(2014).
14. F. Viani, P. Rocca, G. Oliveri, D. Trinchero, A. Massa, Localization, tracking, and imaging of targets in wireless sensor networks: An invited review. Radio Sci. (2011).
15. S. R. Jondhale, R. S. Deshpande, Tracking target with constant acceleration motion using Kalman filtering, in 2018 International Conference on Advances in Communication and Computing Technology (ICACCT)(2018).
16. S. R. Jondhale, R. S. Deshpande, Modified Kalman filtering framework based real time target tracking against environmental dynamicity in wireless sensor networks. Ad Hoc Sens. Wirel. Netw. 40, 119-143 (2018).
17. A. S. Paul, E. A. Wan, RSSI-based indoor localization and tracking using sigma-point kalman

smoothers. IEEE J. Sel. Top. Signal Process.(2009).
18. S. Mahfouz, F. Mourad-Chehade, P. Honeine, J. Farah, H. Snoussi, Target tracking using machine learning and kalman filter in wireless sensor networks. IEEE Sensors J.(2014).
19. S. R. Jondhale, R. S. Deshpande, Kalman filtering framework based real time target tracking in wireless sensor networks using generalized regression neural networks. IEEE Sensors J. 19(1), 224-233 (2019).
20. L. Gui, T. Val, A. Wei, R. Dalce, Improvement of range-free localization technology by a novel DV-hop protocol in wireless sensor networks. Ad Hoc Netw 24(Part B), 55-73 (2015).
21. J. L. M. Garcia, J. Tomas, F. Boronat, The development of two systems for indoor wireless sensors self-location. Ad Hoc Sensor Wirel. Netw. 8(3-4), 235-258 (2009).
22. B. Wagner, D. Timmermann, G. Ruscher, T. Kirste, Device-free user localization utilizing artifcial neural networks and passive RFID, in 2012 Ubiquitous Positioning, Indoor Navigation, and Location Based Service (UPINLBS)(2012).
23. F. Darakeh, G. R. Mohammad-Khani, P. Azmi, An accurate distributed rage free localization algorithm for WSN, in 2017 Iranian Conference on Electrical Engineering (ICEE)(2017).
24. S. R. Jondhale, R. S. Deshpande, GRNN and KF framework based real time target tracking using PSOC BLE and smartphone. Ad Hoc Netw. (2019).
25. S. Jondhale, R. Deshpande, Self recurrent neural network based target tracking in wireless sensor network using state observer. Int. J. Sensors Wirel. Commun. Control (2018).
26. K. Heurtefeux, F. Valois, Is RSSI a good choice for localization in wireless sensor network? in 2012 IEEE 26th International Conference on Advanced Information Networking and Applications(2012).
27. S. Kumar, S. Lee, Localization with RSSI values for wireless sensor networks: an artificial neural network approach. Int. J. Comput Netw. Commun. 8, 61-71 (2014).
28. L. Mihaylova, D. Angelova, D.R. Bull, N. Canagarajah, Localization of mobile nodes in wireless networks with correlated in time measurement noise. IEEE Trans. Mob. Comput. (2011).
29. A. Zanella, Best practice in RSS measurements and ranging. IEEE Commun. Surv. Tutorials (2016).
30. A. T. Parameswaran, M. I. Husain, S. Upadhyaya, Is RSSI a reliable parameter in sensor localization algorithms-an experimental study? IEEE Int. Symp. Reliab. Distrib. Syst.(2009).
31. W. Rong-Hou, L. Yang-Han, T. Hsien-Wei, J. Yih-Guang, C. Ming-Hsueh, Study of characteristics of RSSI signal, in 2008 IEEE International Conference on Industrial Technology(2008).
32. Q. Dong, W. Dargie, Evaluation of the reliability of RSSI for indoor localization, in 2012 International Conference on Wireless Communications in Underground and Confined Areas(2012).
33. F. Zafari, I. Papapanagiotou, M. Devetsikiotis, T. J. Hacker, Enhancing the accuracy of iBeacons for indoor proximity-based services, in 2017 IEEE International Conference on Communications (ICC)(2017).

34. T. K. Sarkar, Z. Ji, K. Kim, A. Medouri, M. Salazar-Palma, A Survey of various propagation models for mobile communication. IEEE Antennas Propag. Mag. (2003).
35. S. Vougioukas, H.T. Anastassiu, C. Regen, M. Zude, Influence of foliage on radio path losses (PLs) for wireless sensor network (WSN) planning in orchards. Biosyst. Eng.(2013).
36. S.S. Saad, Z.S. Nakad, A standalone RFID indoor positioning system using passive tags. IEEE Trans. Ind. Electron. (2011).
37. J. Zhu, H. Xu, Review of RFID-based indoor positioning technology, in Innovative Mobile and Internet Services in Ubiquitous Computing. IMIS 2018. Advances in Intelligent Systems and Computing, (Springer, Cham, 2019).
38. M. Bouet, A. L. Dos Santos, RFID tags: positioning principles and localization techniques, in 2008 1st IFIP Wireless Days(2008).
39. M. M. Soltani, A. Motamedi, A. Hammad, Enhancing cluster-based RFID tag localization using artificial neural networks and virtual reference tags. Autom. Constr.(2015).
40. D. Fox, M. Philipose, D. Hahnel, W. Burgard, K. Fishkin, Mapping and localization with RFID technology, in IEEE International Conference on Robotics and Automation, 2004. Proceedings. ICRA '04(2004).
41. H. D. Chon, S. Jun, H. Jung, W. An, Using RFID for accurate positioning. J. Glob. Position. Syst.(2010).
42. S. L. Ting, S. K. Kwok, A. H. C. Tsang, G. T. S. Ho, The study on using passive RFID tags for indoor positioning. Int. J. Eng. Bus. Manag. 3, 9-15 (2011).
43. Y. Zhang, X. Li, M. Amin, Principles and techniques of RFID positioning, in RFID Systems: Research Trends and Challenges, (2010).
44. C. E. T. Galvan, I. Galvan-Tejada, E. I. Sandoval, R. Brena, WiFi bluetooth based combined positioning algorithm. Proc. Eng. 35, 101-108 (2012).
45. X. Zhao, Z. Xiao, A. Markham, N. Trigoni, Y. Ren, Does BTLE measure up against WiFi A comparison of indoor location performance, in European Wireless 2014; 20th European Wireless Conference(2014).
46. Y. S. Chiou, C. L. Wang, S. C. Yeh, M. Y. Su, Design of an adaptive positioning system based on WiFi radio signals. Comput. Commun. (2009).
47. Y. W. Prakash, V. Biradar, S. Vincent, M. Martin, A. Jadhav, Smart bluetooth low energy security system, in 2017 International Conference on Wireless Communications, Signal Processing and Networking (WiSPNET)(2018).
48. R. Faragher, R. Harle, An analysis of the accuracy of bluetooth low energy for indoor positioning applications, in International Technical Meeting of the Satellite Division of the Institute of Navigation(2014).

49. Y. Zhuang, J. Yang, Y. Li, L. Qi, N. El-Sheimy, Smartphone-based indoor localization with bluetooth low energy beacons. Sensors (Switzerland) (2016).
50. A. De Blas, D. López-de-Ipiña, Improving trilateration for indoors localization using BLE beacons, in International Multidisciplinary Conference on Computer and Energy Science(2017).
51. E. MacKensen, M. Lai, T. M. Wendt, Bluetooth Low Energy (BLE) based wireless sensors, in 2012 IEEE Sensors(2012).
52. M. S. Pan, Y. C. Tseng, ZigBee wireless sensor networks and their applications. Sens. Networks Confg. Fundam. Stand. Platforms Appl. (2007).
53. R. Mardeni and S. Nizam, Node positioning in ZigBee network using trilateration method based on the received signal strength indicator (RSSI). Eur. J. Sci. Res.(2010).
54. Z. Yang, Y. Liu, X. Y. Li, Beyond trilateration: On the localizability of wireless Ad Hoc networks. IEEE/ACM Trans. Netw.(2010).
55. F. Thomas, L. Ros, Revisiting trilateration for robot localization. IEEE Trans. Robot.(2005).
56. J. Uren, W. F. Price, Triangulation and trilateration, in Surveying for Engineers, (2015).
57. M. Stella, M. Russo, D. Begusic, Location determination in indoor environment based on RSSI fingerprinting and artificial neural network, in 2007 9th International Conference on Telecommunications(2007).
58. Y. Zhuang, Y. Li, L. Qi, H. Lan, J. Yang, N. El-Sheimy, A two-filter integration of MEMS sensors and WiFi fingerprinting for indoor positioning. IEEE Sensors J. (2016).
59. S. He, S. H. G. Chan, Wi-Fi fingerprint-based indoor positioning: Recent advances and comparisons. IEEE Commun. Surv. Tutorials. (2016).
60. R. A. Pushpa, A. Vallimayil, V. R. S. Dhulipala, Impact of mobility models on mobile sensor networks, in 2011 3rd International Conference on Electronics Computer Technology (2011).
61. T. Camp, J. Boleng, V. Davies, A survey of mobility models for Ad Hoc network research. Wirel. Commun. Mob. Comput. (2002).
62. R. Silva, J. Sa Silva, F. Boavida, Mobility in wireless sensor networks - survey and proposal. Comput. Commun. (2014).
63. L. Mihaylova, D. Angelova, S. Honary, D. R. Bull, C. N. Canagarajah, B. Ristic, Mobility tracking in cellular networks using particle filtering. IEEE Trans. Wirel. Commun. (2007).
64. A. U. R. Khan, S. Ali, S. Mustafa, M. Othman, Impact of mobility models on clustering based routing protocols in mobile WSNs, in 2012 10th International Conference on Frontiers of Information Technology (2012).
65. S. Jardosh, P. Ranjan, A survey: topology control for wireless sensor networks, in 2008 International Conference on Signal Processing, Communications and Networking (2008).
66. D. Fox, J. Hightower, L. Liao, D. Schulz, G. Bordello, Bayesian filtering for location estimation.

IEEE Pervasive Comput.(2003).

67. F. Zafari, I. Papapanagiotou, T. J. Hacker, A novel Bayesian filtering based algorithm for rssibased indoor localization, in 2018 IEEE International Conference on Communications (ICC) (2018).
68. M. S. Arulampalam, S. Maskell, N. Gordon, T. Clapp, A tutorial on particle filters for online nonlinear/nongaussian bayesian tracking, in Bayesian Bounds for Parameter Estimation and Nonlinear Filtering/Tracking (2007).
69. D. Balachander, T. R. Rao, G. Mahesh, RF propagation investigations in agricultural fields and gardens for wireless sensor communications, in 2013 IEEE Conference on Information & Communication Technologies (2013).
70. M. Malajner, K. Benkič, P. Planinšič, Ž. Čučej, The accuracy of propagation models for distance measurement between WSN nodes, in 2009 16th International Conference on Systems, Signals and Image Processing (2009).
71. H. Liu, H. Darabi, P. Banerjee, J. Liu, Survey of wireless indoor positioning techniques and systems. IEEE Trans. Syst. Man Cybern. Part C Appl. Rev. (2007).

第3章 基于RSSI的目标定位与跟踪系统综述

3.1 各种无线技术在室内跟踪中的应用综述

基于射频的室内目标定位与跟踪可以通过多种无线技术实现，如 Wi-Fi、BLE、ZigBee、RFID、UWB 和超声波。这些技术的利弊见表 3.1[1-5]。

表 3.1 用于目标定位与跟踪的各种无线技术的比较

无线技术	工作频率	通信距离	优势	劣势
Wi-Fi	900 MHz、3.6 GHz、4 GHz、4.9 GHz、5 GHz	50～100 m	办公室、校园、无线设备随时可用	功耗高，信号波动导致精度低（约 2 m）
BLE	2.4 GHz/5 GHz	30 m	低功耗、易得、远距离	适用于低数据速率（1 Mbps 和 2 Mbps）
ZigBee	2.4 GHz	30 m	低功耗	不适用于便携设备
RFID	13.56 MHz	5～6 m	不需要视距	短距离、中等精度
UWB	3.1～10.6 GHz	70 m	低功耗、高分辨率	高成本，不适用于便携设备
超声波	20 Hz～20 kHz	6～9 m	高精度	高成本、不可伸缩

对室内位置服务（LBS）日益增长的商业兴趣促进了室内定位技术的发展。在所有技术选项中，依托现有的无线局域网，Wi-Fi 已经成为一种关键的技术[6-8]。如今，几乎所有智能手机、笔记本电脑及其他便携设备都具备 Wi-Fi 功能。因此，Wi-Fi 已经被许多研究人员用于室内定位与跟踪。在基于 Wi-Fi 的定位与跟踪技术中，现有的 Wi-Fi 接入点可用作参考点以生成 RSSI 测量值。这意味着，可以在不需要额外基础设施的情况下开发目标定位与跟踪系统。基于 Wi-Fi 的目标定位与跟踪系统的主要缺点如下：

（1）Wi-Fi 基础设施用于网络通信，因此无法用于给定环境之外的定位；

（2）功耗非常高；

（3）ISM 频段中存在不可控的干扰，会显著影响目标定位与跟踪精度。

总体而言，基于 Wi-Fi 的室内定位所能达到的定位精度仅为 2.0～2.5 m。因此，即使传感器节点具备 Wi-Fi 功能，但由于存在上述不足，基于 Wi-Fi 的目标定位与跟踪不是一个经济的选项。

近年来，低功耗蓝牙（Bluetooth Low Energy，BLE）无线协议的引入在室内定位与跟踪应用中引起了广泛的关注。低成本且易于部署的基于 BLE 的节点（信标）与 Wi-Fi 相比具有许多明显的优点，如在智能手机和笔记本电脑之类的众多便携式设备上的可用性。如第 2 章所述，用于 LBS 的两个基于 BLE 的主要协议是 iBeacons 和 Eddystone。与旧蓝牙标准相比，新 BLE 技术可以提供 70～100 m 的通信范围和 24 Mbps 的数据速率，同时具有低功耗特征。尽管 BLE 节点可以与各种不同的测量方法一起使用，如 AoA、RSSI 和 ToF，但是许多现有的基于 BLE 的定位与跟踪系统还是依赖 RSSI。利用 RSSI 测量值的 BLE 定位与跟踪系统通常具有较高的定位精度。例如，在文献[8]中，作者对基于 BLE 指纹的定位系统进行了详细的研究，使用分布在 600 m^2 的室内环境中的 19 个信标节点定位移动用户目标。该文献还研究了发射功率、信标密度和发射频率对定位精度的影响。文献作者已经证明，用 BLE 设备获得的 RSSI 测量值比用 Wi-Fi 设备获得的 RSSI 测量值更稳定。由于出现了片上天线和片上收发信机等技术，这些支持 BLE 的小型设备可以用作无线传感器网络节点。然而，在设计基于 BLE 实现的目标定位与跟踪算法时，必须关注与信号传播相关的室内问题，如多径传播、衰落和非视距（NLOS）问题。

另一个用于室内定位与跟踪的重要低成本无线技术是 ZigBee。ZigBee 具有数据速率低、功耗低的特点。其网络层负责多跳通信和网络管理，应用层负责应用程序开发。通过在目标上附加 ZigBee 节点，可以在其他部署节点的帮助下利用 RSSI 测量值来估计所标记目标的位置。基于 ZigBee 网络的主要缺点是大多数用户终端都无法使用该网络，因此，ZigBee 不是室内定位与跟踪的首选。文献[9]所述的基于 ZigBee 的系统中，RSSI 测量值先转换成距离，然后该距离作为用于位置估计的三边测量法的输入。三边测量法的位置估计结果可以映射到 Google 地图上。

RFID 是另一种低成本替代方案，它能够使用发射机发射的射频信号向任何具有射频兼容的电路传输和存储数据。RFID 标签可以附加到目标上，实现对目标的自动跟踪。系统由一个可以与其绑定的 RFID 标签进行通信的 RFID 阅读器组成。RFID 的基本类别包括有源 RFID 和无源 RFID。有源 RFID 虽然可用于定位与跟踪，但它在许多便携式用户终端上不可用。无源 RFID 通信距离有限，常用于抵近式服务。除通信距离有限这一缺点外，其定位精度尚可。

基于 UWB 的系统会在 3.1～10.6 GHz 频率范围内发射占空比非常低的短周期脉冲。UWB 系统通信距离短、功耗低、时域分辨率高，是基于无线技术的定位与跟踪系统的良好选项。它可以解决多径传播问题，且不需要复杂的估计算法来提供精确的定位。基于 UWB 的定位与跟踪系统的测量值是 ToA 或 TDoA。

与 UWB 类似，声学信号和超声波信号也可以使用 ToA 或 TDoA 来实现定位与跟踪。我们知道，智能手机上总是配备麦克风。在基于声信号的系统中，利用 ToF（飞行时差测距）的概念，麦克风可捕获从各种声源发射的声信号以计算位置。基于超声波的系统使用音速和超声波信号来估计发射机节点和接收机节点之间的距离。与射频信号不同，基于超声波的系统最大缺点是声波传输过程中的音速会显著变化，特别是当环境温度和湿度变化时。为了解决该问题，通常把温度传感器与超声波系统一起部署。由于本书的目的是设计基于 RSSI 的系统，因此基于 UWB 和声信号的定位技术不在本书讨论范围内。

3.2　贝叶斯滤波在基于 RSSI 的目标跟踪中的应用综述

文献[10]基于 RSSI 的目标跟踪系统提出了一种新的、优化的发射功率电平策略。在该方法中，无线传感器网络（WSN）部署在靠近运动目标的地方。最佳发射功率电平策略使得 RSSI 测量值能够完美地转换为距离。这种实现方式还采用先进的信号处理技术来解决诸如信道失真和丢包等问题。在处理阶段对 RSSI 测量值进行预处理以降低其波动，然后应用高级滤波来获得位置估计值。虽然所提出的系统达到 4.33 cm 的高跟踪精度，但是用于跟踪实验的室内面积仅为 80 cm×80 cm，而且发射功率较高，不适合基于 WSN 的实现方式。

由于目标跟踪问题涉及在其运动期间对目标位置进行递归估计，所以贝叶斯结构是合适的算法选项。它本质上是一个基于概率的结构，通过观察似然和动态预测模型实现噪声观察，进而获得未知状态的估计值。PF、KF、EKF 和 UKF 是基于 RSSI 的定位与跟踪系统中常用的贝叶斯滤波器。在文献[11,12]中，作者在红外、超声及激光测距仪的帮助下，对基于贝叶斯滤波器的定位与跟踪实现方式进行了研究。研究表明，对于非高斯和多模态的情形，PF 算法虽然能够收敛到真实的后验状态分布，但相比而言，KF 算法在存储器使用和计算能力方面更为有效。

PF 已经成功用于实时目标跟踪场景。文献[13]讨论了基于 PF 的运动目标定位与跟踪方法，该方法用到了 RSSI 测量值，其测量噪声与时间相关。文献作者提出了新的多模态辅助型 PF 实现方法，以解决与时间相关的测量噪声问题。仿真和实际的 RSSI 测量验证了算法的有效性，获得了较高的定位精度。然而，由于采用了 PF 滤波器，因此文献所提出的跟踪系统的计算复杂度较高。文献[14]描述的基于 PF 的系统，讨论了具有随机加速度的人体运动模型，其观察模型是含有噪声的 RSSI 测量值。在文献[15]中，文献作者基于 PF 的研究工作，讨论了指纹技术在基于 Wi-Fi 信号的定位与跟踪模型中的应用。然而，该文献所提出的方法假定射频信号衰减具有径向对称性，且要求针对给定无线环境的射频指纹创建庞大的训练数据集。

KF 方法在实时定位与跟踪及导航等应用中一直很常用。在文献[16]中，作者提出了 EKF 和协同跟踪系统的组合，以使用 RSSI 测量值来获得位置估计值。结果表明，与单独使用协同跟踪系统相比，误差降低了 47.47%，均方根误差为 1.09 m。然而，该系统的计算时间为 120.74 s，而单独协同跟踪系统的计算时间为 41.73 s。这意味着虽然系统跟踪精度有所提高，但实时性较差。文献[17]的作者基于混合 KF 系统，在室内环境中使用流行的板球定位系统来定位和跟踪运动物体，实验结果表明该方法优于其他方法。文献[17]中也给出了少数结合了 KF 和 PF 优点的实现方法。文献[18]讨论了基于 PF-EKF 的级联算法。EKF 和 PF 组合的目的是降低多径传播和噪声对 RSSI 的影响。仿真结果表明，在相同的环境条件下，该方法使二维和三维环境下的跟踪精度分别提高了 33.9%和 31.3%，定位精度达到 0.97 m。在文献[19]中，作者将 KF 与 PF 级联，用于使用 iBeacon 节点的室内目标跟踪系统。与基于 PF 的算法相比，该系统在二维和三维定位精度分别提高了 28.16%和 25.59%。

智能手机也可以帮助 KF 结构实现室内目标定位与跟踪。在文献[20]中，作者通过结合 Wi-Fi 和 PDR，提出了一种融合了智能手机传感器的 KF 结构。当整个系统在智能手机上运行时，以线性回归方式解决传感器融合问题。所提出的实现方法可实现大约 1 m 的定位精度。文献[21]提出了一种利用 iBeacon 节点、基于智能移动电话的室内定位与跟踪系统。该文献对行走方向估计和步长检测等关键问题进行了研究。基于 PDR 的方法存在行走距离上的漂移问题，为了解决该问题，可使用 iBeacon 校准 PDR 漂移。该文献通过对 iBeacon 节点测量值的研究，给出了有效的校准范围，实验结果证明该方法在提高定位精度方面是有效的。

文献[22]研究了 KF、推算定位和三边测量算法在室内目标跟踪中的应用。该文献中使用智能手机实现测量 BLE 节点广播射频信号和 RSSI 测量值，使用 KF 过滤 RSSI 测量值中的噪声，并借助三边测量算法和推算定位算法进行目标定位。研究发现，基于 KF 和三边测量融合的定位算法与单独利用三边测量、推算定位或 KF 定位算法相比，具有良好的跟踪性能。但也只是在室内面积很小的情况下，系统定位精度优于 0.75 m，而且由于大量 BLE 模块被部署得非常密集，所以总体系统成本很高。文献[23]将 EKF 和圆极化（CP）天线用于基于 RSSI 测量的室内跟踪问题。EKF 采用恒速（CV）机器人运动模型，锚节点和运动节点均配备圆极化天线进行信息交换。圆极化天线保持节点间的视距通信，使得 RSSI 测量值准确和稳定。实验中四个锚节点部署在 4 m×4 m 区域的四角，并假定机器人沿着定义区域内的预定轨迹运动。该系统具有很高的跟踪精度，最大定位误差为 0.52 m。该系统的主要缺点是需要昂贵的圆极化天线，并且定义的面积太小，不足以证明该方法在大规模室内环境中的有效性。文献[24]讨论了使用 Wi-Fi RSSI 测量值的室内定位方法，该方法为了提高目标定位精度，利用已有接入点之间的相关性，使用线性回归统计模型在系统中添加虚拟接入点（VAP）。这意味着在增大接入点密度的同时，并未在系统中增加新的硬件。该系统应用 KF 降低 RSSI 测量中的噪声影响，但所观察到的该系统定位误差非常大（4.49 m）。

在文献[25]中，作者开发了基于 Sigma 点卡尔曼平滑器（SPKS）的定位与跟踪系统，该系统融合了人类动态行走模型和一系列传感器测量结果。该系统利用来自 Wi-Fi 接入点的测量值（RSSI 测量值）、二进制脚踏开关和二进制 IR 运动传感器。目标携带一个小的可穿戴设备，该设备至少从三个保持在预定义位置的 Wi-Fi 接入点处测量 RSSI。文献中考虑的动力模型与室内墙体模型相融合，在训练系统中学习“RSSI 测量值–位置”关系，而不是使用固定路径损耗模型。该系统在仅有几米的尺度范围内表现出较高的定位精度。文献[26]提出了使用 RSSI 测量值、基于电流统计模型的自适应 UKF（CAUKF），以解决运动目标跟踪问题。利用目标运动与相邻节点对应位置的关系，在 UKF 过程噪声协方差矩阵中进行自适应调整。换句话讲，就是采用改进的 Sage-Husa 估计器对过程噪声协方差矩阵进行自适应调整，而用预先定义的模糊规则集来实现测量噪声的 UKF 过程噪声协方差矩阵的自适应。仿真结果表明，系统延时小，跟踪精度高。文献[27]提出了另一种基于数据融合的方法，该方法利用 UKF 融合 WLAN 的 RSSI 测量值和 IMU 模块的目标速度信息，估计室内场景下的移动节点二维位置，需要运动单元配备 IMU 和无线收发机。虽然所采集的 RSSI 测量值被多径衰落和量化噪声恶化，但是该策略仍然实现了 1 m 左右的均方根误差。

3.3　神经网络在基于 RSSI 的目标跟踪中的应用综述

尽管基于贝叶斯滤波的方法能够提供比传统方法更好的性能，但是跟踪系统的模型通常是非线性的，并且与实际情况存在一定程度的失配，仅借助贝叶斯结构很难实现更高的跟踪精度。因此，在涉及 RSSI 测量的动态室内应用中，需要采用一些先进信号处理技术滤除测量中的噪声。由于人工神经网络（ANN）不需要噪声分布的先验知识，因此在基于 RSSI 的目标定位与跟踪中具有巨大应用潜力。与 KF 不同，人工神经网络可以很容易地模拟几乎所有复杂的关系。

现有定位系统很少采用神经网络。特别是使用蓝牙技术的定位系统，不会使用人工神经网络。就本质而言，人工神经网络是一个通用逼近器，它具有在多变量空间中映射函数的能力。人工神经网络具备快速学习和泛化能力，这是其主要优点。基于神经网络的目标定位与跟踪系统，其成功与否取决于神经网络的隐藏层数、节点密度和传递函数的选取。在以往基于人工神经网络的目标定位与跟踪系统中，这些参数的选取仅基于设计者的经验，因此不能直接应用于未来的目标定位与跟踪系统。

可以应用于目标定位与跟踪系统的神经网络结构种类繁多。例如，多层感知器（MLP）就可以有效地解决定位与跟踪问题。多层感知器基本上是多层前馈人工神经网络，具有将任何给定输入集映射到对应目标输出集的能力。这些体系结构基于有监督学习，可用于解决给定室内环境 RSSI 测量中涉及的噪声不确定性问题。在文献[28]中，作者研究了在给定的室内装置中移动无线传感器的跟踪问题，讨论了两种基于 MLP 的定位算法，并与传统的三边测量算法进行了比较。结果表明，两隐藏层 MLP 算法具有比三边测量算法更好的性能。该文献最后通过部署板球运动的实时实验验证了算法性能。文献[29]研究了基于三种类型人工神经网络结构的室内目标定位，这三种神经网络是径向基函数（RBF）、多层感知器（MLP）和递归神经网络（RNN）。训练数据通过固定部署在 300 cm×300 cm 的区域拐角处的锚节点收集，RSSI 测量值则通过穿越该区域的传感器节点收集。用 70 个目标位置的多组存在波动的 RSSI 测量值来训练所提出的人工神经网络。如果用收集的数据库训练人工神经网络，则可以利用按照预定轨迹运动的节点穿过所部署的 WSN 来测试 RSSI 数据集。此外，该文献除比较三种人工神经网络结构算法的定位性能外，还记录了基于 KF 算法的定位性能。通过实验得出，尽管径向基函数（RBF）的计算复杂度较大，但其定位精度高于其他算法。KF 的误差高于所有基于人工神经网络的实现方法，特别是在 WSN 区域的边界处。文献[30]提出了一种利用人工神经网络结构和遗传算法，借助 RSSI 测量，对 WSN 中的目标进行定位的方法。采用 MATLAB 软件对锚节点密度为 8 个的 26 m×26 m 的室内环境进行模拟实验，采集人工神经网络输入数据。该算法的均方根误差为 0.41 m，最大和最小定位误差分别为 1.07 m 和 0.014 m。文献[31]提出了基于部署的 WSN，将多层感知器（MLP）网络应用于基于射频指纹的目标定位的方法，并使用 13 个反向传播训练算法评估方法的有效性。文献[32]提出了由具有不同输入容量的 4 个多层感知器网络组成的集成系统。在该系统中，使用 4 输入人工神经网络结构来进行目标定位与跟踪实验。结果表明，该算法在定位精度方面优于遗传算法和模糊算法。这种实现方法的主要缺点在于其不可伸缩。文献[33]采用贝叶斯正则化和梯度下降两种人工神经网络算法来计算给定室内环境中的移动传感器节点位置。利用 ZigBee 模块接收的两个测量值，即链路质量指标（LQI）和 RSSI，训练所提出的基于神经网络的定位算法。实验验证了仅使用单个测量值和两者组合使用的情况。根据得到的结果，该文献作者认为，单独 RSSI 或链路质量指标不足以准确地定位移动传感器节点。更具体地说，如果使用这两个测量值的组合，则可以成功地提高定位精度。该方法的定位精度为 1.65 m。

文献[34]的作者采用 RSSI 指纹技术和人工神经网络技术开发了基于 WSN 的室内定位系统。人工神经网络给出了给定室内环境中不同 RSSI 测量值与运动节点位置之间的关系。这种基于神经网络的系统，平均定位误差为 1.79 m。在文献[32]中，作者提出了两种基于 RSSI 的不依赖距离的定位方法。第一种方法采用模糊逻辑系统，使用每个部署的锚节点的边缘权重进行加权求和实现节点定位，使用所设计的遗传算法确定最优边缘权重。第二种方法是以 RSSI 测量值为输入的人工神经网络方法。文献[35]提出了一种用 LVQ（学习向量量化）训练的人工神经网络来解决室内传感器节点定位问题。人工神经网络以 RSSI 测量值为输入，以给定室内环境中传感器节点的位置区域为输出。然而，这种方法在需要得到目标精确位置的时候不是很有用。

文献[36]提出了机器学习和 KF 组合的新方法，并在 20 个静态传感器节点的帮助下估计运动目标的瞬时位置。利用 RSSI 测量技术，该文献作者构建了 100 m×100 m 区域的室内环境无线电地图。该文献综合使用射频指纹和机器学习算法，并仅使用 RSSI 信息来计算运动目标的第一位置估计值。通过利用目标加速度信息来获得预测目标位置。在 KF 的帮助下，将第一位置估计值和预测位置融合在一起，进一步细化位置估计值。该方法即使在加速度信息和 RSSI 测量值存在噪声的情况下，也能达到 1 m 左右的跟踪精度。文献[37]提出了基于前馈 MLP 的定位方法，该方法使用来自锚节点的 RSSI 值实现定位。锚节点部署在 5 m×4 m 室内环境的每个拐角处。该文献还研究了五种不同的训练算法来训练 MLP 的效率。为了验证所提出的算法，在硬件上使用 Arduino 编程语言实现 MLP，该 MLP 采用一种 12-12-2 结构，在两个隐藏层和输出层中分别有 4 个节点、24 个节点和 2 个节点，该文献还使用贝叶斯调节学习算法来训练 MLP。训练之后，所提出的实现方法在特定时刻使用锚节点作为输入来接收 RSSI 值，并且在该时刻提供目标的对应的二维位置。对于给定的环境设置，该方法利用未知 RSSI 测量数据集提供了 30 cm 的平均定位误差。文献[38]综合使用了 MLP、RBF 和 FCNN 共三种人工神经网络结构，在 60 m×18 m 范围内实现目标定位。该方案中，通过指纹数据库聚类，将整个监测区域划分为子区域。使用来自给定环境中随机部署的 66 个锚节点的 RSSI 测量值来构建指纹数据库。通过仅使用属于一个单独聚类的指纹，针对每个区域训练所提出的人工神经网络。离线训练阶段完成后，在运动目标的在线定位中，使用指纹与当前的 RSSI 测量向量紧密匹配；另外，为了进一步细化所得到的位置估计，使用了 FCNN（全连接神经网络）。文献[39]提出了一种基于 RBF（径向基函数）的给定区域 RSSI 指纹定位方法。该文献将 RSSI 测量值的差异作为 RBF 网络的输入，以提高定位的可靠性和精度。RBF 结构的优点是能较好地处理非线性估计问题，易于训练。然而，对于训练数据集中的每个应用模式，都需要隐藏节点，这通常会增加整个系统的复杂度。

近年来，一些研究将粒子群优化（PSO）算法与神经网络结合，使用无线网络来解决目标定位问题。文献[40]讨论了两种基于 PSO 的传感器节点定位方法。第一种方法的目的是获得目标位置，而第二种方法的目的是收敛到所考虑的目标位置周围的移动节点。结果表明，在 WSN 中，基于 PSO 的方法是一种高效的协作定位和导航方法。文献[41]重点关注在室内和室外环境中的运动目标（文献中的运动目标是自行车）和锚节点（文献中的锚节点是教练）之间距离的计算。在这两种方法中，第一种基于传统的 LNSM，借助 ZigBee 模块的 RSSI 测量值来估计距离；第二种基于提出的 PSO-人工神经网络算法来提高距离估计精度。这两种方法都使用实时 RSSI 测量来估计 LNSM 参数。文献[41]提出的方案采用前馈型神经网络，使用 Levenberg-Marquardt（LM）训练算法对运动目标进行定位。实验结果表明，与传统基于 LNSM 的算法相比，PSO-人工神经网络算法在不需要额外分量的情况下显著改善了距离估计误差。在室外和室内的环境下，文献[41]提出的方案获得的平均绝对误差分别为 0.022 m 和 0.208 m。此外，该文献作者还研究了锚节点密度对室内定位误差的影响。文献[42]提出了一种具有 LM 训练的前馈型人工神经网络，用于使用部署在室内的 WSN 的 RSSI 测量值来估计运动目标位置。移动节点从 5 个部署的锚节点收集 RSSI 测量值，然后这些锚节点用于训练人工神经网络。与加权 k-最近邻（Weighted k-Nearest Neighbor，WkNN）方法比较的结果表明，当采用 5 个锚节点时，WkNN 的定位性能优于基于人工神经网络的方案。然而，如果是 3 个锚节点的情况，则基于人工神经网络的方案优于 WkNN。文献[43]提出了使用 Dijkstra 和 LNSM 算法来得到 RSSI 测量值，并且计算运动目标与锚节点的最短可能距离。该文献作者对 50 m×50 m 和 80 m×80 m 的区域进行了仿真，节点通信范围分别为 20 m 和 25 m。仿真结果验证了所提方法的有效性。

反向传播神经网络（BPNN）也已经广泛应用于基于光学、RFID、WLAN/Wi-Fi 和航位推算的室内定位与跟踪系统。在文献[31]中，作者提出了基于 Sigmoidal 前馈神经网络（SFFANN）和径向基函数（RBF）的 WSN 定位算法，使用部署在 100 m×100 m 网格区域的 3 个锚节点的 RSSI 测量值。MATLAB 仿真结果表明，基于 SFFANN 的方法在定位精度方面优于基于 RBF 的方法，MLP 平均定位误差为 5.15 m。SFFANN 使用 BPNN 进行训练，采用 SFFANN，传感器节点的相对位置在实际位置的 5.15 m 附近，而采用 RBF，传感器节点的相对位置在实际位置的 6.07 m 附近。文献[44]提出了使用 WLAN/Wi-Fi RSS 将 BPNN 用于基于指纹的室内定位的两个阶段。在此方法中，第一阶段是离线阶段，根据给定环境构造无线电指纹；第二阶段是在线阶段，实现传感器节点定位。文献[44]表明，单隐藏层的 BPNN 驱动算法比 WkNN 算法具有更好的定位精度，且在线阶段所需计算量也较小。

3.4　BLE 技术在基于 RSSI 的目标跟踪中的应用综述

基于 BLE 的室内定位与跟踪作为低成本、低功耗的技术，可用于众多的无线设备。基于 BLE 的 RSSI 测量比基于 Wi-Fi 的 RSSI 测量更稳定，同时易于部署和低功耗的特性使其成为构建 WSN 的理想方案。一些基于 BLE 的定位与跟踪系统也已经在基于位置的服务方面得到广泛应用。

现有以 RSSI 作为测量值、基于 BLE 的目标定位与跟踪方法主要分为两类：①利用合适的信号路径损耗模型基于三边测量算法定位；②基于射频指纹定位。前一类方法的主要缺点是难以选择合适的信号路径损耗模型来表征给定的射频环境。此外，为了适应给定的环境，对所选信号路径损耗模型的参数进行精细校准也非常复杂。基于射频指纹的方法定位精度更高，其主要缺点是需要花费大量时间来训练底层系统以表征所考虑的射频环境。此外，基于射频指纹的定位系统通常更易受到环境变化的影响，需要用到包含大量环境位置的射频地图来获得足够的定位精度。这两类方法存在的问题，可以通过将其与一些合适的现代技术相结合来解决，如 KF、PF 技术及它们的变体。

文献[45]提出了基于 EKF 的定位方案，利用稀疏配置的 BLE 信标节点，可获得 2.56 m 的定位精度。文献[46]提出了一种三阶级联卡尔曼滤波器（CKF）方法，利用 BLE 和 IMU 模块，即使环境动态变化时（非视距和多径）也能估计出目标位置。该文献将来自 BLE 节点的 RSSI 测量值和来自 IMU 的加速度测量值进行融合来估计目标位置，并使用 Rauch-Tung-Striebel 平滑器算法进一步提升估计位置精度。结果证实，无论环境如何动态变化，所提方案的定位精度都非常高。文献[47]提出了一种借助 BLE 信标节点通信链路的新型运动目标定位方法。运动目标的首次位置估计使用射频指纹获得，此后，使用 PF 算法进一步优化首次位置估计以应对含有噪声的 RSSI 测量值。文献[48]提出了一种新的定位算法——InLoc。该算法利用从部署的 BLE 信标获得的 RSSI 测量值来估计目标初始位置。这里 InLoc 系统不使用专门设计的矢量地图，而是使用楼层的射频无线电地图。无线电地图也可用于基于 PF 和 IMU 的定位和跟踪。InLoc 系统的平均跟踪误差小于 0.4 m，平均定位误差为 0.9 m。为了解决 RSSI 中的多径传播和波动问题，文献[49]提出了一种利用 BLE 技术的实时室内定位与跟踪系统，该文献提出的三个主要建议分别是频率分集、KF 和加权三边测量算法。实验结果表明，在中型大小的房间，90%的目标在运动时间内的跟踪误差为 1.82 m 左右。该系统的功耗和成本较低，且具有可扩展性。

在上述所有基于 BLE 的方法中，定位精度低的重要原因都是 RSSI 测量值中存在严重的不确定性波动。此外，由于使用的无线电信号波长较短，数据传输过程中易受到多径和非视距等因素影响。因此，基于 BLE 和 RSSI 的方法，仍有很大空间用于进一步提高目标定位精度。人工神经网络可用于处理存在噪声的 RSSI 测量值，以及与信号传播相关的问题，如非视距和多径传播。人工神经网络在基于 BLE 的室内定位与跟踪中的应用研究非常有限。文献[50]利用预先通过射频指纹训练的人工神经网络并使用蓝牙技术来计算运动目标的位置。基于射频指纹的（目标定位与跟踪）工作分为两步，即离线和在线。在离线步骤中，使用所获得的 RSSI 测量值来训练人工神经网络，而在在线步骤中，以 RSSI 测量值作为实时随机输入向量对系统进行测试。上述所提方法的主要缺点是需要用包含大量 RSSI 测量值和相关联的二维位置构成的数据库来训练人工神经网络，这非常耗时。由于概率神经网络方法具备单程学习能力且仅需要使用很少的测量值就能进行快速训练，因此，该方法是用于基于 BLE 系统的目标跟踪的一种非常经济的选择[51,52]。

3.5 现有基于 RSSI 的目标定位与跟踪系统的局限性

尽管过去的文献提出了许多基于 RSSI 的定位与跟踪系统，但是对跟踪精度要求的提高，给学术界带来了挑战。如 3.3 节所述，造成基于 RSSI 的定位与跟踪系统跟踪精度低的主要原因是环境动态性，解决这一问题有两种主要途径，一是通过对模型参数的细化来完善信号路径损耗模型，以匹配给定的射频环境，并使用适当的定位技术[19,53]；二是将 RSSI 测量值与适当的贝叶斯滤波器（如 KF 和 PF）融合。许多基于 RSSI 的目标跟踪方法依赖传统的距离测量技术，如延迟或角度。一些基于 RSSI 的方法还利用射频指纹及人工神经网络来提取给定环境中 RSSI 与距离的关系。现有这些基于 RSSI 方法的主要缺点包括如下几个方面。

（1）对于室内环境，文献给出的大多数现有系统定位误差都在 1 m 以上，这种定位精度不足以满足室内定位与跟踪应用的要求，因为室内跟踪精度要求很高。通过提高锚节点密度可以提升跟踪精度，但这将增加系统总体成本。虽然文献[10]给出的跟踪精度达到了 4.33 cm，但仅在较小的 WSN 区域（80 cm×80 cm）内进行了验证。在实时室内目标跟踪应用中的监测面积要比该区域大。

（2）通过校准所选射频路径损耗模型的参数，可以提高目标定位与跟踪精度。然而，由于 RSSI 与距离的关系是高度非线性的，因此，所提出的系统会存在严重的距离估计误差，而该误差又增加了定位误差。另外，环境设置的轻微改变或出现全新的环境设置时，使用先前校准的路径损耗模型参数，可能难以保证能够达到高精度跟踪。因此，所提出的算法必须足够稳健以适应环境变化。

（3）如前文所述，大多数基于 RSSI 的定位与跟踪系统都依赖传统方法，如测角度或测时间延迟。然而，环境动态性（RSSI 测量值存在噪声）导致这些技术会存在距离和角度计算不精确问题。因此，这些传统技术本身不能在 RSSI 测量值存在噪声的情况下提供高跟踪精度。总之，必须结合一些先进的技术来提高跟踪性能。

（4）从文献中可以找到许多基于贝叶斯框架的目标定位与跟踪方法。尽管这种方法能够提供大约 1 m 的跟踪精度，但是很少有研究人员提到执行算法所需的计算时间。

（5）在实践中，目标会以恒速（CV）或恒定加速（CA）的运动模式运动，运动速度也可能存在突变。迄今，环境动态背景对目标运动模型变化的影响尚无文献开展研究。

（6）文献中有许多基于 RSSI 的方法都使用射频指纹来表征给定的无线环境，虽然这种方法不需要计算目标定位与跟踪的距离，但是离线创建射频指纹是一项非常复杂且耗时的工作。此外，研究人员没有研究环境突变情况下的目标跟踪性能。

（7）过去很少有研究人员将人工神经网络架构用于基于 RSSI 的室内目标跟踪，这些架构的训练非常耗时。此外，人工神经网络体系架构需要更多迭代来学习给定环境的动态性。

（8）基于 RSSI 的目标跟踪算法在实际无线传感器网络硬件（测试台）上的实现与验证是一项极具挑战性的任务。文献中的许多研究都没有在实际无线传感器网络硬件设备上验证所提出的算法。

现有基于 RSSI 的目标跟踪系统中的上述缺点突出表明，在高环境动态性、有限的 RSSI 测量值及目标速度存在突变的情况下，仍有很大的空间来进一步提高跟踪性能。同时，为了获得实时性，所开发的算法的计算复杂度必须尽可能小。

原书参考文献

1. H. D. Chon, S. Jun, H. Jung, W. An, Using RFID for accurate positioning. J. Glob. Position. Syst. (2010).
2. F. Viani, P. Rocca, G. Oliveri, D. Trinchero, A. Massa, Localization, tracking, and imaging of targets in wireless sensor networks: an invited review. Radio Sci. (2011).
3. Y. Zhang, X. Li, M. Amin, Principles and techniques of RFID positioning, in RFID Systems: Research Trends and Challenges, (Wiley, New York, 2010).
4. J. Zhu, H. Xu, Review of RFID-based indoor positioning technology, in Innovative Mobile and Internet Services in Ubiquitous Computing. IMIS 2018. Advances in Intelligent Systems and Computing, (Springer, Cham, 2019).
5. M. R. Mahfouz, A. E. Fathy, M. J. Kuhn, Y. Wang, Recent trends and advances in UWB positioning,

in Innovative Mobile and Internet Services in Ubiquitous Computing. IMIS 2018. Advances in Intelligent Systems and Computing, (Springer, Cham, 2009).

6. X. Zhao, Z. Xiao, A. Markham, N. Trigoni, Y. Ren, Does BTLE measure up against WiFi A comparison of indoor location performance, in European Wireless 2014; 20th European Wireless Conference (2014).
7. R. Faragher, R. Harle, An analysis of the accuracy of bluetooth low energy for indoor positioning applications, in International Technical Meeting of the Satellite Division of the Institute of Navigation (2014).
8. R. Faragher, R. Harle, Location fingerprinting with bluetooth low energy beacons. IEEE J. Sel. Areas Commun. (2015).
9. R. Mardeni, S. Nizam, Node positioning in ZigBee network using trilateration method based on the received signal strength indicator (RSSI). Eur. J. Sci. Res. 46, 48-61 (2010).
10. G. Blumrosen, T. Anker, B. Hod, D. Dolev, B. Rubinsky, Enhancing RSSI-based tracking accuracy in wireless sensor networks. ACM Trans. Sens. Netw. (2013).
11. F. Gustafsson et al., Particle filters for positioning, navigation, and tracking. IEEE Trans. Signal Process. (2002).
12. D. Fox, J. Hightower, L. Liao, D. Schulz, G. Bordello, Bayesian filtering for location estimation. IEEE Pervasive Comput., (2003).
13. L. Mihaylova, D. Angelova, D. R. Bull, N. Canagarajah, Localization of mobile nodes in wireless networks with correlated in time measurement noise. IEEE Trans. Mob.Comput. (2011).
14. J. Hightower, G. Borriello, Location systems for ubiquitous computing. Computer (2001).
15. J. Letchner, D. Fox, A. LaMarca, Large-scale localization from wireless signal strength, in Association for the Advancement of Artificial Intelligence (2005).
16. A. R. Destiarti, P. Kristalina, A. Sudarsono, Mobile cooperative tracking with RSSI ranging in EKF algorithm for indoor wireless sensor network, in 2016 International Conference on Knowledge Creation and Intelligent Computing (KCIC) (2017).
17. N. B. Priyantha, A. Chakraborty, H. Balakrishnan, The Cricket location-support system, in Proceedings of the 6th Annual International Conference on Mobile Computing and Networking (2003).
18. F. Zafari, I. Papapanagiotou, T. J. Hacker, A novel bayesian filtering based algorithm for RSSI-based indoor localization, in 2018 IEEE International Conference on Communications (ICC)(2018).
19. F. Zafari, I. Papapanagiotou, M. Devetsikiotis, T. J. Hacker, Enhancing the accuracy of iBeacons for indoor proximity-based services, in 2017 IEEE International Conference on Communications (ICC) (2017).
20. Z. Chen, H. Zou, H. Jiang, Q. Zhu, Y. C. Soh, L. Xie, Fusion of WiFi, smartphone sensors and

landmarks using the kalman filter for indoor localization. Sensors (Switzerland) (2015).

21. Z. Chen, Q. Zhu, Y. C. Soh, Smartphone inertial sensor-based indoor localization and tracking with iBeacon corrections. IEEE Trans. Ind. Inf. (2016).
22. J. Röbesaat, P. Zhang, M. Abdelaal, O. Theel, An improved BLE indoor localization with Kalman-based fusion: an experimental study. Sensors (Switzerland) (2017).
23. M. Ben Kilani, A. J. Raymond, F. Gagnon, G. Gagnon, P. Lavoie, RSSI-based indoor tracking using the extended Kalman filter and circularly polarized antennas, in 2014 11th Workshop on Positioning, Navigation and Communication (WPNC) (2014).
24. B. Labinghisa, G. S. Park, D. M. Lee, Improved indoor localization system based on virtual access points in a Wi-Fi environment by filtering schemes, in 2017 International Conference on Indoor Positioning and Indoor Navigation (IPIN) (2017).
25. A. S. Paul, E. A. Wan, RSSI-Based indoor localization and tracking using sigma-point kalman smoothers. IEEE J. Sel. Top. Signal Process. (2009).
26. X. Peng, K. Yang, C. Liu, Maneuvering target tracking using current statistical model based adaptive UKF for wireless sensor network. J. Commun. (2015).
27. V. Malyavej, P. Udomthanatheera, RSSI/IMU sensor fusion-based localization using unscented Kalman filter, in The 20th Asia-Pacifc Conference on Communication (APCC2014) (2015).
28. M. Gholami, N. Cai, R. W. Brennan, An artificial neural network approach to the problem of wireless sensors network localization. Robot. Comput. Integr. Manuf. (2013).
29. A. Shareef, Y. Zhu, M. Musavi, Localization using neural networks in wireless sensor networks, in Proceedings of the 1st International Conference on MOBILe Wireless MiddleWARE, Operating Systems, and Applications (2009).
30. S. H. Chagas, J. B. Martins, L. L. De Oliveira, An approach to localization scheme of wireless sensor networks based on artificial neural networks and genetic algorithms, in 10th IEEE International NEWCAS Conference (2012).
31. A. Payal, C. S. Rai, B. V. R. Reddy, Analysis of some feedforward artificial neural network training algorithms for developing localization framework in wireless sensor networks. Wirel. Pers. Commun. (2015).
32. S. Yun, J. Lee, W. Chung, E. Kim, S. Kim, A soft computing approach to localization in wireless sensor networks. Expert Syst. Appl. (2009).
33. N. Irfan, M. Bolic, M. C. E. Yagoub, V. Narasimhan, Neural-based approach for localization of sensors in indoor environment. Telecommun. Syst. (2010).
34. M. Stella, M. Russo, D. Begusic, Location determination in indoor environment based on RSSI fingerprinting and artificial neural network, in 2007 9th International Conference on Telecommunications (2007).

35. T. Ogawa, S. Yoshino, M. Shimizu, H. Suda, A new in-door location detection method adopting learning algorithms, in Proceedings of the First IEEE International Conference on Pervasive Computing and Communications, 2003. (PerCom 2003) 2004.
36. S. Mahfouz, F. Mourad-Chehade, P. Honeine, J. Farah, H. Snoussi, Target tracking using machine learning and kalman filter in wireless sensor networks. IEEE Sensors J. (2014).
37. S. Kumar, S. Lee, Localization with RSSI values for wireless sensor networks: an artificial neural network approach, in International Electronic Conference on Sensors and Applications(2014).
38. M. Bernas, B. Płaczek, Fully connected neural networks ensemble with signal strength clustering for indoor localization in wireless sensor networks. Int. J. Distrib. Sens. Netw. (2015).
39. D. Guo, Y. Zhang, Q. Xiang, Z. Li, Improved radio frequency identification indoor localization method via radial basis function neural network. Math. Probl. Eng. (2014).
40. R. V. Kulkarni, G. K. Venayagamoorthy, A. Miller, C. H. Dagli, Network-centric localization in MANETs based on particle swarm optimization, in 2008 IEEE Swarm Intelligence Symposium (2008).
41. S. K. Gharghan, R. Nordin, M. Ismail, J. A. Ali, Accurate wireless sensor localization technique based on hybrid PSO-ANN algorithm for indoor and outdoor track cycling. IEEE Sensors J. (2016).
42. L. Gogolak, S. Pletl, D. Kukolj, Neural network-based indoor localization in WSN environments. Acta Polytech. Hungarica 10, 221-235 (2013).
43. P.-J. Chuang, Y.-J. Jiang, Effective neural network-based node localisation scheme for wireless sensor networks. IET Wirel. Sens. Syst. (2014).
44. C. Zhou, A. Wieser, Application of backpropagation neural networks to both stages of fingerprinting based WIPS, in 2016 Fourth International Conference on Ubiquitous Positioning, Indoor Navigation and Location Based Services (UPINLBS) (2017).
45. Y. Zhuang, J. Yang, Y. Li, L. Qi, N. El-Sheimy, Smartphone-based indoor localization with bluetooth low energy beacons. Sensors (Switzerland) (2016).
46. P. K. Yoon, S. Zihajehzadeh, B. S. Kang, E. J. Park, Adaptive Kalman filter for indoor localization using bluetooth low energy and inertial measurement unit, in 2015 37th Annual International Conference of the IEEE Engineering in Medicine and Biology Society (EMBC)(2015).
47. Y. Inoue, A. Sashima, K. Kurumatani, Indoor positioning system using beacon devices for practical pedestrian navigation on mobile phone, in Ubiquitous Intelligence and Computing, (2009).
48. V. Chandel, N. Ahmed, S. Arora, A. Ghose, Inloc: an end-to-end robust indoor localization and routing solution using mobile phones and ble beacons, in 2016 International Conference on Indoor Positioning and Indoor Navigation (IPIN) (2016).
49. V. C. Paterna, A. C. Augé, J. P. Aspas, M. A. P. Bullones, A bluetooth low energy indoor

positioning system with channel diversity, weighted trilateration and kalman filtering. Sensors (Switzerland) (2017).
50. M. Altini, D. Brunelli, E. Farella, L. Benini, Bluetooth indoor localization with multiple neural networks, in IEEE 5th International Symposium on Wireless Pervasive Computing (2010).
51. D. F. Specht, Probabilistic neural networks. Neural Netw. (1990).
52. D. F. Specht, A general regression neural network. IEEE Trans. Neural Netw. (1991).
53. Y. Miao, H. Wu, L. Zhang, The accurate location estimation of sensor node using received signal strength measurements in large-scale farmland. J. Sensors (2018).

第4章 基于三边测量的 RSSI 目标定位与跟踪

4.1 基于三边测量的目标定位与跟踪系统假定与设计

基于三边测量的目标定位与跟踪系统包含一组固定于某些位置的锚节点。这些锚节点部署在 100 m×100 m 的区域，一个运动目标穿过该区域。假设基站位于无线传感器网络区域之外。该定位与跟踪系统运行的总时长为 T，T 被划分为多个时隙，每个时隙用符号 $\mathrm{d}t$ 表示。假定运动目标有一个无线传感器网络节点，并在时刻 k 将射频信号广播到所有锚节点。这意味着，在所给出的实验装置中，锚节点充当接收机，运动目标上的节点充当发射机，可以将其视为一种合作的定位与跟踪系统。每个锚节点利用接收到的 RSSI 测量值计算其与运动目标的距离。这些计算背后的详细数学理论，将用本节给出的方程进行解释。首先，锚节点将这些距离及自身坐标发送到基站，基站保持在该系统的无线传感器网络区域之外。然后，基站从所有距离中选择最小的 3 个距离。假设基站是一个笔记本电脑（处理器：酷睿 i3，1.89 GHz，2GB RAM），基于接收到的锚节点的详细数据，基站运用基于三边测量的目标定位与跟踪算法（简称三边测量算法）来估计每个采样时刻的目标位置。在仿真实验中，传感器节点的通信距离按 100 m 考虑。假设发射功率为 1 mW，而接收天线增益和发射天线增益为 1 dBi。

根据式（4.1）～式（4.5），假设目标在 T s 内发生速度突变。目标速度变化如图 4.1 和图 4.2 所示。当目标速度为负时，意味着目标运动朝向比前一时刻位置坐标值更小的方向。

$$\dot{x}_k=3,\quad \dot{y}_k=7,\quad 0\leqslant k\leqslant 9\ \mathrm{s} \tag{4.1}$$

$$\dot{x}_k=4,\quad \dot{y}_k=2,\quad 9\leqslant k\leqslant 16\ \mathrm{s} \tag{4.2}$$

$$\dot{x}_k=0,\quad \dot{y}_k=0,\quad 16\leqslant k\leqslant 18\ \mathrm{s} \tag{4.3}$$

$$\dot{x}_k=2,\quad \dot{y}_k=-3,\quad 18\leqslant k\leqslant 30\ \mathrm{s} \tag{4.4}$$

$$\dot{x}_k=-2,\quad \dot{y}_k=-2,\quad 30\leqslant k\leqslant 40\ \mathrm{s} \tag{4.5}$$

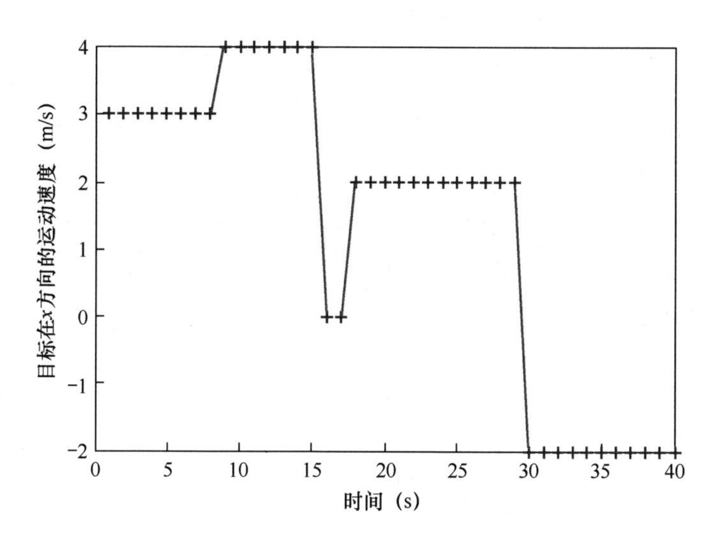

图 4.1　运动过程中目标速度在 x 方向上的突变

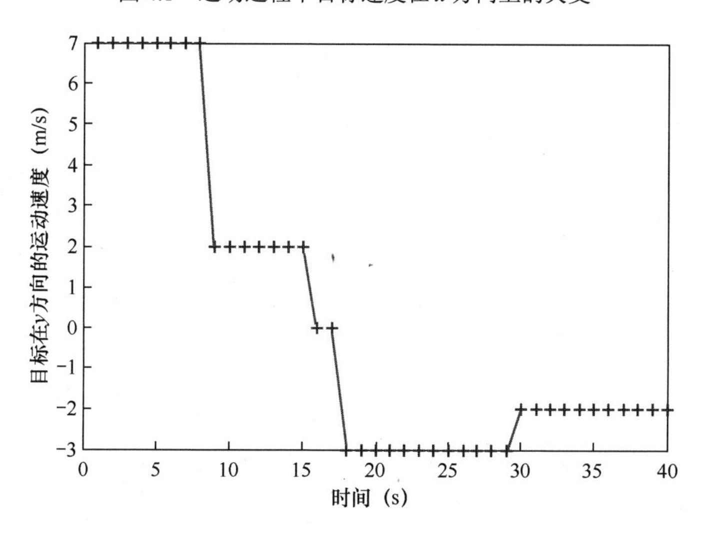

图 4.2　运动过程中目标速度在 y 方向上的突变

本章遵循对数正态阴影模型进行模拟实验。在 k 时刻，发射信号节点为位于坐标(x_{jk}, y_{jk})的 N_j，接收信号节点为位于坐标(x_{lk}, y_{lk})的 N_l，其 RSSI 为 $z_{lj,k}$，基于文献[1-3]给出以下方程式：

$$z_{lj,k} = P_r(d_0) - 10n\log(d_{lj,k} / d_0) + X_\sigma \tag{4.6}$$

正如我们所知道的，由于接收机和发射机之间障碍物的不同，无线电信道的性质或反应通常不同，因此，n 和 $P_r(d_0)$需要仔细选取[4-7]。为了应对射频环境的动态性，要在系统校准步骤中提前计算 n（n_{avg}）和 $P_r(d_0)$［见式（4.7）～

式（4.12）]。给定 3 个距离（d_1、d_2和 d_3）和 3 个 RSSI 测量值（z_1、z_2和 z_3），即

$$z_1 = P_r(d_0) - 10n_1\log(d_1 / d_0) + X_\sigma \tag{4.7}$$

$$z_2 = P_r(d_0) - 10n_2\log(d_2 / d_0) + X_\sigma \tag{4.8}$$

$$z_3 = P_r(d_0) - 10n_3\log(d_3 / d_0) + X_\sigma \tag{4.9}$$

式中，n_1、n_2和 n_3是路径损耗指数，分别对应于距离 d_1、d_2和 d_3。通过重新排列和解算，可以轻松计算 n_1、n_2和 n_3的值。平均路径损耗指数 n_{avg}可以通过取 n_1、n_2和 n_3的平均值来计算，即

$$n_{\text{avg}} = (n_1 + n_2 + n_3) / 3 \tag{4.10}$$

由此，式（4.6）修改为

$$z_{lj,k} = P_r(d_0) - 10n_{\text{avg}}\log(d_{lj,k} / d_0) + X_\sigma \tag{4.11}$$

然后，可以使用式（4.11）计算 $P_r(d_0)$的值，利用给定的距离 d_{lj}、k 及 n_{avg}的 RSSI 测量值（$z_{lj,k}$），可得

$$P_r(d_0) = z_{lj,k} + 10n_{\text{avg}}\log(d_{lj,k} / d_0) - X_\sigma \tag{4.12}$$

接收机和发射机之间的距离可以按如下公式计算：

$$d_{lj,k} = d_0 10^{(P_r(d_0) - z_{lj,k} + X_\sigma)/10n_{\text{avg}}} \tag{4.13}$$

在完成的工作中，研究了以下两个案例。

- 案例 4.1：测试环境动态性对定位与跟踪算法的影响。目的是通过将 RSSI 测量时的噪声从 0 dBm 变为 5 dBm，测试具有 4 个锚节点的三边测量算法的有效性。
- 案例 4.2：测试锚节点密度对定位与跟踪算法的影响。目的是利用 4 个、6 个和 8 个锚节点，测试锚节点密度对基于三边测量的定位与跟踪算法的影响（测量噪声设置为 3 dBm）。

4.2 基于三边测量的目标定位与跟踪算法流程

对一个时刻 k 的模拟包含三个步骤。第一步是离线环境校准（离线步骤），根据经验计算 n_{avg} 和 $P_r(d_0)$，第二步是计算距离，第三步是将第二步获得的参数（运动目标与 3 个最近锚节点的距离及 3 个锚节点坐标）输入三边测量算法。最后获得的模拟结果是利用基于三边测量算法进行 50 多次实验的平均值。表 4.1 中描述了在时刻 k，基于三边测量定位与跟踪算法的详细流程。

表 4.1　基于三边测量的目标定位与跟踪算法

Ⅰ. 离线环境校准
步骤 1：计算 n_{avg} 和 $P_r(d_0)$
Ⅱ. 在 k=0 s
步骤 2：根据锚节点在每个时刻 k 接收来自目标的 RSSI 测量值，计算它们与目标的距离（$d_1,d_2,\cdots,d_n$）。
步骤 3：锚节点将计算出的距离（$d_1,d_2,\cdots,d_n$）和相应的坐标传输给基站，然后基站选择 3 个最小的距离和相应锚节点的坐标。
Ⅲ. 基站进行定位
步骤 4：基站运行三边测量算法，运用步骤 3 估计目标的 x 坐标和 y 坐标。
步骤 5：对于 k=1,2,3⋯,T，重复步骤 1～步骤 4，直至 k=T；
步骤 6：根据估计的目标轨迹计算平均定位误差和均方根误差。

4.3　评估目标定位与跟踪算法的性能指标

为了评估三边测量算法的定位性能，本书使用了两个性能指标，即均方根误差（RMSE）和平均定位误差[8-10]。这些指标分别表示目标位置估计值$(\hat{x}_k,\hat{y}_k)$的平均估计误差，以及估计的目标位置$(\hat{x}_k,\hat{y}_k)$与真实目标位置(x_k,y_k)之间的距离。这两个指标共同代表了目标定位与跟踪的精度。这些指标的值越小，表示目标定位与跟踪精度越高。对案例 4.1 和案例 4.2，在每个时刻 k，计算基于三边测量算法的 x 估计误差$(\hat{x}_k-x_k)$和 y 的估计误差$(\hat{y}_k-y_k)$。对于每次模拟运行，分别借助式（4.14）和式（4.15）计算 RMSE 和平均定位误差。

（1）均方根误差。

$$\text{RMSE}=\sqrt{\frac{1}{T}\sum_{k=1}^{T}\frac{(\hat{x}_k-x_k)^2+(\hat{y}_k-y_k)^2}{2}} \tag{4.14}$$

（2）平均定位误差。

$$\text{平均定位误差}=\frac{1}{T}\sum_{k=1}^{T}\frac{(\hat{x}_k-x_k)+(\hat{y}_k-y_k)}{2} \tag{4.15}$$

4.4　结果讨论

在案例 4.1 中，部署的无线传感器网络锚节点位于表 4.2 给出的位置。在案例 4.1 和案例 4.2 中，目标从位置(13，18)开始移动，在位置(64，22)处停止，如图 4.3 所示。图 4.3 中描述了目标实际轨迹和基于三边测量算法估计的目标轨迹。

表 4.2 部署的无线传感器网络的锚节点位置

锚 节 点	二维位置（m）
1	(0，0)
2	(100，0)
3	(0，100)
4	(100，100)

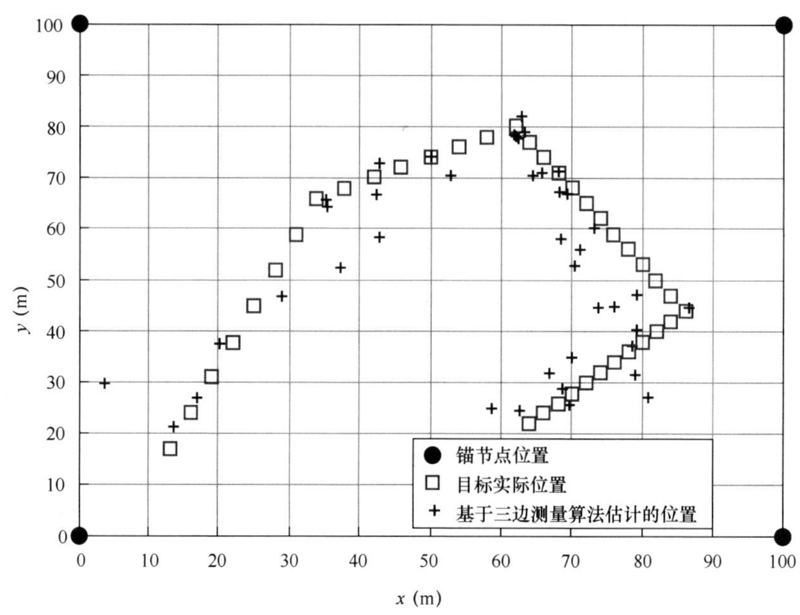

图 4.3 目标实际轨迹与基于三边测量算法估计的轨迹（测量噪声为 0 dBm）

运动目标的初始状态向量为[12，15，0，0]。在时刻 k 处的目标状态向量被定义为 $\boldsymbol{X}_k=(x_k,y_k,\dot{x}_k,\dot{y}_k)$。在本章中，目标运动利用式（4.16）和式（4.17）定义：

$$x_k = x_{k-1} + \dot{x}_k \mathrm{d}t \tag{4.16}$$

$$y_k = y_{k-1} + \dot{y}_k \mathrm{d}t \tag{4.17}$$

4.4.1 案例 4.1 结果：测试环境动态性对目标定位与跟踪性能的影响（RSSI 测量中的噪声变化）

本案例中大量仿真实验表明，无论环境动态性和目标速度如何突变，目标跟踪精度都很高。有许多参数会影响定位与跟踪算法的性能，诸如给定射频环境条件下的目标速度、锚节点密度及测量噪声变化。同时，锚节点密度越高，目标跟踪精度也越高。为了研究锚节点密度对定位与跟踪性能的影响，模拟实验期间，在步骤 2 中锚节点密度从 4 个变到 8 个。为了研究目标速度突变带来的影响，设定目标速度在特定时间内从−2 m/s 至 7 m/s 突变。而为了研究环境动态性（波动变化）影响，在案例 4.1 中，令 RSSI 的测量噪声从 0 dBm 变为 5 dBm（结果如表 4.3 及图 4.4～图 4.26 所示）。

表 4.3　案例 4.1 的数值结果：目标定位与跟踪性能

4 个锚节点的情况			
序　　号	测量噪声（dBm）	平均定位误差（m）	均方根误差（RMSE）（m）
1	0	3.55	6.99
2	1	4.01	7.03
3	2	4.66	8.43
4	3	6.87	11.02
5	4	8.61	13.7
6	5	9.68	15.55

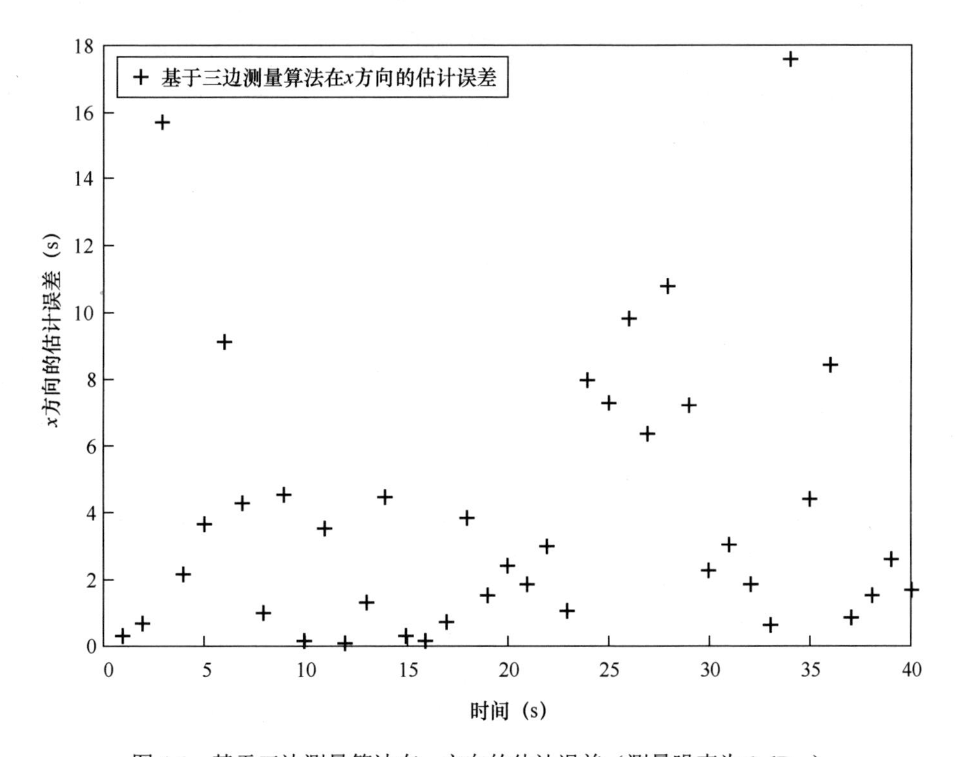

图 4.4　基于三边测量算法在 x 方向的估计误差（测量噪声为 0 dBm）

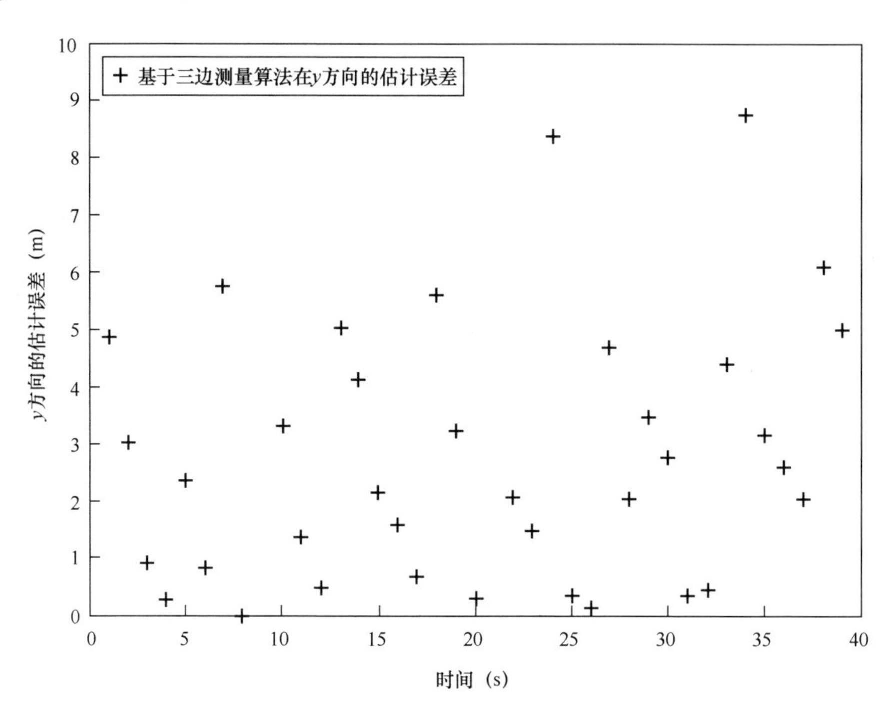

图 4.5 基于三边测量算法在 y 方向的估计误差（测量噪声为 0 dBm）

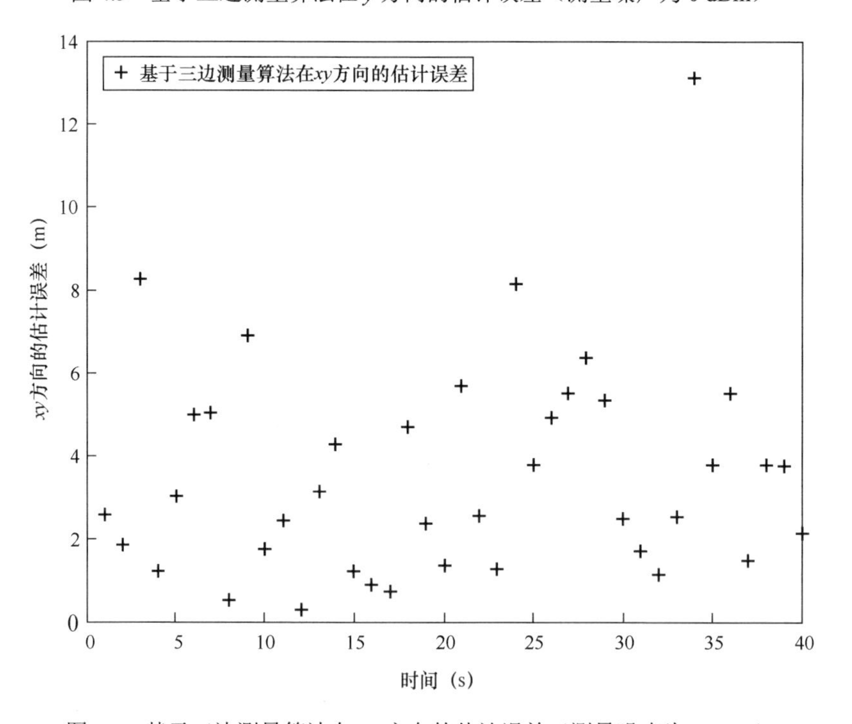

图 4.6 基于三边测量算法在 xy 方向的估计误差（测量噪声为 0 dBm）

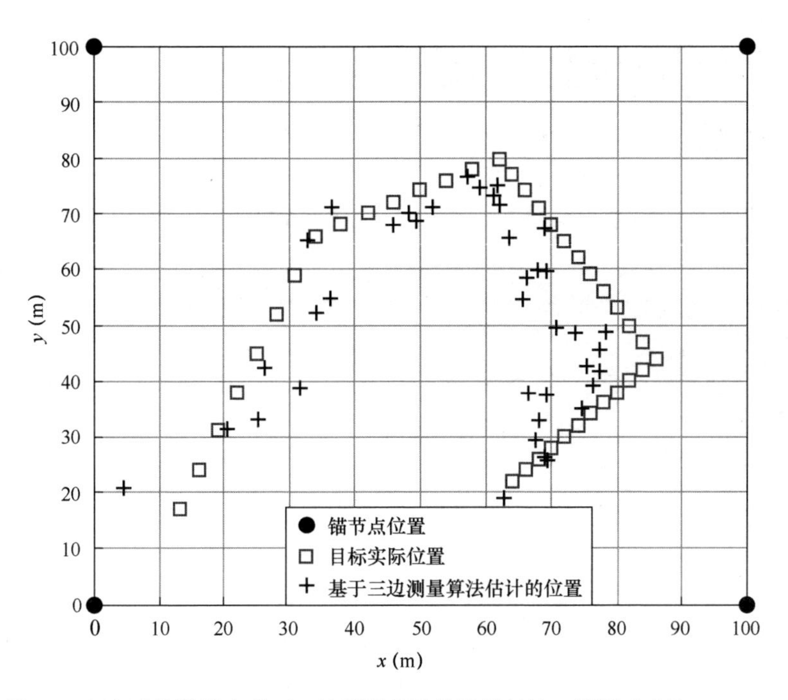

图 4.7　目标实际轨迹与基于三边测量算法估计的轨迹（测量噪声为 1 dBm）

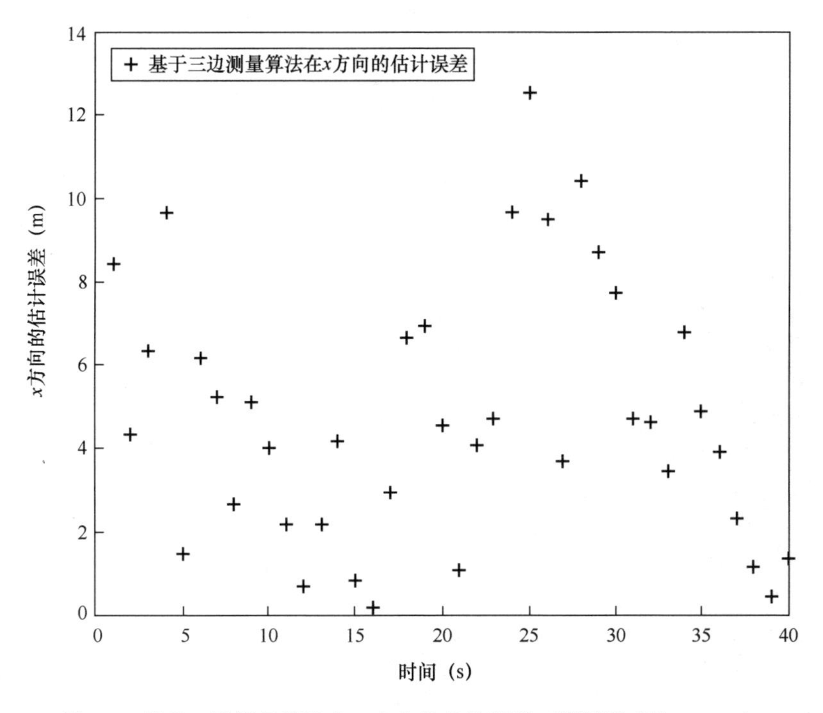

图 4.8　基于三边测量算法在 x 方向的估计误差（测量噪声为 1 dBm）

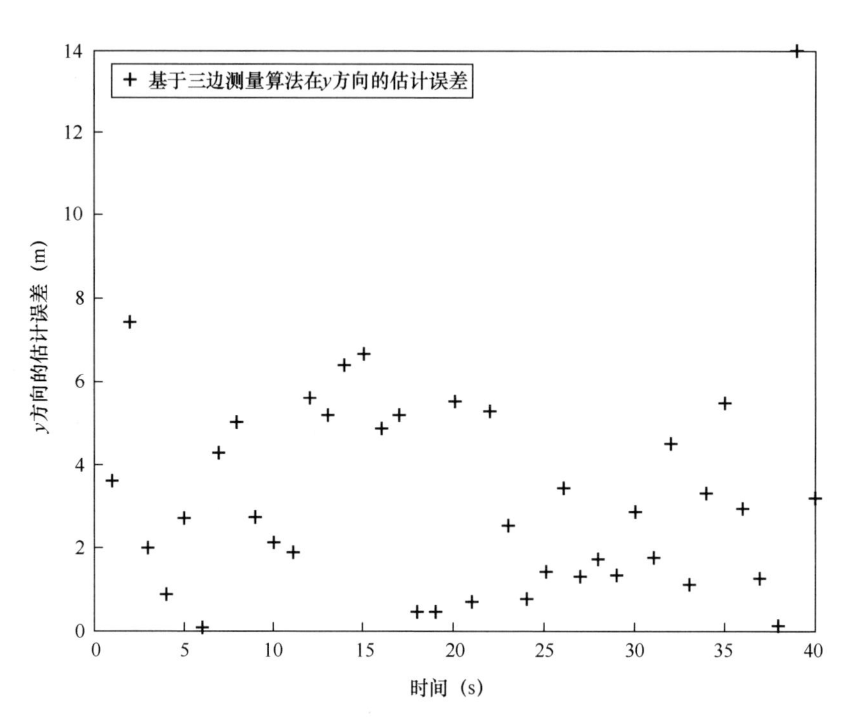

图 4.9　基于三边测量算法在 y 方向的估计误差（测量噪声为 1 dBm）

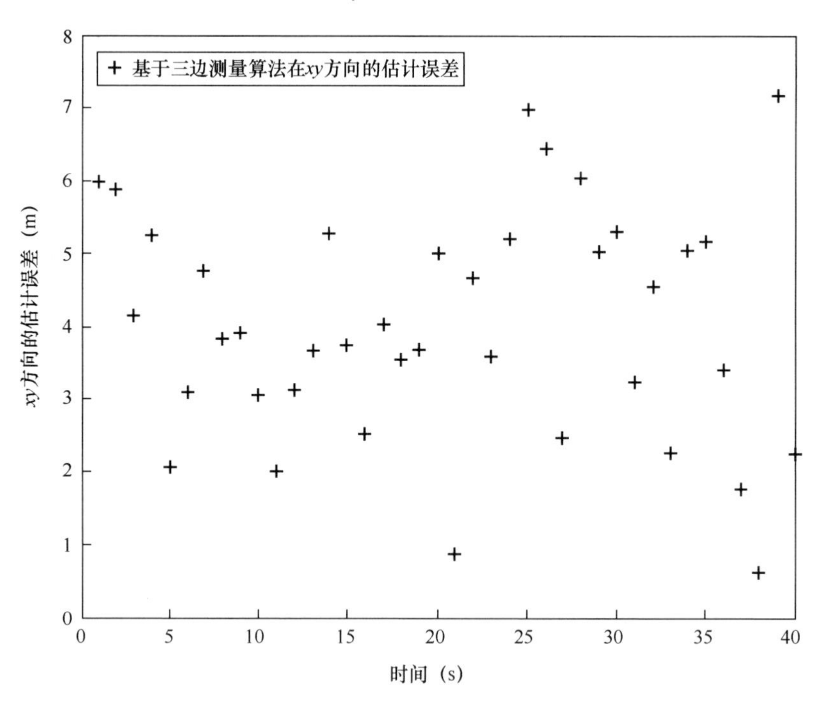

图 4.10　基于三边测量算法在 xy 方向的估计误差（测量噪声为 1 dBm）

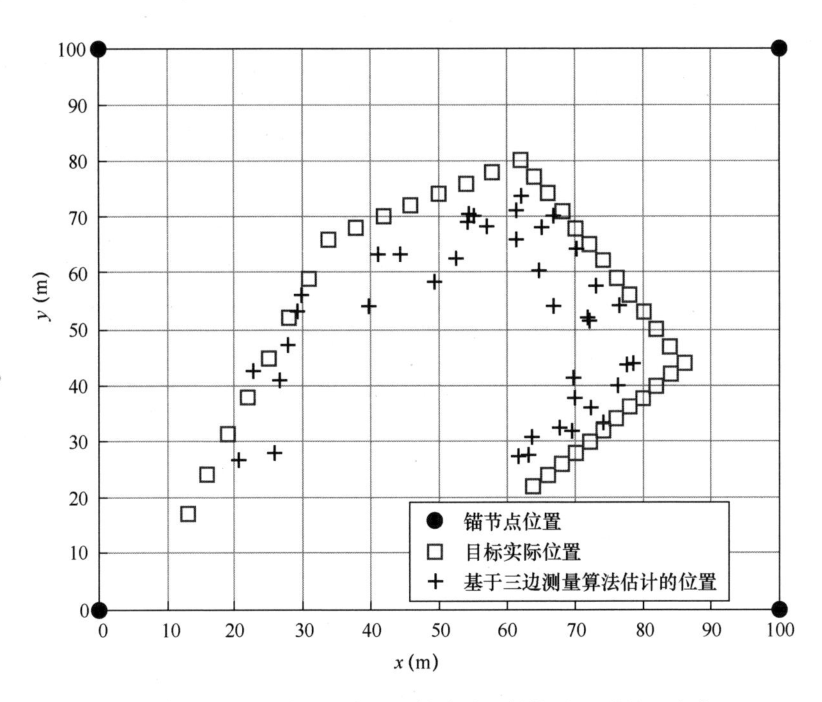

图 4.11　目标实际轨迹与基于三边测量算法估计的轨迹（测量噪声为 2 dBm）

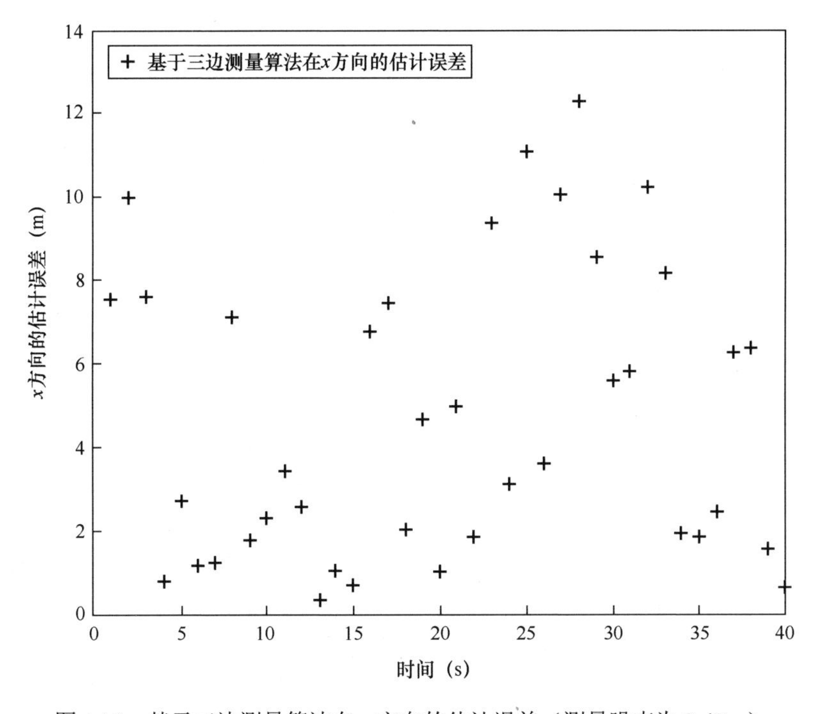

图 4.12　基于三边测量算法在 x 方向的估计误差（测量噪声为 2 dBm）

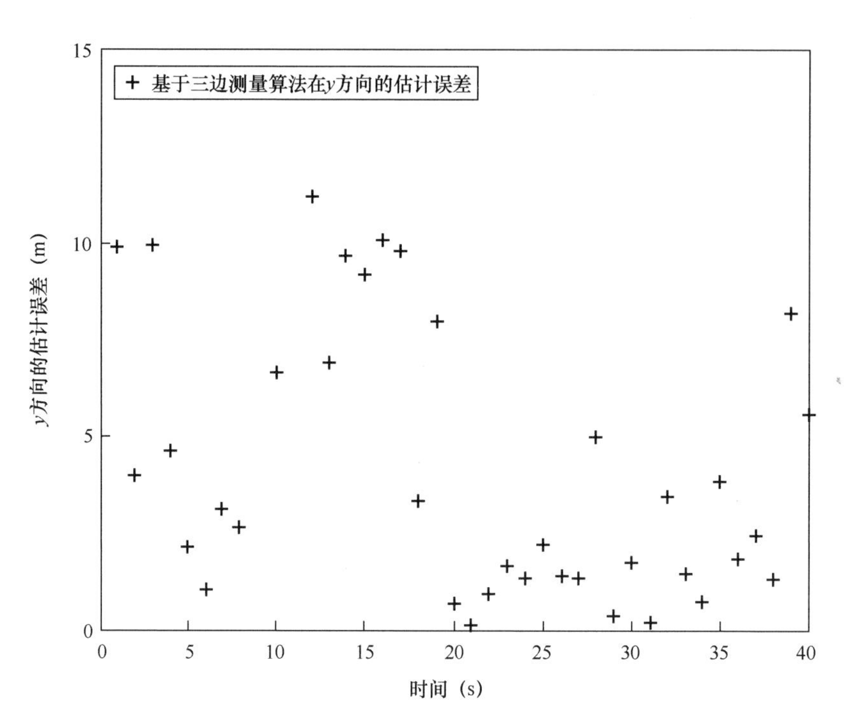

图 4.13　基于三边测量算法在 y 方向的估计误差（测量噪声为 2 dBm）

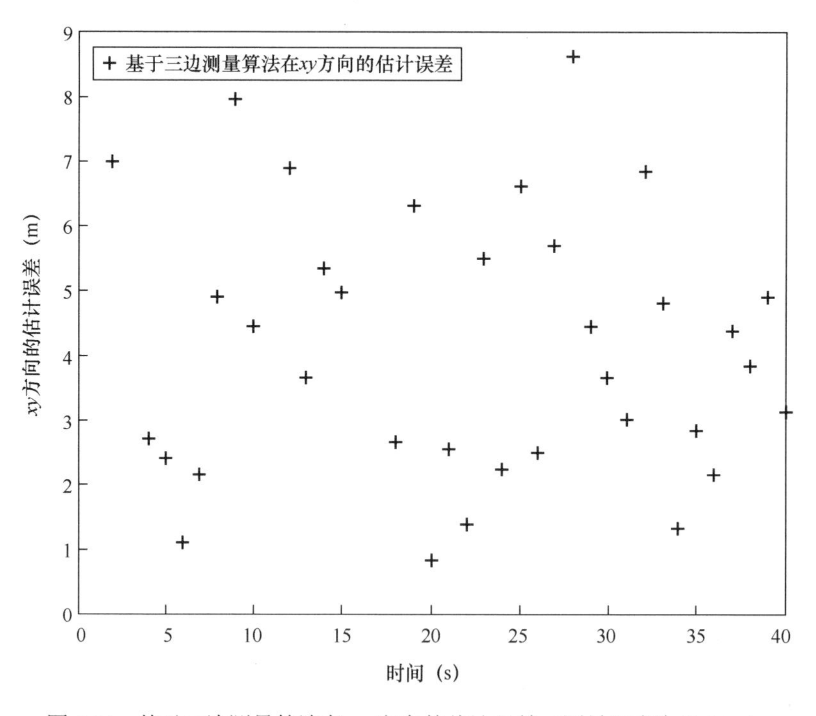

图 4.14　基于三边测量算法在 xy 方向的估计误差（测量噪声为 2 dBm）

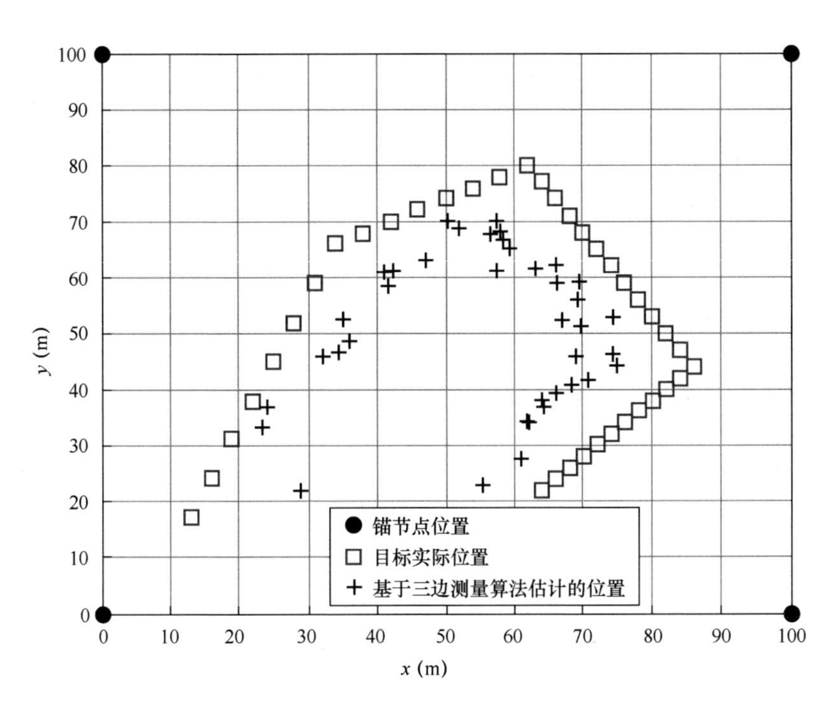

图 4.15　目标实际轨迹与基于三边测量算法估计的轨迹（测量噪声为 3 dBm）

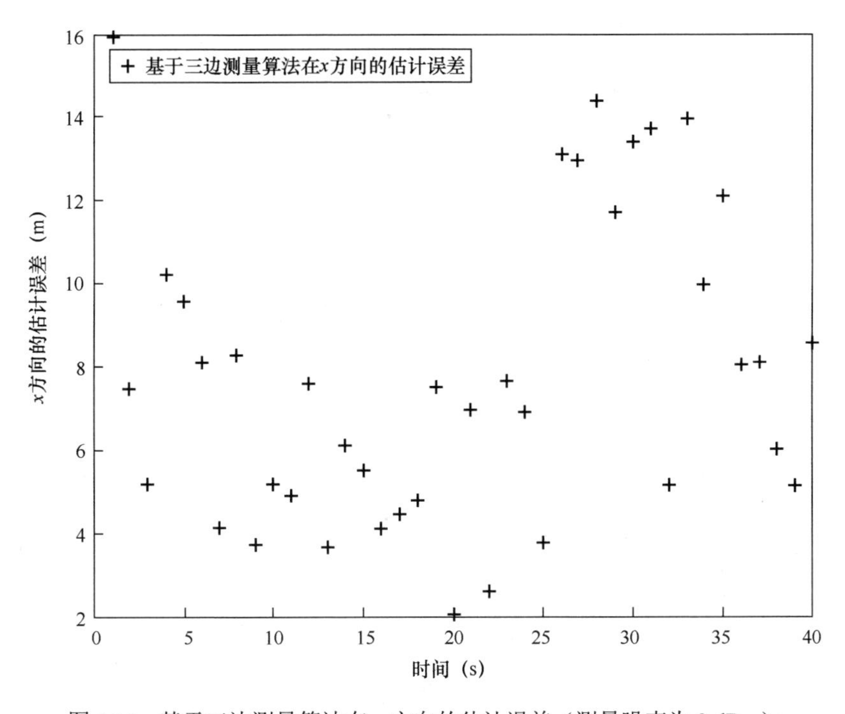

图 4.16　基于三边测量算法在 x 方向的估计误差（测量噪声为 3 dBm）

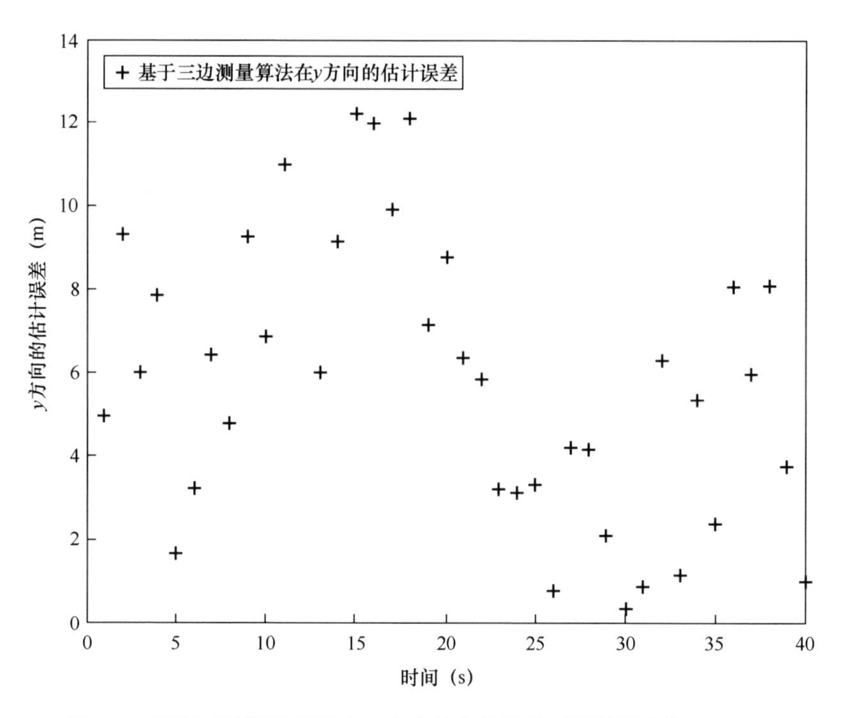

图 4.17　基于三边测量算法在 y 方向的估计误差（测量噪声为 3 dBm）

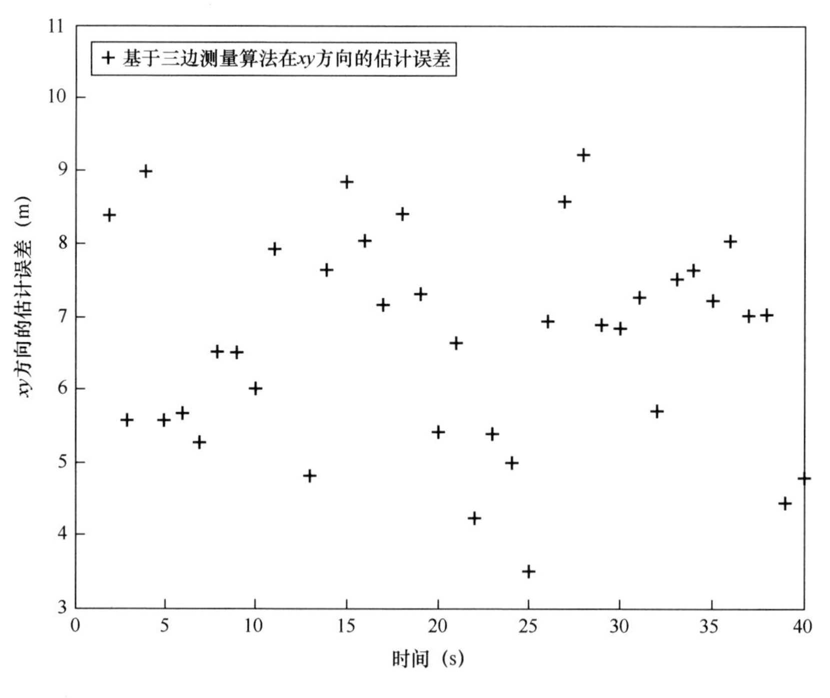

图 4.18　基于三边测量算法在 xy 方向的估计误差（测量噪声为 3 dBm）

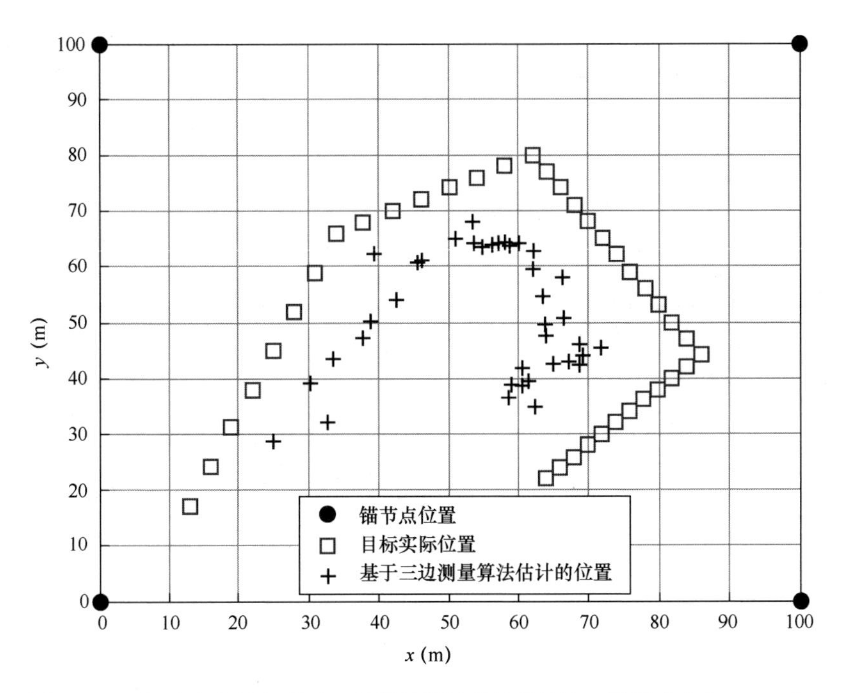

图 4.19　目标实际轨迹与基于三边测量算法估计的轨迹（测量噪声为 4 dBm）

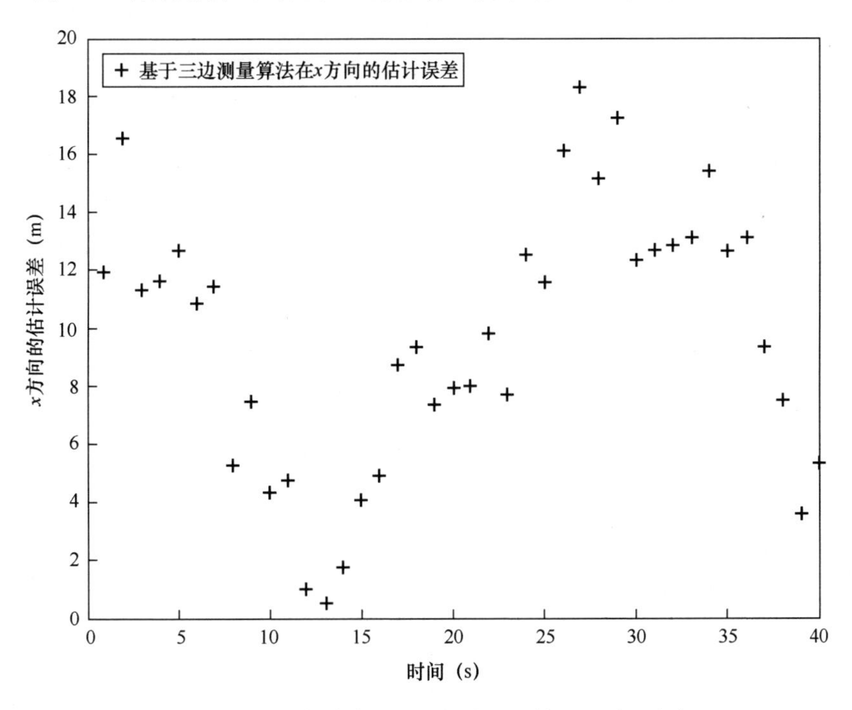

图 4.20　基于三边测量算法在 x 方向的估计误差（测量噪声为 4 dBm）

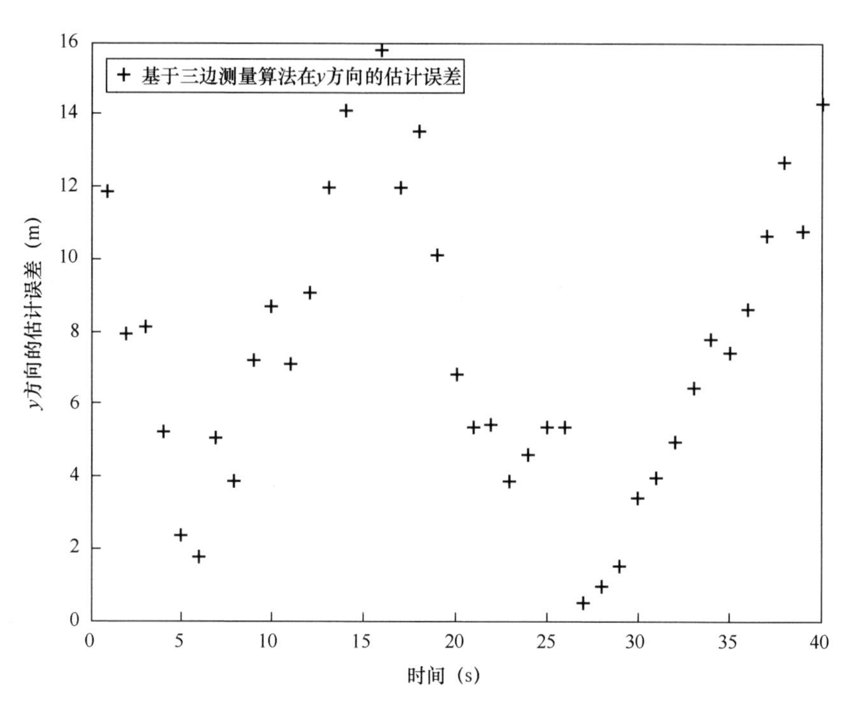

图 4.21 基于三边测量算法在 y 方向的估计误差（测量噪声为 4 dBm）

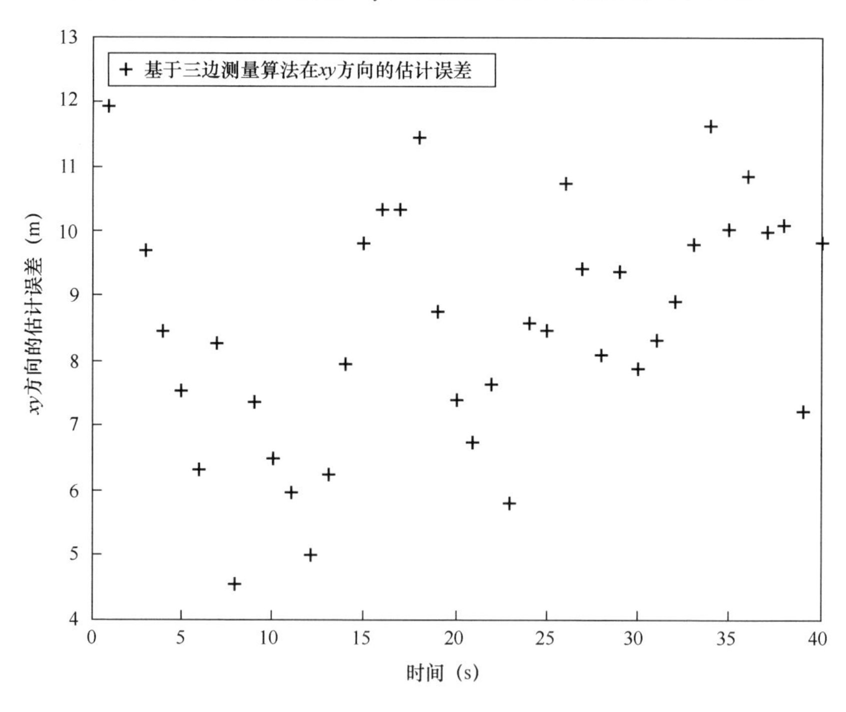

图 4.22 基于三边测量算法在 xy 方向的估计误差（测量噪声为 4 dBm）

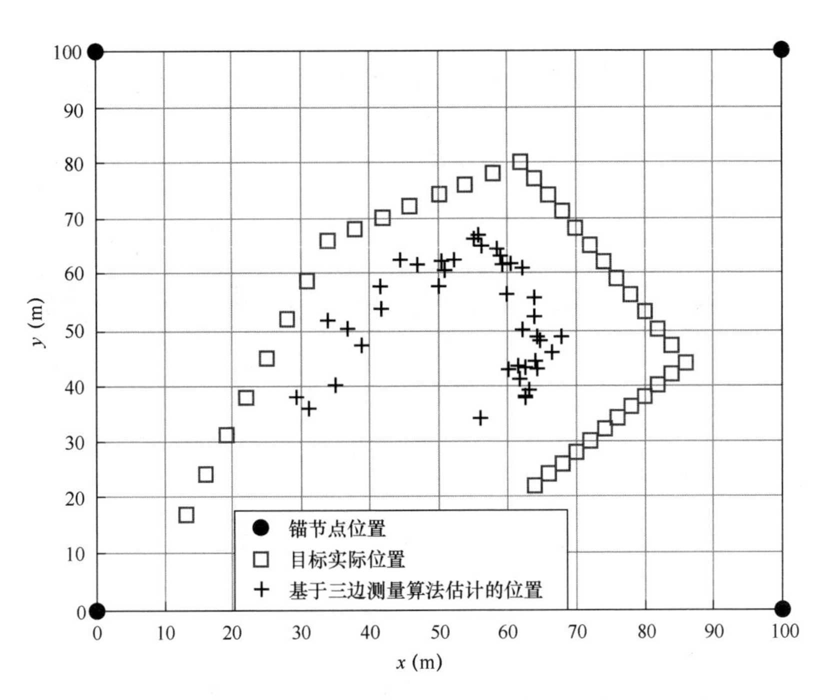

图 4.23　目标实际轨迹与基于三边测量算法估计的轨迹（测量噪声为 5 dBm）

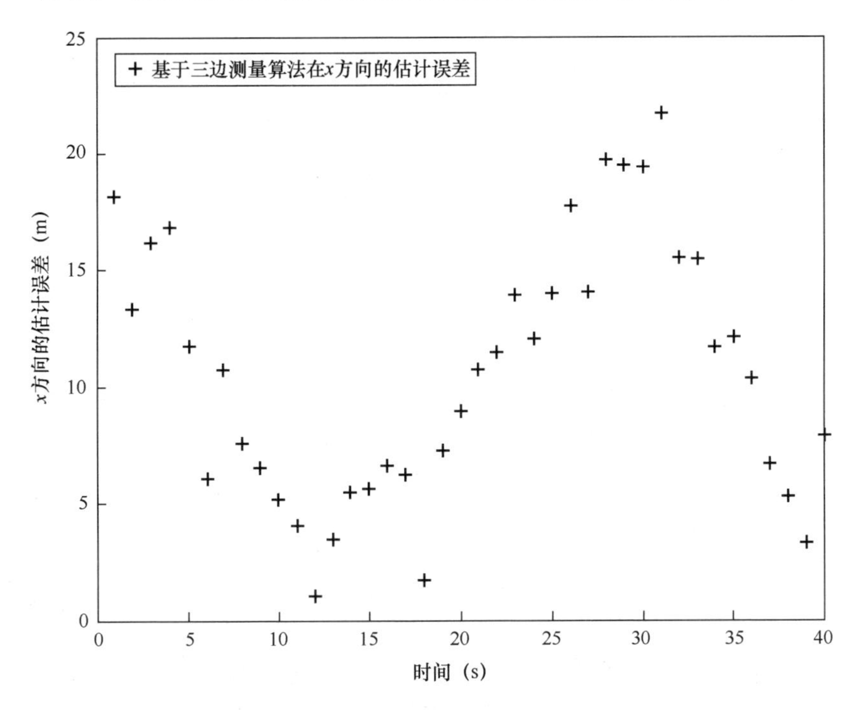

图 4.24　基于三边测量算法在 x 方向的估计误差（测量噪声为 5 dBm）

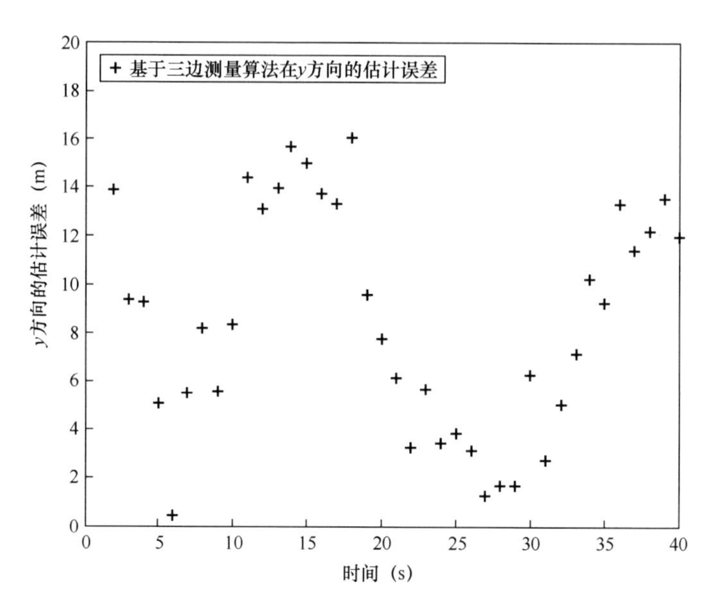

图 4.25　基于三边测量算法在 y 方向的估计误差（测量噪声为 5dBm）

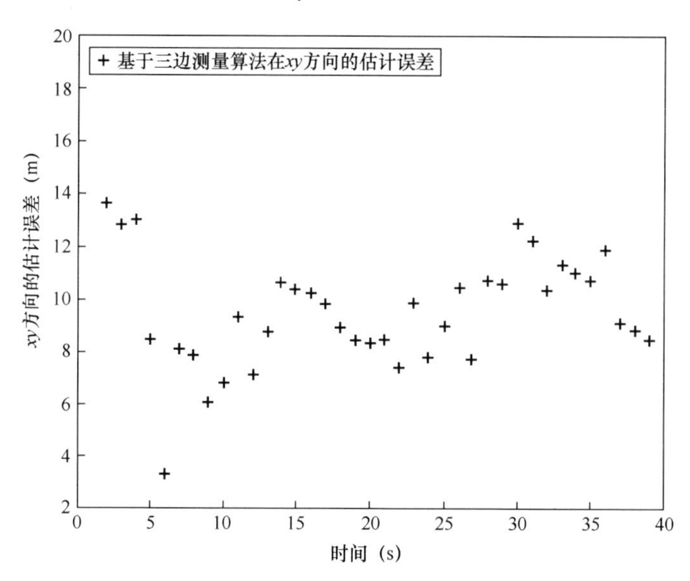

图 4.26　基于三边测量算法在 xy 方向的估计误差（测量噪声为 5 dBm）

4.4.2　案例 4.2 结果：锚节点密度对目标定位与跟踪性能的影响测试

如 4.4.1 节所述，本案例的目的是利用锚节点密度为 4 个、6 个和 8 个的传感器网络，测试锚节点密度对基于三边测量的目标定位与跟踪算法的影响（见表 4.4 及图 4.27～图 4.34）。

表 4.4　案例 4.2 的数值结果：目标定位与跟踪性能

不同锚节点密度的跟踪性能评估（3 dBm 噪声）			
序　　号	锚节点密度（个）	平均定位误差（m）	均方根误差（RMSE）（m）
1	4	6.87	11.02
2	6	6.12	10.5
3	8	5.64	8.92

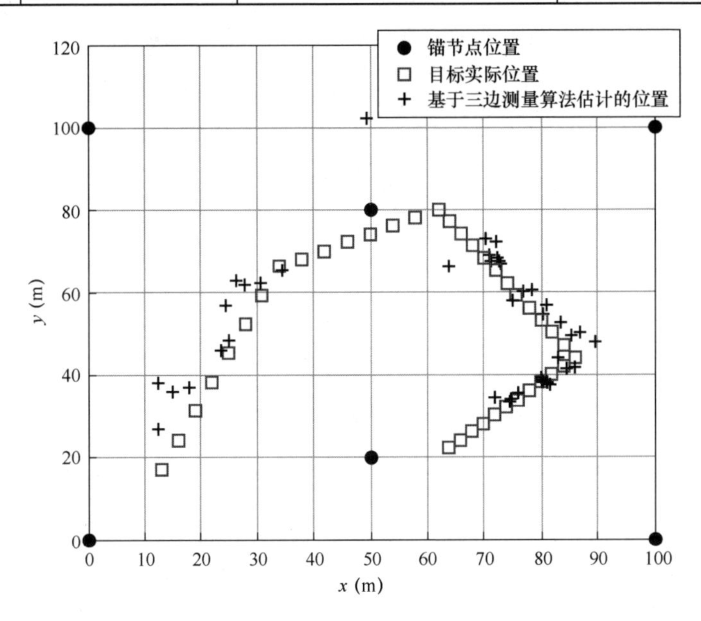

图 4.27　目标实际轨迹与基于三边测量算法估计的轨迹（锚节点密度为 6 个）

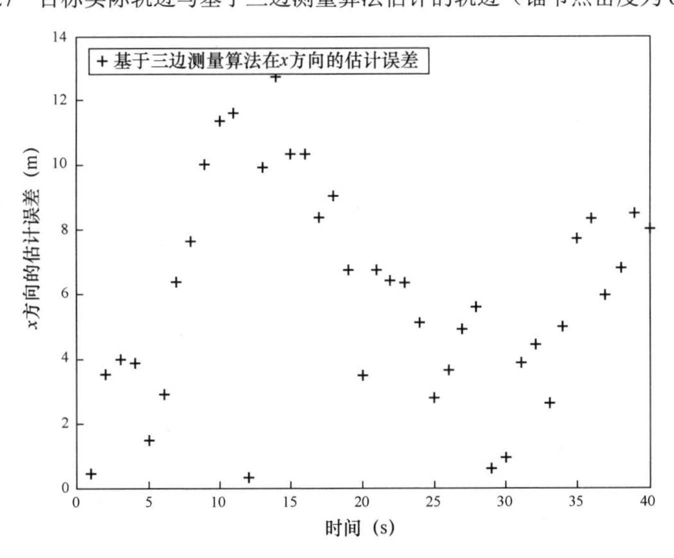

图 4.28　基于三边测量算法在 x 方向的估计误差（锚节点密度为 6 个）

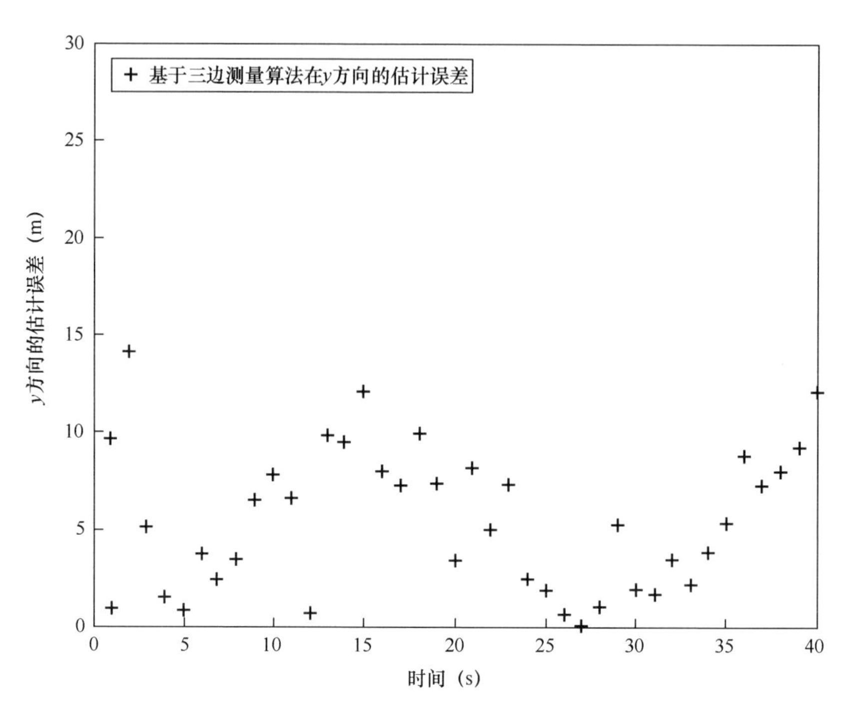

图 4.29　基于三边测量算法在 y 方向的估计误差（锚节点密度为 6 个）

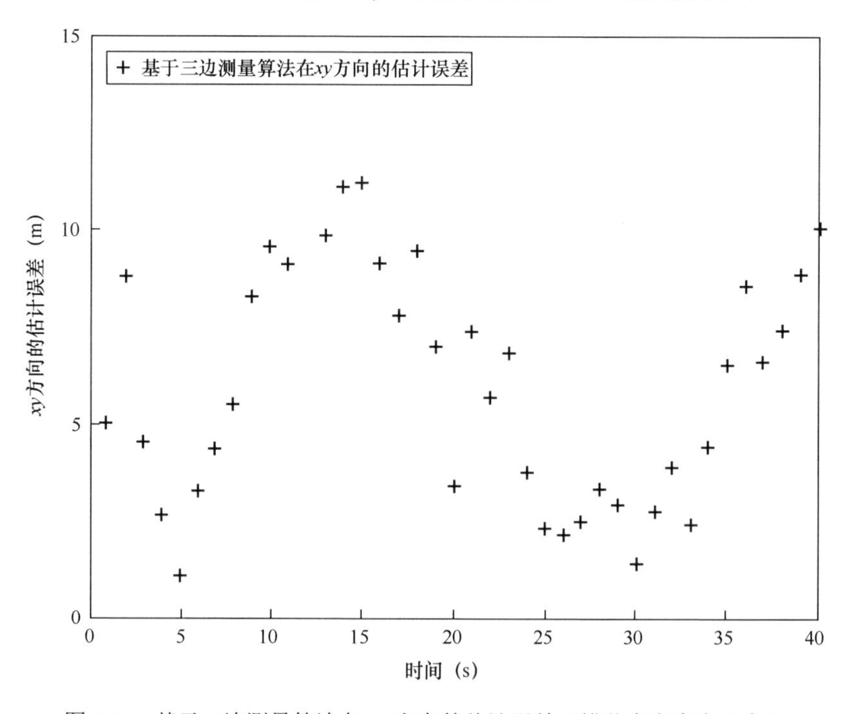

图 4.30　基于三边测量算法在 xy 方向的估计误差（锚节点密度为 6 个）

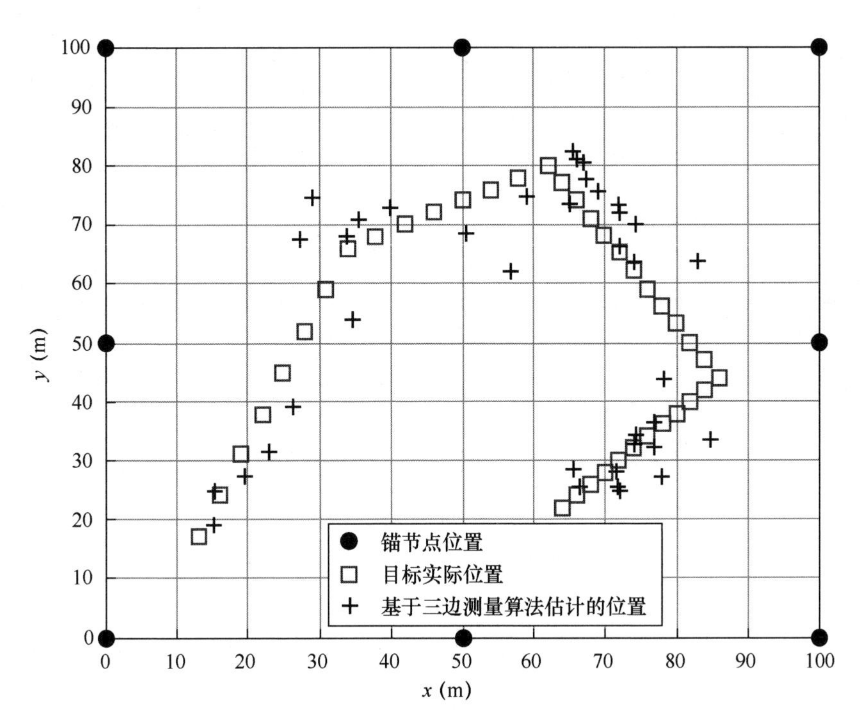

图 4.31　目标实际轨迹与基于三边测量算法估计的轨迹（锚节点密度为 8 个）

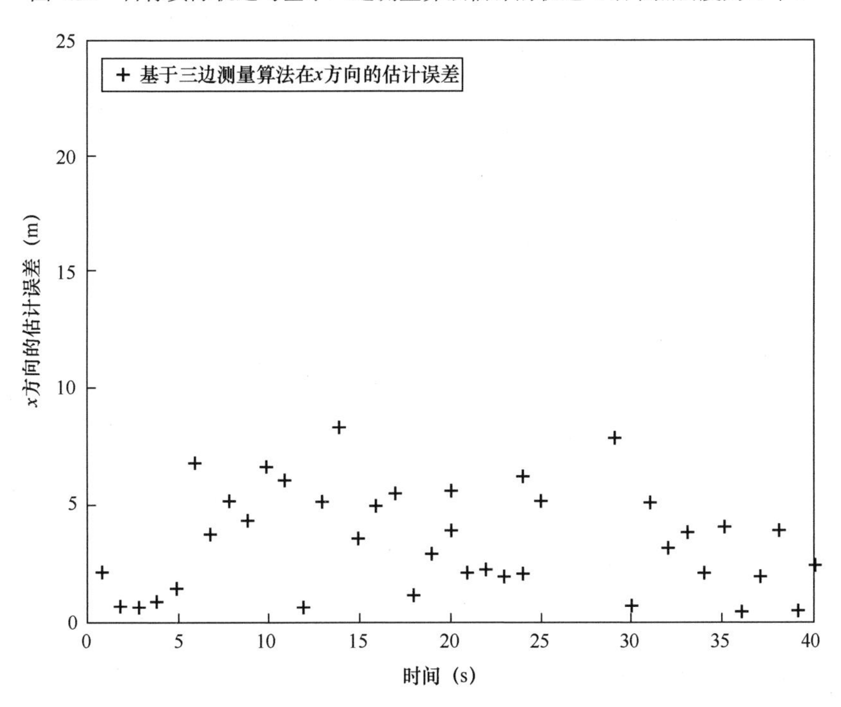

图 4.32　基于三边测量算法在 x 方向的估计误差（锚节点密度为 8 个）

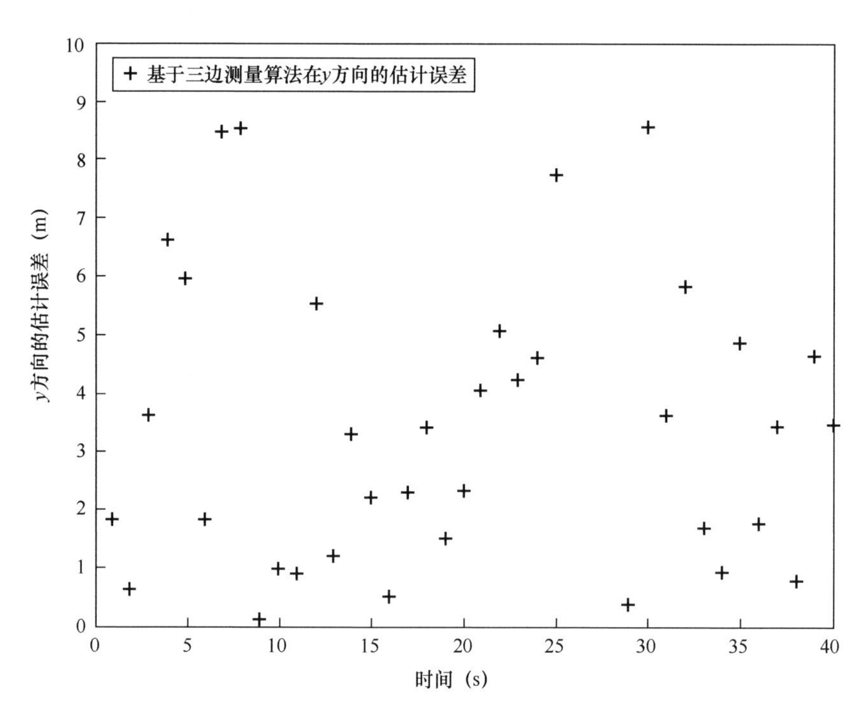

图 4.33　基于三边测量算法在 y 方向的估计误差（锚节点密度为 8 个）

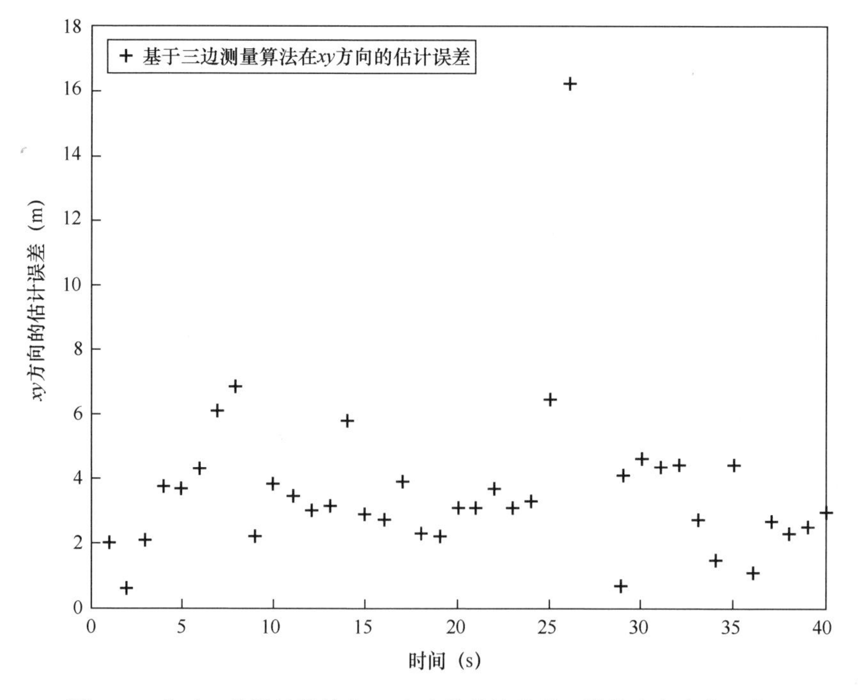

图 4.34　基于三边测量算法在 xy 方向的估计误差（锚节点密度为 8 个）

案例 4.2 的仿真结果表明，目标定位与跟踪性能随着锚节点密度的增加而提高。当锚节点密度为 8 个时，跟踪性能最高。与锚节点密度为 6 个和 4 个时相比，锚节点密度为 8 个时，均方根误差（RMSE）分别降低约 15%和 20%（见表 4.4）。因此，可以说锚节点密度越高，目标定位与跟踪精度越高。虽然可以通过增加锚节点密度来实现高精度跟踪，但代价是增加了网络的硬件和维护费用。很明显，在给定测试场景下，锚节点密度是否合适，取决于发射功率（通信距离），但增加发射功率会消耗更多能量。这意味着在跟踪性能、发射功率和经济预算之间需要权衡。锚节点密度和发射功率取决于给定 RF 环境的动态性和应用要求。这可能是基于 RSSI 的目标定位与跟踪系统一个非常重要的研究方向。

4.5　结论

本章讨论了在系统动态不确定的无线传感器网络中简单可行的运动目标定位与跟踪问题解决方案。目标位置估计是在锚节点密度非常小，且 RSSI 测量具有不确定测量噪声的情况下获得的。大量仿真实验表明，不管环境如何动态变化及运动目标速度如何突变，对目标的定位与跟踪精度都很高。有许多参数如目标速度、锚节点密度和测量噪声会影响基于 RSSI 的定位与跟踪算法性能。锚节点密度越高，目标定位与跟踪精度越高。为了研究这一影响，在模拟实验期间，在案例 4.2 的步骤 2 中，锚节点密度从 4 个变到 8 个。为了研究目标速度突变对定位与跟踪精度带来的影响，我们在特定时间段内将目标速度从−2 m/s 变至 7 m/s。为了研究环境动态性（波动变化）对定位与跟踪精度带来的影响，我们将 RSSI 的测量噪声从 0 dBm 变为 5 dBm。利用平均定位误差和 RMSE 来评估目标定位与跟踪算法总体性能。实验结果证明，不管给定射频环境的动态性如何变化，基于三边测量的目标定位与跟踪算法都能准确估计目标位置。

基于三边测量的定位与跟踪算法有多种潜在应用，如定位与跟踪移动机器人、人体或室内和室外环境中的设备。这项研究工作可以扩展到多目标跟踪等其他方向，了解不同运动和观测模型对目标定位与跟踪精度的影响，测试目标定位与跟踪算法在不同测量噪声情况下和不同测量时段的性能变化。我们相信动态无线传感器网络可以比静态无线传感器网络更有效地跟踪运动目标。另外，该研究还可以通过将移动性赋予特定锚节点来深入开展。

基于三边测量的目标定位与跟踪算法的 MATLAB 代码

```
%Main file
%%WSN Deployment Setting Parameters
clear all
```

```
close all
clc
networkSize = 100;% we consider a 100by100 area in which target moves
prompt = 'Enter Number of Anchors : ';
No_of_Anchors = input(prompt);
if(No_of_Anchors==4)
        anchorLoc     =  [0                                  0;
                          networkSize                        0;
                          0                        networkSize;
                          networkSize              networkSize];
end
if(No_of_Anchors==6)
    anchorLoc     = [0                              0;
                     networkSize/2                  networkSize*0.2;
                     networkSize                    0;
                     networkSize                    networkSize;
                     networkSize/2                  networkSize*0.8;
                     0                              networkSize];
end
if(No_of_Anchors==8)
    anchorLoc     = [0                              0;
                     networkSize/2                  0;
                     networkSize                    0;
                     networkSize                    networkSize/2;
                     networkSize                    networkSize;
                     networkSize/2                  networkSize;
                     0                              networkSize;
                     0                              networkSize/2];
end
%show anchor Locations
f1 = figure(1);
plot(anchorLoc(:,1),anchorLoc(:,2),'ko','MarkerSize',8,'lineWidth',2,'MarkerFaceColor','k');
grid on
hold on
% Defining veriables
no_of_positions = 40;
RMSE_rssi= 0;
```

```
error_x_rssi = zeros(no_of_positions,1);
error_y_rssi = zeros(no_of_positions,1);
error_xy_rssi =zeros(no_of_positions,1);
% Calculate reference RSSI at d0 = 1 meter using Free Space Path Loss Model
% in Meters
d0=1;
Pr0 = RSSI_friss(d0);
d_test = 20;
Pr = RSSI_friss(d_test);
%Calculation of Path Loss Exponent
n = -(Pr + Pr0)/(10*log(d_test))
x=10;
y=10;

% Generating trajectory for the Target
for t = 1:no_of_positions
          if(t<9)
            x_v = 3;
            y_v = 7;
          elseif(t==9 && t<16)
            x_v = 4;
            y_v = 2;
          elseif(t>=16 && t<18)
            x_v = 0;
            y_v = 0;
          elseif(t>=18 && t<30)
            x_v = 2;
            y_v = -3;
          elseif(t>=30 && t<=40)
            x_v = -2;
            y_v = -2;
        end
        x=x+x_v;
        y=y+y_v;
        disp('True Location')
        [x,y]                                % Actual Target Location
        plot(x,y,'rs','LineWidth',2)
```

```
        title('Actual Target Track and Trilateration Based Estimates','FontName','Times','
FontSize',12);
        ylabel('Y-Axis[meter]','FontName','Times','FontSize',14);
        xlabel('X-Axis[meter]','FontName','Times','FontSize',14);
        legend('Anchor Node Location','Actual Target Location','Trilaterationbased Estimation','
Location','SouthEast')
        hold on
        % Actual Distances from Anchors required to generate RSSI Values
        if(No_of_Anchors==4)
          d1 = sqrt( x^2 + y^2 );
          d2 = sqrt((100-x)^2 + y^2);
          d3 = sqrt((100-x)^2+ (100-y)^2);
          d4 = sqrt(x^2+ (100-y)^2);
        end
        if(No_of_Anchors==6)
          d1 = sqrt( x^2 + y^2 );
          d2 = sqrt((networkSize/2 - x)^2 + (networkSize*0.2 - y)^2);
          d3 = sqrt((networkSize - x)^2 + y^2);
          d4 = sqrt((networkSize - x)^2+ (networkSize - y)^2);
          d5 = sqrt((networkSize/2 - x)^2+ (networkSize*0.8 - y)^2);
          d6 = sqrt(x^2+ (networkSize - y)^2);
        end
        if(No_of_Anchors==8)
          d1 = sqrt( x^2 + y^2 );
          d2 = sqrt((networkSize/2 - x)^2 + (y)^2);
          d3 = sqrt((networkSize - x)^2 + y^2);
          d4 = sqrt((networkSize - x)^2+ (networkSize/2 - y)^2);
          d5 = sqrt((networkSize - x)^2+ (networkSize - y)^2);
          d6 = sqrt((networkSize/2 - x)^2+ (networkSize - y)^2);
          d7 = sqrt(x^2+ (networkSize - y)^2);
          d8 = sqrt((x)^2 + (networkSize/2 - y)^2);
        end
        % Generate RSSI Values at 4 Anchor Nodes which are at d1, d2, d3 & d4 distances
        % respectively from Moving Target
        if(No_of_Anchors==4)
             RSS = lognormalshadowing_4(n,d1,d2,d3,d4,Pr0);
             RSS_s = sort(RSS);
```

```
        end
        if(No_of_Anchors==6)
            RSS = lognormalshadowing_6(n,d1,d2,d3,d4,d5,d6,Pr0);
            RSS_s = sort(RSS);
        end
        if(No_of_Anchors==8)
            RSS = lognormalshadowing_8(n,d1,d2,d3,d4,d5,d6,d7,d8,Pr0);
            RSS_s = sort(RSS);
        end
        disp('RSSI Estimated Location')
        if(No_of_Anchors==4)
            mobileLoc_est = trilateration_4(RSS,RSS_s,Pr0,n,networkSize)
            X_T = mobileLoc_est(1);
            Y_T = mobileLoc_est(2);
        end
        if(No_of_Anchors==6)
            mobileLoc_est = trilateration_6(RSS,RSS_s,Pr0,n,networkSize)
            X_T = mobileLoc_est(1);
            Y_T = mobileLoc_est(2);
        end
        if(No_of_Anchors==8)
            mobileLoc_est = trilateration_8(RSS,RSS_s,Pr0,n,networkSize);
            X_T = mobileLoc_est(1);
            Y_T = mobileLoc_est(2);
        end
        plot(X_T,Y_T,'k+','LineWidth',2,'MarkerSize',8);
        hold on
        % Error Analysis of algorithm
        % ---> Part 1 : for Trilateration based Technique
        RMSE_rssi = RMSE_rssi + ((X_T - x)^2 + (Y_T - y)^2);
        % ---> Part 2 : Calculation of Absolute Errors
        error_x_rssi(t) = abs((x - X_T));
        error_y_rssi(t) = abs((y - Y_T));
        error_xy_rssi(t) =((error_x_rssi(t) + error_y_rssi(t))/2);
end
% Average Error in x & y coordinates
avg_error_xy_rssi = 0;
```

```
for t = 1:no_of_positions
        avg_error_xy_rssi=avg_error_xy_rssi+(error_xy_rssi(t)/no_of_positions);
end

avg_error_xy_rssi;
% Average Error in x & y    coordinates
RMSE_rssi = sqrt(RMSE_rssi/no_of_positions)
% Plotting Absolute Errors of KF & UKF based Tracking
f2 = figure(2);
for t =1:no_of_positions
        plot(t,error_x_rssi(t),'k+','Linewidth',2)
        xlabel('Time [sec]','FontName','Times','Fontsize',14)
        ylabel('Error in x estimation [inmeters]','FontName','Times','Fontsize',14)
        hold on
end
legend('Error in Trilateration based x estimate','Location','NorthWest')
f3 = figure(3);
for t =1:no_of_positions
        plot(t,error_y_rssi(t),'k+','Linewidth',2)
        xlabel('Time [sec]','FontName','Times','Fontsize',14);
        ylabel('Error in y estimation [meters]','FontName','Times','Fontsize',14)
        hold on
end
legend('Error in Trilateration based y estimate','Location','NorthWest')
f4 = figure(4);
for t =1:no_of_positions
        plot(t,error_xy_rssi(t),'k+','Linewidth',2);
        xlabel('Time [sec]','FontName','Times','Fontsize',14)
        ylabel('Error in xy estimation[meters]','FontName','Times','Fontsize',14)
        hold on
end
legend('Error in Trilateration based xy estimate','Location','NorthWest');
linearity_test(n,Pr0);
f7 = figure(7);
for t =1:no_of_positions
         if(t<9)
            x_v = 3;
```

```
            y_v = 7;
        elseif(t==9 && t<16)
            x_v = 4;
            y_v = 2;
        elseif(t>=16 && t<18)
            x_v = 0;
            y_v = 0;
        elseif(t>=18 && t<30)
            x_v = 2;
            y_v = -3;
        elseif(t>=30 && t<=40)
            x_v = -2;
            y_v = -2;
        end
        plot(t,x_v,'b+','Linewidth',2)
        xlabel('Time, [sec]','FontName','Times','Fontsize',14)
        ylabel( 'Target Velocity in x Direction[meters/sec]','FontName','Times','Fontsize',14);
        title('Target Velocity in x direction wrtTime','FontName','Times','FontSize',12);
        hold on
end
f8 = figure(8);
for t =1:no_of_positions
        if(t<9)
            x_v = 3;
            y_v = 7;
        elseif(t==9 && t<16)
            x_v = 4;
            y_v = 2;
        elseif(t>=16 && t<18)
            x_v = 0;
            y_v = 0;
        elseif(t>=18 && t<30)
            x_v = 2;
            y_v = -3;
        elseif(t>=30 && t<=40)
            x_v = -2;
            y_v = -2;
```

```
        end
        plot(t,y_v,'b+','Linewidth',2)
        xlabel('Time [sec]','FontName','Times','Fontsize',14)
        ylabel('Target Velocity in y Direction[meters/sec]','FontName','Times','Fontsize',14)
        title('Target Velocity in y direction wrtTime','FontName','Times','FontSize',12);
        hold on
end
%lognormalshadowing_4.m
function [ RSS ] = lognormalshadowing_4(n,d1,d2,d3,d4,Pr0)
%UNTITLED5 Summary of this function goes here
%Detailed explanation goes here
        std_meas_noise = 3;   % standard deviation 0f measurement noise in dB
        RSS_d1= -(10*n* log10(d1) + Pr0) + (std_meas_noise + 1.*randn);
        RSS_d2= -(10*n* log10(d2) + Pr0) + (std_meas_noise + 1.*randn);
        RSS_d3= -(10*n* log10(d3) + Pr0) + (std_meas_noise + 1.*randn);
        RSS_d4= -(10*n* log10(d4) + Pr0) + (std_meas_noise + 1.*randn);
        RSS = [RSS_d1, RSS_d2, RSS_d3, RSS_d4];
end
%trilateration_4.m
function [ mobileLoc_est ] = trilateration_4( RSS,RSS_s,Pr0,n,networkSize )
%UNTITLED6 Summary of this function goes here
%Detailed explanation goes here
% Select highest   three RSSI Values    &   Calculate   distances using
% d = antilog(Pr0-RSSI)/(10*n);
        d1_est = 10^(-(Pr0+RSS_s(4))/(10*n));
        d2_est = 10^(-(Pr0+RSS_s(3))/(10*n));
        d3_est = 10^(-(Pr0+RSS_s(2))/(10*n));
        if (RSS_s(4) == RSS(1))
            X1 = 0;      Y1 = 0;
        elseif (RSS_s(4) == RSS(2))
            X1 = networkSize;      Y1 = 0;
        elseif (RSS_s(4) == RSS(3))
            X1 = networkSize;      Y1 = networkSize;
        elseif (RSS_s(4) == RSS(4))
            X1 = 0;      Y1 = networkSize;
        end
        if (RSS_s(3) == RSS(1))
```

```
        X2 = 0;    Y2 = 0;
    elseif (RSS_s(3) == RSS(2))
        X2 = networkSize;     Y2 = 0;
    elseif (RSS_s(3) == RSS(3))
        X2 = networkSize;
        Y2 = networkSize;
    elseif (RSS_s(3) == RSS(4))
        X2 = 0;
        Y2 = networkSize;
    end
    if (RSS_s(2) == RSS(1))
        X3 = 0;
        Y3 = 0;
    elseif (RSS_s(2) == RSS(2))
        X3 = networkSize;
        Y3 = 0;
    elseif (RSS_s(2) == RSS(3))
        X3 = networkSize;
        Y3 = networkSize;
    elseif (RSS_s(2) == RSS(4))
        X3 = 0;
        Y3 = networkSize;
    end
% Trilateration Algorithm (x – xi)^2 + (y – yi)^2 = di^2
% d1^2 = (x1-x)^2 + (y1-y)^2     similarly write for d2 & d3
% Calculate A , B, C and then Target coordinates are given as follows
    A = X1^2 + Y1^2 - d1_est^2;
    B = X2^2 + Y2^2 - d2_est^2;
    C = X3^2 + Y3^2 - d3_est^2;
    X32 = (X3 - X2);
    Y32 = (Y3 - Y2);
    X21 = (X2 - X1);
    Y21 = (Y2 - Y1);
    X13 = (X1 - X3);
    Y13 = (Y1 - Y3);
    X_T = (A*Y32 + B*Y13 + C*Y21) / (2*( X1*Y32 + X2*Y13 + X3*Y21));
% X coordinate of target
```

```
            Y_T = (A*X32 + B*X13 + C*X21) / (2*( Y1*X32 + Y2*X13 + Y3*X21));
    % Y coordinate of target mobileLoc_est = [X_T, Y_T];
    end
    %linearity_test.m
    function [ ] = linearity_test( n,Pr0 )
    %UNTITLED Summary of this function goes here
    %Detailed explanation goes here
    std_meas_noise = 1;          % standard deviation 0f measurement noise in dB
    for d=0:0.8:100
            RSS = -(10*n* log10(d) + Pr0) + std_meas_noise*randn;
            f5 = figure(5);
            plot(d,RSS,'r+','LineWidth',2)
            xlabel('Distance, [m]','FontName','Times','FontSize',14)
            ylabel('RSSI Measurement [dbm]','FontName','Times','FontSize',14)
            hold on
    end
    disp('Figure 6 shows non linearity in RSSI values with distance');
    text(8,10,'\leftarrow RSSI Curve')
    title('RSSI versus Distance Curve','FontName','Times','FontSize',14);
    f6 = figure(6);
    d=10;
    for t=1:10
            RSS(t) = -(10*n* log10(d) + Pr0) + std_meas_noise*randn;
            plot(t,RSS(t),'r+','LineWidth',2);
            xlabel('Time, [sec]','FontName','Times','Fontsize',14);
            ylabel('RSSI value, [dbm]', 'FontName', 'Times', 'Fontsize',14);
            hold on
    end
    title('Fluctuations in RSSI Measurements at Distance of 10 meter wrtTime', 'FontName', 'Times',
'FontSize',12);
    end
```

原书参考文献

1. E. E. L. Lau, W. Y. Chung, Enhanced RSSI-based real-time user location tracking system for indoor and outdoor environments, in International Conference on Convergence Information Technology (2007).
2. A. S. Paul, E. A. Wan, RSSI-based indoor localization and tracking using sigma-point kalman

smoothers. IEEE J. Sel. Top. Signal Process. 3, 860-873 (2009).
3. S. R. Jondhale, R. S. Deshpande, Kalman filtering framework-based real time target tracking in wireless sensor networks using generalized regression neural networks. IEEE Sensors J. 19(1), 224-233 (2019).
4. S. Vougioukas, H. T. Anastassiu, C. Regen, M. Zude, Influence of foliage on radio path losses (PLs) for Wireless Sensor Network (WSN) planning in orchards. Biosyst. Eng. 114, 454-465 (2013).
5. T. K. Sarkar, Z. Ji, K. Kim, A. Medouri, M. Salazar-Palma, A survey of various propagation models for mobile communication. IEEE Antennas Propag Mag 45(3), 51-82 (2003).
6. H. Wu, L. Zhang, Y. Miao, The propagation characteristics of radio frequency signals for wireless sensor networks in large-scale farmland. Wirel. Pers. Commun. 95(4), 3653-3670 (2017).
7. D. Balachander, T.R. Rao, G. Mahesh, RF propagation investigations in agricultural fields and gardens for wireless sensor communications, in IEEE Conference on Information Communication Technologies (2013).
8. S. R. Jondhale, R. S. Deshpande, Kalman filtering framework based real time target tracking in wireless sensor networks using generalized regression neural networks. IEEE Sensors J (2018).
9. S. R. Jondhale, R. S. Deshpande, GRNN and KF framework based real time target tracking using PSOC BLE and smartphone. Ad Hoc Netw (2019).
10. S. R. Jondhale, R. S. Deshpande, Modified Kalman filtering framework based real time target tracking against environmental dynamicity in wireless sensor networks. Ad Hoc Sensor Wirel. Netw 40, 119-143 (2018).

— 第 5 章 —

基于 KF 的 RSSI 目标定位与跟踪

5.1 基于 KF 的目标定位与跟踪系统假定和设计

假定目标定位与跟踪系统在某些固定位置部署一组固定锚节点。这些锚节点部署在 100 m×100 m 的区域，一个运动目标穿过该区域，基站设置在无线传感器网络区域之外。该定位与跟踪系统运行的时间周期为 T，T 被划分为多个时隙，每个时隙用 dt 表示。运动目标包含一个无线传感器网络节点，并在时刻 k 将射频信号广播到所有锚节点。这意味着，在实验设定中，锚节点充当接收机，运动目标上的节点充当信号发射机，可视为一种合作的定位与跟踪系统。每个锚节点利用接收到的 RSSI 测量值计算其与运动目标的距离，具体的数学推导过程将在本章后半部分介绍。首先，锚节点将这些距离及自身坐标发送到基站，基站保持在该系统的无线传感器网络区域之外。然后，基站从所有距离中选择最小的三个距离。假定基站为一个笔记本电脑（酷睿 i3 处理器，1.89 GHz，2 GB RAM）。基于接收到来自锚节点的详细数据，基站运行三边测量算法来估计每个采样时刻的目标位置。在仿真实验中，假设传感器节点通信距离为 100 m，发射功率为 1 mW，接收机和发射机天线增益为 0 dBi。

本节仿真实验分为以下 3 个案例。

案例 5.1：锚节点密度为 6 个，无线传感器网络区域为 100 m×100 m，测试三边测量+ KF 定位与跟踪算法和三边测量+UKF 定位与跟踪算法。

案例 5.2：锚节点密度为 8 个，无线传感器网络区域为 100 m×100 m，测试三边测量+ KF 定位与跟踪算法和三边测量+UKF 定位与跟踪算法。

案例 5.3：锚节点密度为 8 个，无线传感器网络区域为 200 m×200 m，测试三边测量+ KF 定位与跟踪算法和三边测量+UKF 定位与跟踪算法。

在案例 5.1 中，假设目标在 T 时间段内发生速度突变，如式（5.1）～式（5.5）所示，速度变化如图 5.1 和图 5.2 所示。目标速度为负值意味着与前一时刻相比，目标朝坐标值变小的方向运动。

$$\dot{x}_k = 3, \quad \dot{y}_k = 7, \quad 0 \leqslant k \leqslant 9\ \text{s} \tag{5.1}$$

$$\dot{x}_k = 4, \quad \dot{y}_k = 2, \quad 9 \leqslant k \leqslant 16\ \text{s} \tag{5.2}$$

$$\dot{x}_k = 0,\quad \dot{y}_k = 0,\quad 16 \leqslant k \leqslant 18\ \text{s} \tag{5.3}$$

$$\dot{x}_k = 2,\quad \dot{y}_k = -3,\quad 18 \leqslant k \leqslant 30\ \text{s} \tag{5.4}$$

$$\dot{x}_k = -2,\quad \dot{y}_k = -2,\quad 30 \leqslant k \leqslant 40\ \text{s} \tag{5.5}$$

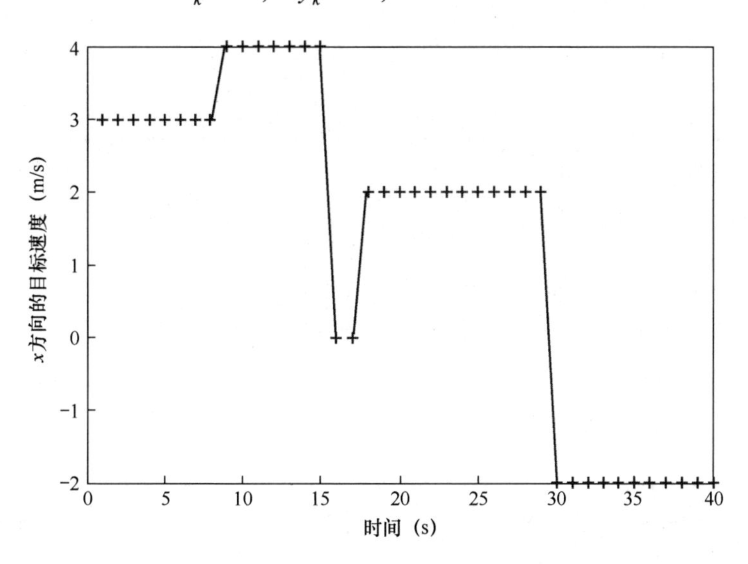

图 5.1　x 方向目标速度突变（案例 5.1）

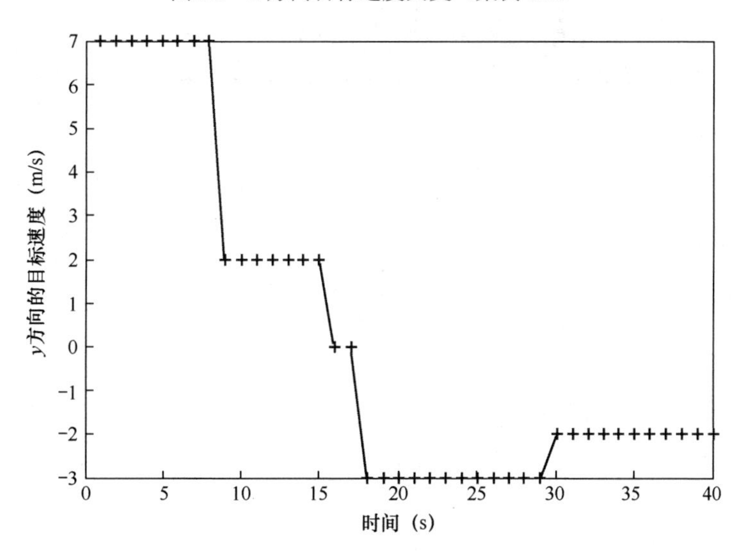

图 5.2　y 方向目标速度突变（案例 5.1）

在案例 5.2 中，假设目标在时间段 T 内发生速度突变，如式（5.6）～式（5.9）所示，速度变化如图 5.3 和图 5.4 所示。

$$\dot{x}_k = 5,\quad \dot{y}_k = 0,\quad 0 \leqslant k \leqslant 1\ \text{s} \tag{5.6}$$

$$\dot{x}_k = 10, \quad \dot{y}_k = 0, \qquad 1 \leqslant k \leqslant 8\ \text{s} \tag{5.7}$$

$$\dot{x}_k = 5, \quad \dot{y}_k = 5, \qquad 8 \leqslant k \leqslant 9\ \text{s} \tag{5.8}$$

$$\dot{x}_k = 0, \quad \dot{y}_k = 10, \qquad 9 \leqslant k \leqslant 16\ \text{s} \tag{5.9}$$

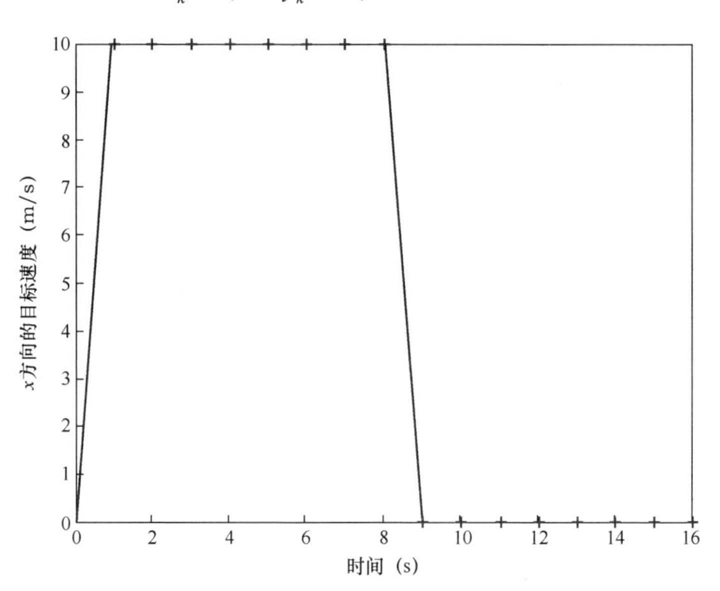

图 5.3　x 方向目标速度突变（案例 5.2）

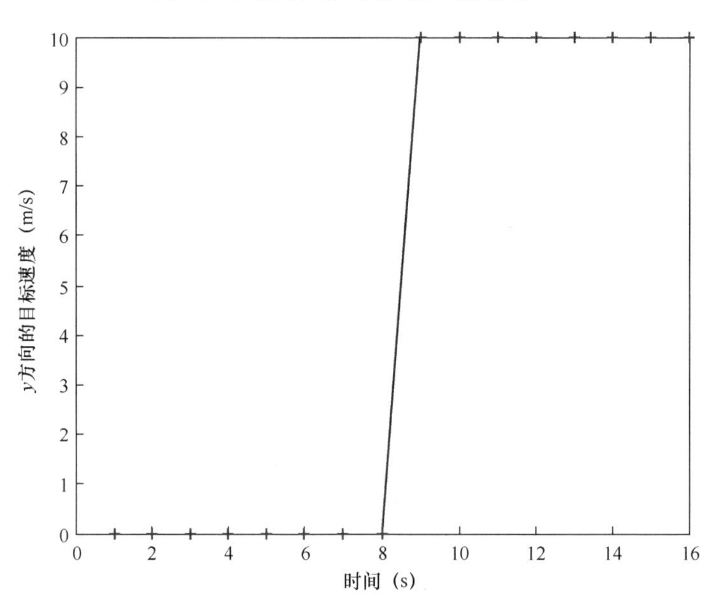

图 5.4　y 方向目标速度突变（案例 5.2）

在案例 5.3 中，假设目标在时间段 T 内发生速度突变，如式（5.10）～

式（5.12）所示，速度变化如图 5.5 和图 5.6 所示。

$$\dot{x}_k = 6, \quad \dot{y}_k = 0, \quad 0 \leqslant k \leqslant 1\,\text{s} \tag{5.10}$$

$$\dot{x}_k = 12, \quad \dot{y}_k = 0, \quad 1 \leqslant k \leqslant 17\,\text{s} \tag{5.11}$$

$$\dot{x}_k = 0, \quad \dot{y}_k = 12, \quad 17 \leqslant k \leqslant 32\,\text{s} \tag{5.12}$$

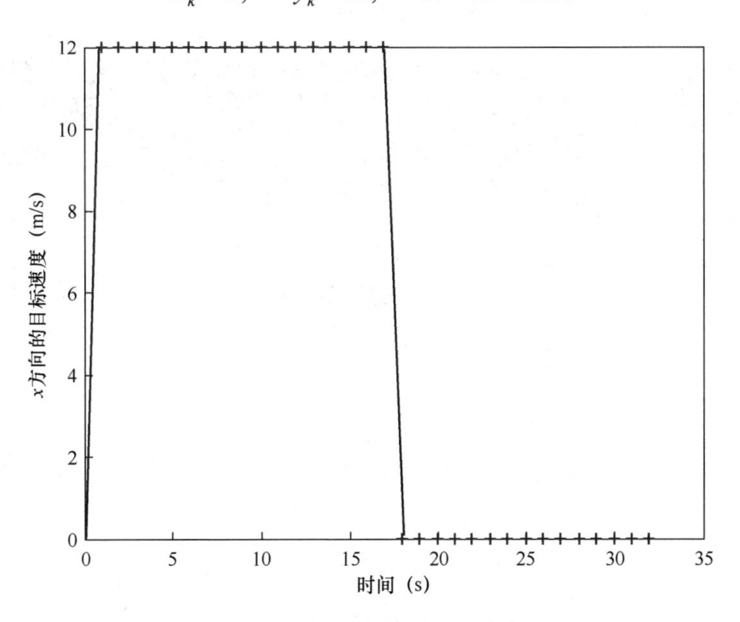

图 5.5　x 方向目标速度突变（案例 5.3）

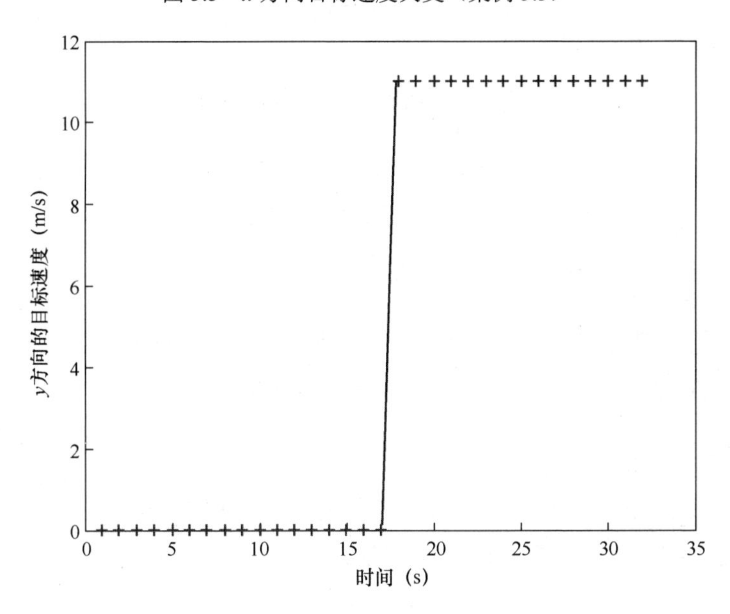

图 5.6　y 方向目标速度突变（案例 5.3）

本章的仿真实验遵循对数正态阴影模型。在 k 时刻，发射信号节点为位于坐标（x_{jk}, y_{jk}）的 N_j，接收信号节点为位于坐标（x_{lk}, y_{lk}）的 N_l，基于文献[1-3]给出的式（5.13），接收信号强度（$z_{lj,k}$）表示为

$$z_{lj,k} = P_r(d_0) - 10n\log(d_{lj,k} / d_0) + X_\sigma \tag{5.13}$$

如通常所知，由于接收机和发射机之间障碍物的不同，无线信道的性质、反应通常存在差异，因此，式（5.13）中 n 和 P_r（d_0）需要仔细选取[4-6]。为了应对射频环境的动态性，需要在系统校准步骤中提前计算 n_{avg} 和 $P_r(d_0)$，如式（5.14）～式（5.19）所示。给定三个距离 (d_1, d_2, d_3) 和三个 RSSI 测量值 (z_1, z_2, z_3)，其关系式如下所示：

$$z_1 = P_r(d_0) - 10n_1\log(d_1 / d_0) + X_\sigma \tag{5.14}$$

$$z_2 = P_r(d_0) - 10n_2\log(d_2 / d_0) + X_\sigma \tag{5.15}$$

$$z_3 = P_r(d_0) - 10n_3\log(d_3 / d_0) + X_\sigma \tag{5.16}$$

式中，n_1、n_2、n_3 分别是对应距离 d_1 、d_2 和 d_3 的路径损耗指数。通过重新排列和解算上述方程，易得 n_1、n_2、n_3 的值，则平均路径损耗指数 n_{avg} 可通过求取 n_1 、n_2 和 n_3 的平均值得到，如下所示：

$$n_{\text{avg}} = (n_1 + n_2 + n_3) / 3 \tag{5.17}$$

因此，式（5.13）可改写为

$$z_{lj,k} = P_r(d_0) - 10n_{\text{avg}}\log(d_{lj,k} / d_0) + X_\sigma \tag{5.18}$$

由式（5.18），对于给定的距离 $d_{lj,k}$ 和平均路径损耗指数 n_{avg}，利用接收信号强度($z_{lj,k}$)，$P_r(d_0)$ 可根据下式计算：

$$P_r(d_0) = z_{lj,k} + 10n_{\text{avg}}\log(d_{lj,k} / d_0) - X_\sigma \tag{5.19}$$

同时，接收节点和发射节点之间的距离可以按如下方式计算：

$$d_{lj,k} = d_0 10^{(P_r(d_0) - z_{lj,k} + X_\sigma)/10n_{\text{avg}}} \tag{5.20}$$

上述研究工作针对恒速运动目标，在时刻 k，运动目标的状态向量定义为 $\boldsymbol{X}_k = (x_k, y_k, \dot{x}_k, \dot{y}_k)$，$x_k$ 和 y_k 表示目标位置坐标，$\dot{x}_k$ 和 $\dot{y}_k$ 分别表示沿 x 方向和 y 方向的速度。在本节中，目标运动的定义如下：

$$x_k = x_{k-1} + \dot{x}\mathrm{d}t \tag{5.21}$$

$$y_k = y_{k-1} + \dot{y}\mathrm{d}t \tag{5.22}$$

式中，$\mathrm{d}t$ 是在目标跟踪过程中，在两个连续的时刻之间的离散化时间步长。

在实验中，依据参考文献[1-3]，考虑选取 $\boldsymbol{R}$、$\boldsymbol{P}$ 和 $\boldsymbol{Q}$ 矩阵的初值如下。

$$\boldsymbol{R} = \begin{bmatrix} 2.2 & 0 & 0 & 0 \\ 0 & 1.2 & 0 & 0 \\ 0 & 0 & 0.9 & 0 \\ 0 & 0 & 0 & 0.5 \end{bmatrix},\quad \boldsymbol{P} = \begin{bmatrix} 0.25 & 0 & 0 & 0 \\ 0 & 0.4 & 0 & 0 \\ 0 & 0 & 0.2 & 0 \\ 0 & 0 & 0 & 0.01 \end{bmatrix},\quad \boldsymbol{Q} = \boldsymbol{I}_{4\times 4} \tag{5.23}$$

假设案例 5.1 和案例 5.2 的初始目标状态向量相同，案例 5.1 与案例 5.2 和案例 5.3 的初始目标状态向量不同，具体的仿真参数如表 5.1 和表 5.2 所示。

表 5.1　案例 5.1 仿真参数

符　　号	参　　数	数　　值
$\boldsymbol{X}_0$	$k=0$ 时的目标状态向量	[12 18 0 0]
—	锚节点密度	6 个
$\mathrm{d}t$	离散化时间步长	1 s
T	仿真时长	40 s
X_σ	正态随机变量	$\sim N(3,1)$
f	频率	2.4 GHz
n_{avg}	平均路径损耗指数	3.40

表 5.2　案例 5.2 和案例 5.3 的仿真参数

符　　号	参　　数	数　　值
$\boldsymbol{X}_0$	$k=0$ 时的目标状态向量	[10 20 0 0]
—	锚节点密度	8 个
$\mathrm{d}t$	离散化时间步长	1 s
T	仿真时长	16 s（案例 5.2），32 s（案例 5.3）
X_σ	正态随机变量	$\sim N(3,1)$
f	频率	2.4 GHz
n_{avg}	平均路径损耗指数	3.40

5.2　基于三边测量+KF 算法和三边测量+UKF 算法的目标定位与跟踪算法流程

仿真包含三步，第一步是离线环境校准（离线计算，并根据经验值计算 n_{avg}

和 $P_r(d_0)$ ）[1-3]，第二步是计算距离，第三步是调用相应的目标定位与跟踪算法，并以第二步获得的参数（运动目标与 3 个最近锚节点的距离及 3 个锚节点坐标）作为输入，进行目标定位与跟踪计算，重复 50 次，对结果求平均，得到仿真结果。目标定位与跟踪算法流程如表 5.3 所示。

表 5.3　基于三边测量+KF 算法和三边测量+UKF 算法的目标定位与跟踪算法流程

Ⅰ. 离线环境校准
步骤 1：计算 n_{avg} 和 $P_r(d_0)$
Ⅱ. 在 $k=0$s
步骤 2：根据锚节点接收目标的 RSSI，计算锚节点与运动目标之间的距离 $(d_1,d_2,\cdots,d_n)$ 。
步骤 3：锚节点发送 $(d_1,d_2,\cdots,d_n)$ 和相应坐标到基站，基站挑选最小的三个距离，记录相应锚节点坐标
Ⅲ. 基站的位置估计
步骤 4：基站使用步骤 3 得到的结果为输入，执行三边测量算法，估计目标位置。
步骤 5：基于三边测量+KF 算法和三边测量+ UKF 算法改进三边测量算法，即在步骤 5 中，使用步骤 4 的结果作为 KF 和 UKF 的输入。
步骤 6：对于后续 $k=1,2,3,\cdots,T$ ，重复步骤 1～步骤 5。
步骤 7：在基站中计算基于三边测量+KF 算法和基于三边测量+UKF 算法的 RMSE 和平均定位误差

5.3　评估目标定位与跟踪算法的性能指标

为了评价基于三边测量+KF 算法和基于三边测量+UKF 算法的性能，定义以下两个性能指标，即均方根误差（RMSE）和平均定位误差。RMSE 表征了估计目标位置 $(\hat{x}_k,\hat{y}_k)$ 中存在的误差，平均定位误差则表征了估计目标位置 $(\hat{x}_k,\hat{y}_k)$ 与实际目标位置 (x_k,y_k) 之间的距离，这两个指标共同表征了定位与跟踪的精度[7-10]。这两个指标的数值越小，表示定位与跟踪的精度越高。在案例 5.1、案例 5.2 和案例 5.3 中，对任意时刻 k，分别基于三边测量+KF 算法、三边测量+UKF 算法，仿真计算了沿 x 轴方向和 y 轴方向的估计误差 $(\hat{x}_k-x_k)$ 和 $(\hat{y}_k-y_k)$。在仿真实验中，RMSE 和平均定位误差计算如式（5.24）和式（5.25）[1-3]所示。

（1）RMSE

$$\text{RMSE}=\sqrt{\frac{1}{T}\sum_{k=1}^{T}\frac{(\hat{x}_k-x_k)^2+(\hat{y}_k-y_k)^2}{2}} \tag{5.24}$$

（2）平均定位误差

$$\text{平均定位误差}=\frac{1}{T}\sum_{k=1}^{T}\frac{(\hat{x}_k-x_k)+(\hat{y}_k-y_k)}{2} \tag{5.25}$$

5.4　结果讨论

5.4.1　案例 5.1 结果

本案例测试在锚节点密度为 6 个和无线传感器网络面积为 100 m×100 m 的场景中，基于三边测量+KF 算法和基于三边测量+UKF 算法对非线性目标轨迹的定位与跟踪性能。

本案例的锚节点在所构设的无线传感器网络区域中的位置如表 5.4 所示。

表 5.4　案例 5.1 中的锚节点部署

锚节点编号	二维位置（m）
1	（0,0）
2	（100,0）
3	（0,100）
4	（100,100）
5	（50,20）
6	（50,80）

在本案例中，目标开始于（12,18），停止于（63,22），如图 5.7 所示。图中描述了实际目标轨迹和基于三边测量算法、基于三边测量+KF 算法和基于三边测量 + UKF 算法的估计轨迹。

案例 5.1 的数值结果如表 5.5 所示。从这些结果可以清楚地看出，对比三种算法的目标平均定位误差和均方根误差，基于三边测量算法误差最大，基于三边测量+KF 算法误差处于中等，基于三边测量+UKF 算法误差最小。这意味着基于三边测量+UKF 的目标定位与跟踪算法性能优于其他两种算法。基于三边测量+ UKF 的目标定位与跟踪算法相比其他两种算法，均方根误差分别降低了 68%和 91%。因此，可以得出结论，KF 算法和 UKF 算法可以进一步提升三边测量算法的目标定位与跟踪性能，也就是说，所提出的基于三边测量+KF 算法和基于三边测量+UKF 算法可以更有效地处理目标速度突变和环境动态变化问题，如图 5.8～图 5.10 所示。

表 5.5　基于三边测量算法、基于三边测量+KF 算法、基于三边测量+UKF 算法目标定位与跟踪的数值结果（案例 5.1）

案例 5.1（噪声为 3 dBm）			
序　　号	定 位 算 法	平均定位误差（m）	均方根误差（RMSE）（m）
1	基于三边测量算法	6.6669	11.3263
2	基于三边测量+KF 算法	1.7478	3.0062
3	基于三边测量+UKF 算法	0.5862	0.9459

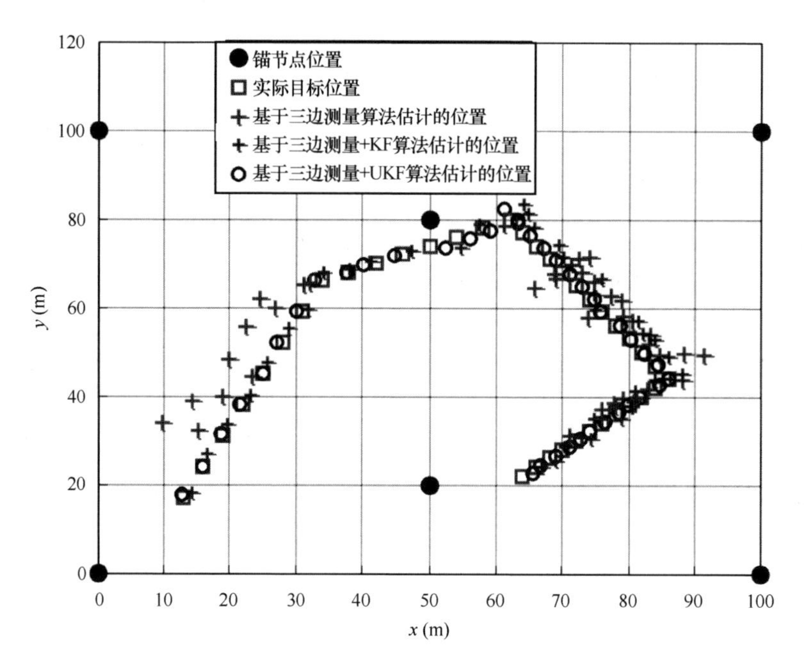

图 5.7　实际目标轨迹与分别基于三边测量算法、基于三边测量+KF 算法、基于三边测量+UKF 算法得到的轨迹估计值（案例 5.1）

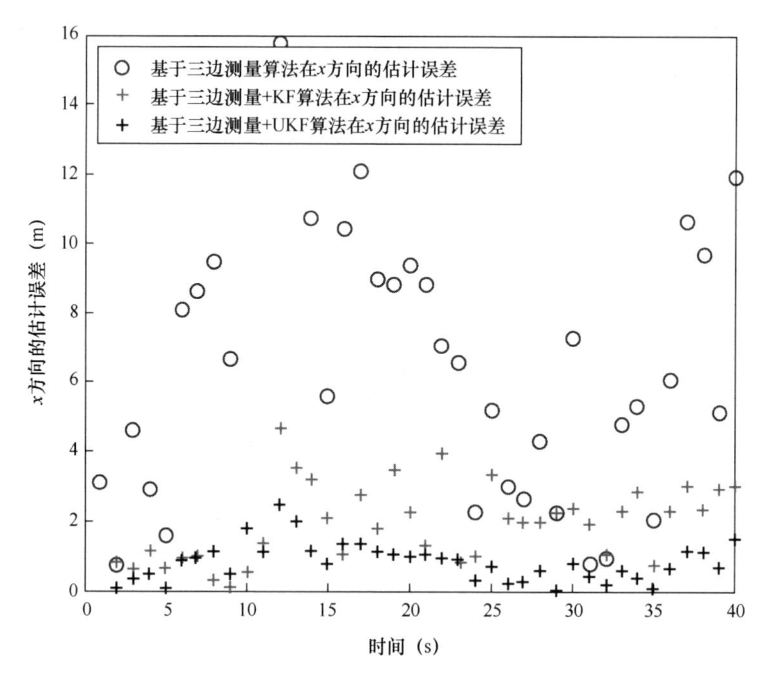

图 5.8　基于三边测量算法、基于三边测量+KF 算法和基于三边测量+UKF 算法在 x 方向的估计误差

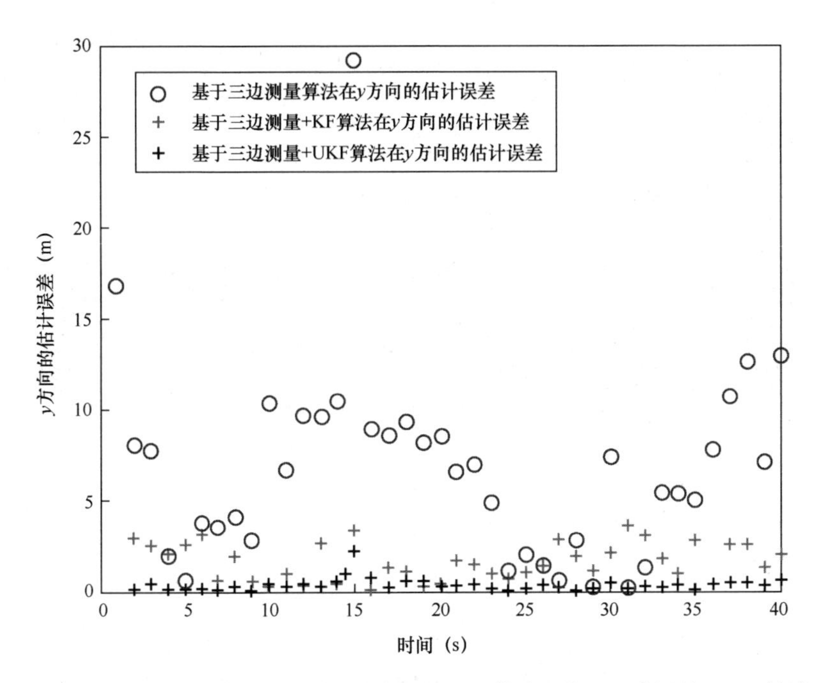

图 5.9　基于三边测量算法、基于三边测量+KF 算法和基于三边测量+UKF 算法在 y 方向的估计误差

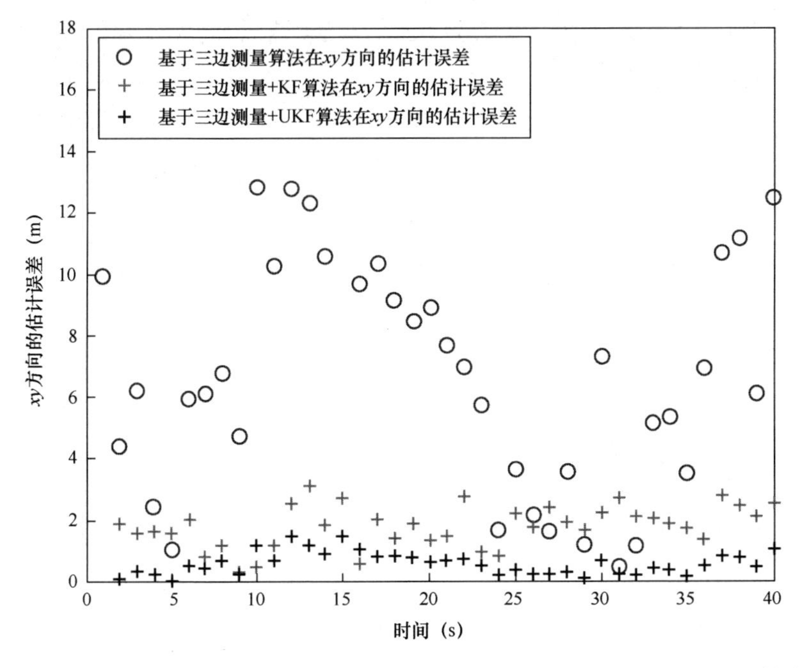

图 5.10　基于三边测量算法、基于三边测量+KF 算法和基于三边测量+UKF 算法在 xy 方向的估计误差

5.4.2 案例 5.2 结果

本案例测试基于三边测量+KF 算法和基于三边测量+UKF 算法，在锚节点密度为 8 个、无线传感器网络面积为 100 m×100 m 的场景中，对目标线性轨迹的定位与跟踪性能。

在本案例中，锚节点在定义的无线传感器网络区域中的位置如表 5.6 所示。

表 5.6 案例 5.2 中的锚节点部署

锚节点编号	二维位置（m）
1	（0,0）
2	（100,0）
3	（0,100）
4	（100,100）
5	（30,40）
6	（30,60）
7	（50,80）
8	（70,60）

在案例 5.2 中，目标开始于（10,20），停止于（90,90），如图 5.11 所示，图中描述了实际目标轨迹和基于三边测量算法、基于三边测量+KF 算法和基于三边测量+ UKF 算法估计的轨迹。

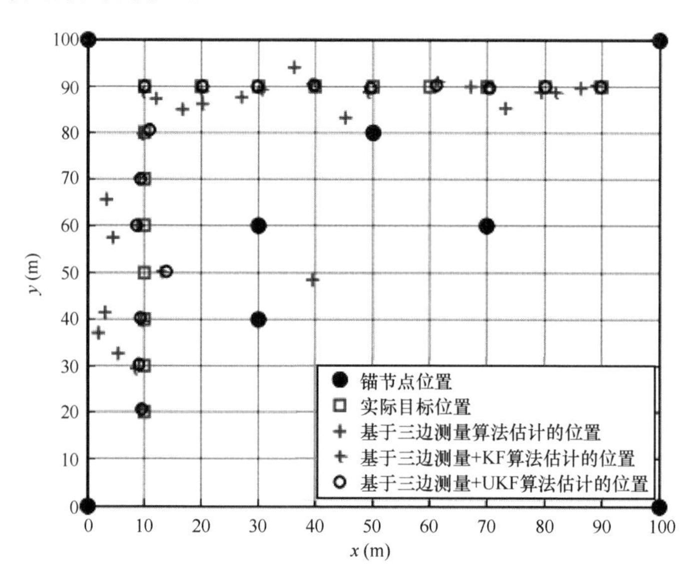

图 5.11 实际目标轨迹与基于三边测量算法、基于三边测量+KF 算法和基于三边测量+UKF 算法估计的轨迹（案例 5.2）

案例 5.2 的数值仿真结果如表 5.7 所示。从这些结果可以清楚地看出，对比三种算法的平均定位误差和均方根误差，基于三边测量算法误差最大，基于三边测量+KF 算法误差中等，基于三边测量+UKF 算法误差最小。这意味着基于三边测量+UKF 算法性能优于其他两种算法。基于三边测量+UKF 算法相比其他两种算法，均方根误差分别降低了 31%和 87%。因此，我们很容易得出结论，KF 算法和 UKF 算法可以进一步提升基于三边测量算法的定位与跟踪性能，也就是说，所提出的基于三边测量+KF 算法和基于三边测量+UKF 算法可以更有效地处理目标速度和环境动态突变问题，如图 5.12～图 5.14 所示。

表 5.7　基于三边测量算法、基于三边测量+KF 算法、基于三边测量+UKF 算法定位与跟踪的数值仿真结果（案例 5.2）

案例 5.2（噪声为 3 dBm，100 m×100 m 区域）			
序　　号	定 位 算 法	平均定位误差（m）	均方根误差（RMSE）（m）
1	基于三边测量算法	4.7318	9.0655
2	基于三边测量+KF 算法	0.9499	1.6527
3	基于三边测量+UKF 算法	0.4058	1.1339

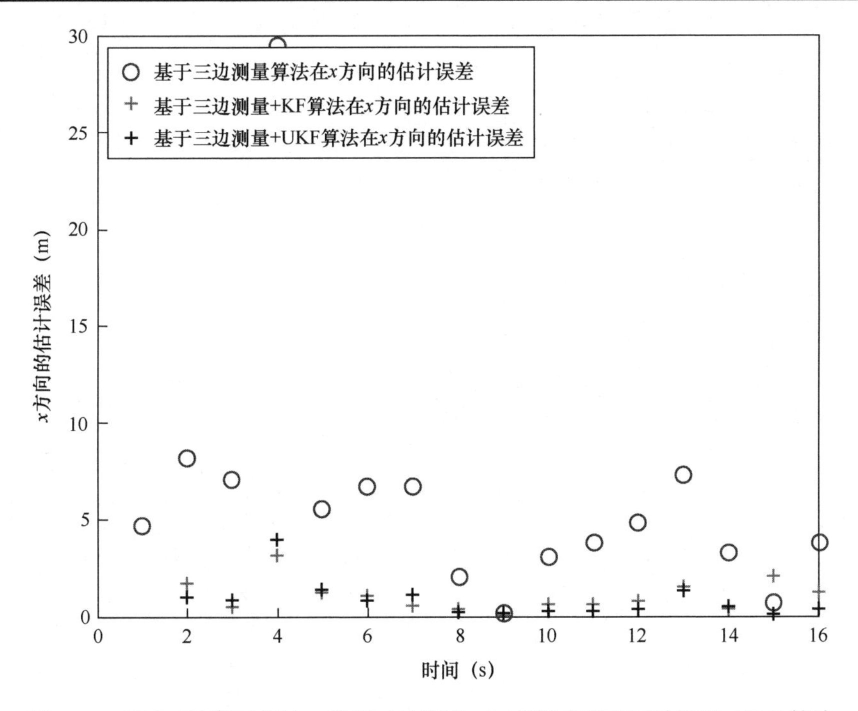

图 5.12　基于三边测量算法、基于三边测量+KF 算法和基于三边测量+UKF 算法在 x 方向的估计误差（案例 5.2）

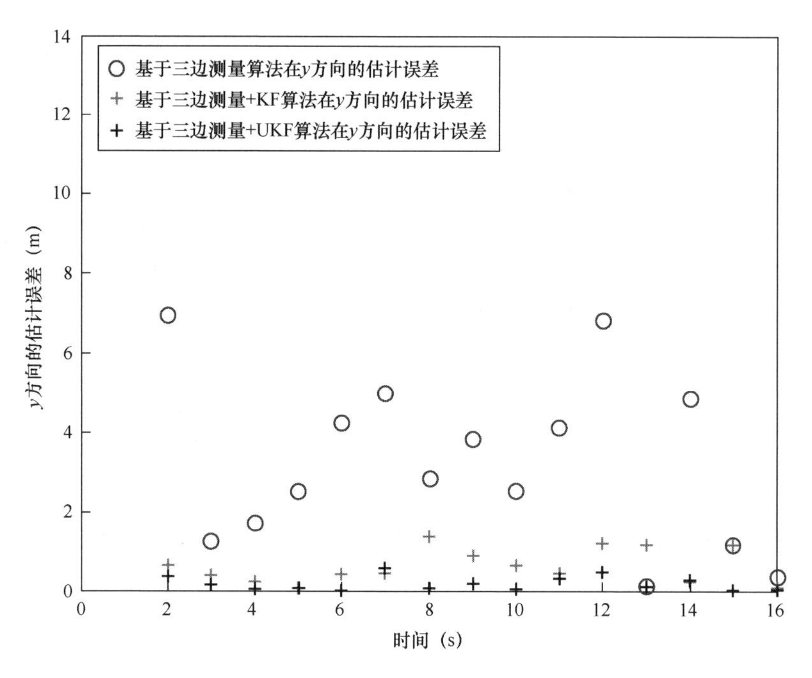

图 5.13　基于三边测量算法、基于三边测量+KF 算法和基于三边测量+UKF 算法在 y 方向的估计误差（案例 5.2）

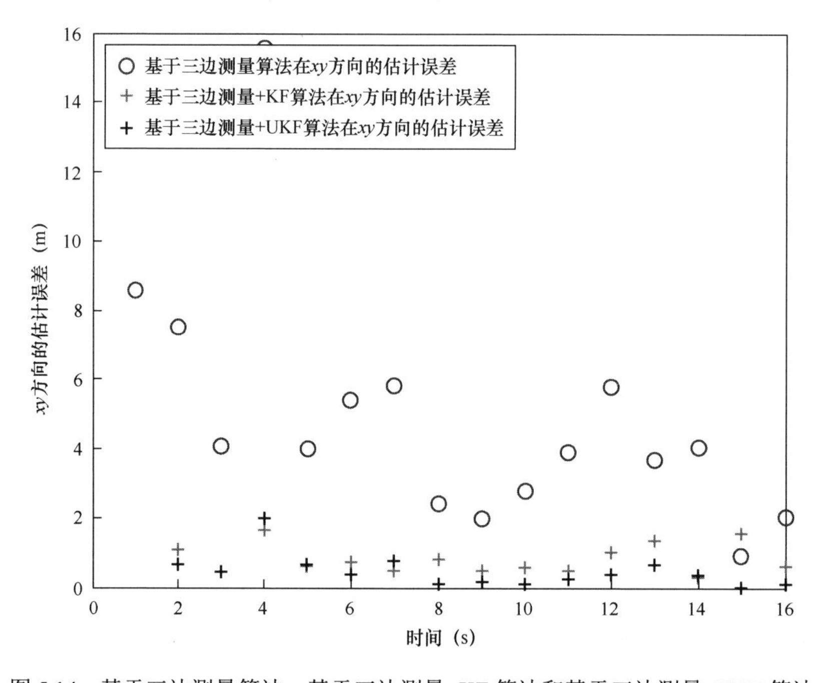

图 5.14　基于三边测量算法、基于三边测量+KF 算法和基于三边测量+UKF 算法在 xy 方向的估计误差（案例 5.2）

5.4.3　案例 5.3 结果

本案例利用锚节点密度为 8 个、面积为 200 m×200 m 的无线传感器网络，跟踪线性目标轨迹，测试所提出的基于三边测量+KF 算法和基于三边测量+UKF 算法的性能。

在本案例中，锚节点在定义的无线传感器网络区域中的位置如表 5.8 所示。目标运动开始于(10，20)，停止于(175，180)[①]，如图 5.15 所示，图中描述了实际目标轨迹和基于三边测量算法、基于三边测量+KF 算法和基于三边测量+UKF 算法估计的目标轨迹。

表 5.8　案例 5.3 中的锚节点部署

锚节点编号	二维位置（m）
1	（0,0）
2	（200,0）
3	（0,200）
4	（200,200）
5	（60,80）
6	（60,120）
7	（100,160）
8	（140,120）

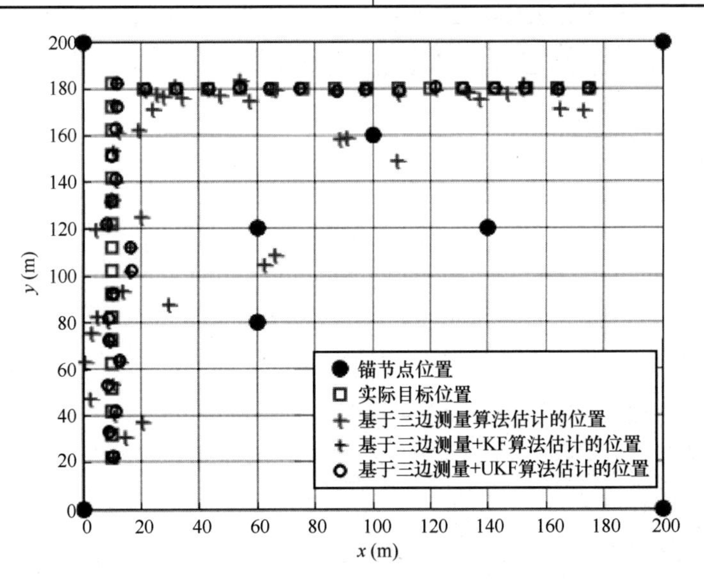

图 5.15　实际目标轨迹与基于三边测量算法、基于三边测量+KF 算法和基于三边测量+UKF 算法估计的轨迹

①：原文误写为(90，90)，译者更正。

案例 5.3 的数值仿真结果如表 5.9 所示。从这些结果可以清楚地看出，三种算法的平均定位误差和均方根误差，基于三边测量算法误差最大，基于三边测量+KF 算法误差中等，基于三边测量+UKF 算法误差最小。这意味着基于三边测量+UKF 的定位与跟踪算法性能优于其他两种算法。基于三边测量+UKF 的定位与跟踪算法相比其他两种算法，均方根误差分别降低了 9%和 88%。因此，我们得出结论，KF 和 UKF 算法可以进一步提升基于三边测量算法的目标定位与跟踪性能，也就是说，基于三边测量+KF 算法和三边测量+UKF 算法可以更有效地处理目标速度和环境动态突变问题，如图 5.16～图 5.18 所示。

表 5.9 基于三边测量算法、基于三边测量+KF 算法、基于三边测量+UKF 算法的数值结果（案例 5.3）

案例 5.3（噪声为 3 dBm，200 m×200 m 区域）			
序　号	定 位 算 法	平均定位误差（m）	均方根误差（RMSE）（m）
1	基于三边测量算法	8.8301	19.4035
2	基于三边测量+KF 算法	1.0963	2.2284
3	基于三边测量+UKF 算法	0.8415	2.0145

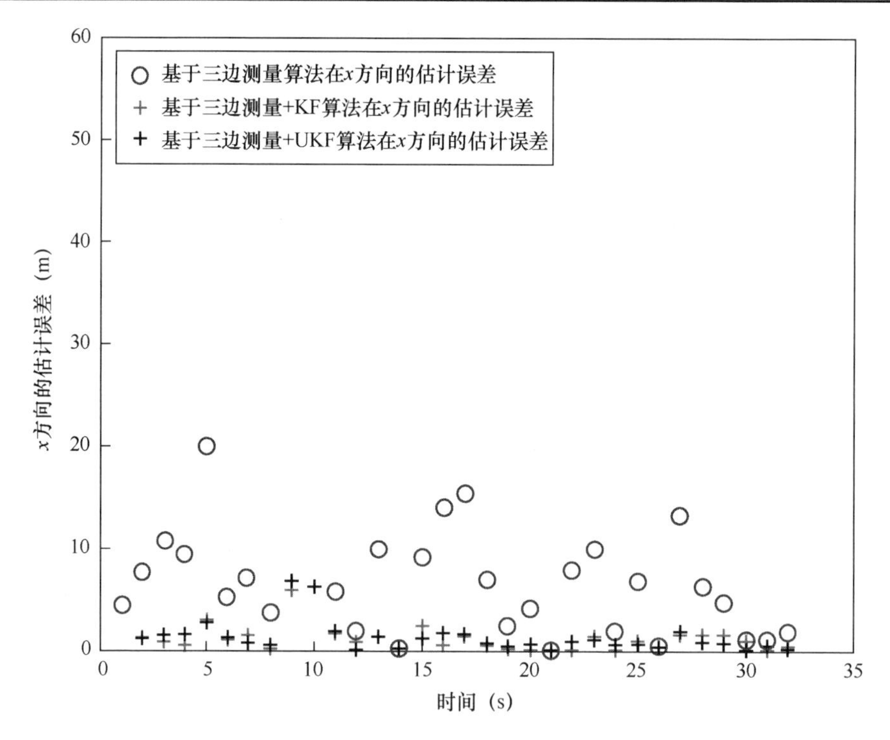

图 5.16 基于三边测量算法、基于三边测量+KF 算法和基于三边测量+UKF 算法在 x 方向的估计误差（案例 5.3）

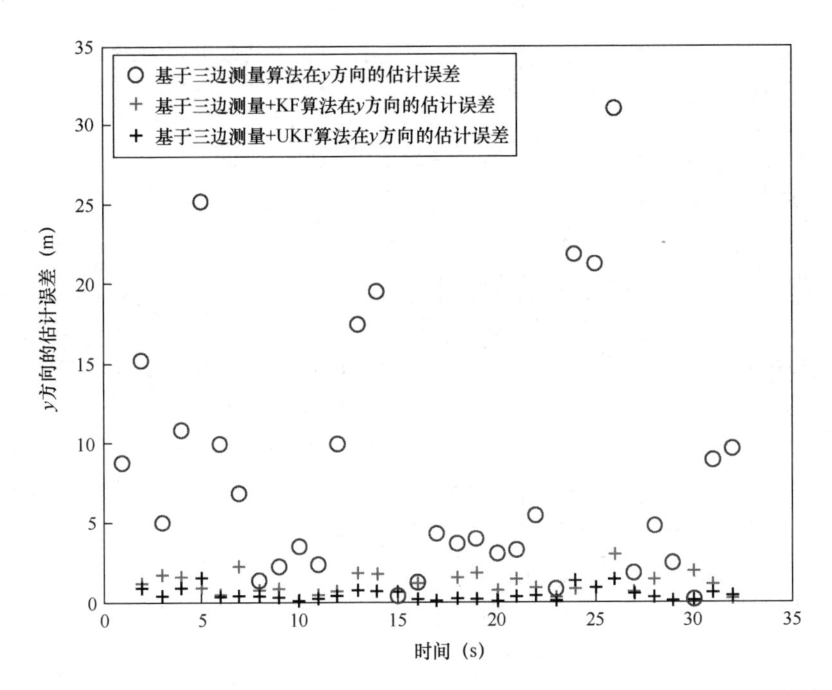

图 5.17　基于三边测量算法、基于三边测量+KF 算法和基于三边测量+UKF 算法在 y 方向的估计误差（案例 5.3）

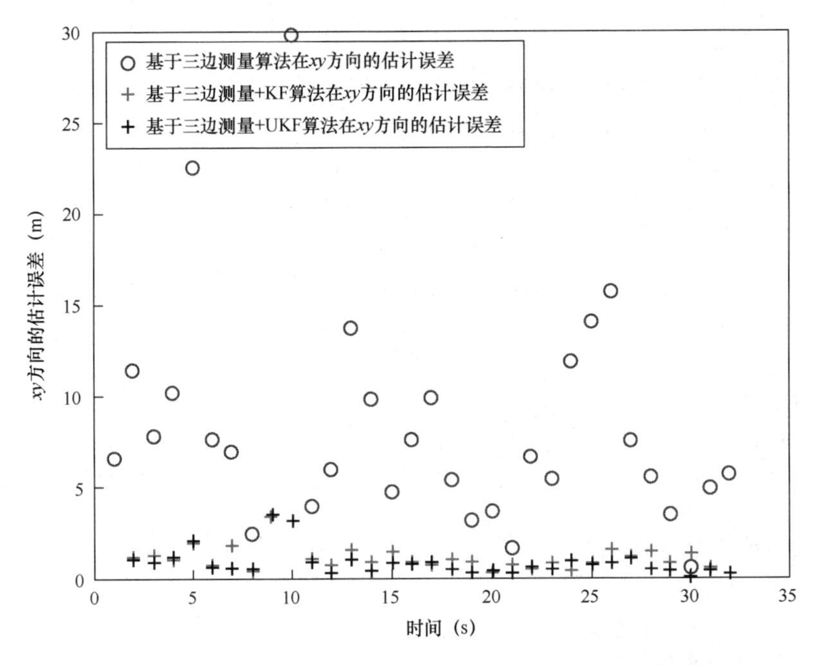

图 5.18　基于三边测量算法、基于三边测量+KF 算法和基于三边测量+UKF 算法在 xy 方向的估计误差（案例 5.3）

5.5 结论

本章讨论了 KF 架构应用于具有 RSSI 测量噪声不确定性的无线传感器网络中的运动目标定位与跟踪问题。三个案例分别针对目标非线性轨迹（案例 5.1）和线性轨迹（案例 5.2 和案例 5.3）的情况展开讨论，以了解目标轨迹变化对目标定位与跟踪算法性能的影响。通过大量的仿真实验得出结论，不管环境动态和目标速度如何突变，所提出的方法都具有较高的跟踪精度。影响基于 RSSI 的目标定位与跟踪算法性能的参数有很多，如在给定的射频环境中，目标速度和测量噪声的剧烈变化等。为了进一步理解目标速度突变带来的影响，案例 5.1 中目标速度变化范围为由−2 m/s 到 7 m/s，案例 5.2 中目标速度变化范围为由 0 m/s 到 10 m/s，案例 5.3 中目标速度变化范围为由 0 m/s 到 12m/s。为了研究环境动态性（波动）影响，RSSI 的测量噪声设定为 3 dBm。仿真结果表明，不管目标速度、目标轨迹及环境如何变化，基于三边测量+UKF 算法相比基于三边测量算法和基于三边测量+KF 算法的定位与跟踪性能更优。因此，KF 架构能够进一步提升基于三边测量算法的目标位置估计能力。

基于 KF 的目标定位与跟踪算法的 MATLAB 代码

```
Main_File:
%%%%%%%%%%%%%%%%%%%%%Main_file.m%%%%%%%%%%%%%%
%% WSN Deployment Setting Parameters
    clear all
    close all
    clc
    networkSize = 100; % we consider a 100by100 area in which target moves

     anchorLoc    = [0                   0;
                     networkSize/2       networkSize*0.2;
                     networkSize         0;
                     networkSize         networkSize;
                     networkSize/2       networkSize*0.8;
                     0                   networkSize];

% show anchor Locations
    f1 = figure(1);
```

```
plot(anchorLoc(:,1),anchorLoc(:,2),'ko','MarkerSize',8,'lineWidth',2,'MarkerF aceColor','k');

        grid on
        hold on
  % Defining veriables
       no_of_positions = 40;

  P = [0.25 0 0    0; 0 0.04 0 0; 0 0 0.02 0; 0 0 0    0.01];
  % Initial Process Covariance Matrix
      q=0.1;                    %std of process   s
      error_x_kf = zeros( no_of_positions,1);
      error_y_kf = zeros(no_of_positions,1);
      error_xy_kf = zeros(no_of_positions,1);
      error_x_ukf = zeros(no_of_positions,1);
      error_y_ukf = zeros(no_of_positions,1);
      error_xy_ukf = zeros(no_of_positions,1);
      error_x_rssi = zeros(no_of_positions,1);
      error_y_rssi = zeros(no_of_positions,1);
      error_xy_rssi = zeros(no_of_positions,1);
      RMSE_kf =0 ;
      RMSE_rssi= 0;
      RMSE_ukf= 0;
  % Calculate reference RSSI at d0 = 1 meter using Free Space Path Loss Model
        d0=1;                        % in Meters
        Pr0 = RSSI_friss(d0);
        d_test = 20;
        Pr = RSSI_friss(d_test);
  %Calculation of Path Loss Exponent
        n = -(Pr + Pr0)/(10*log(d_test));
        x=10;
        y=10;
  % Generating trajectory for the mobile node
  for t = 1:no_of_positions
        if(t<9)
              x_v = 3;
```

```
            y_v = 7;
        elseif(t==9 && t<16)
            x_v = 4;
            y_v = 2;
        elseif(t>=16 && t<18)
            x_v = 0;
            y_v = 0;
        elseif(t>=18 && t<30)
            x_v = 2;
            y_v = -3;
        elseif(t>=30 && t<=40)
            x_v = -2;
            y_v = -2;
        end
      x=x+x_v;
      y=y+y_v;
      disp('True Location');
      [x,y];                    % Actual Target Location
      plot(x,y,'rs','LineWidth',2);
      title('Evaluation of Trilateration, Trilateration+KF & Trilateration+UKF', 'FontName',
          'Times',12);
      ylabel('Y-Axis[meter]','FontName','Times',14);
      xlabel('X-Axis[meter]','FontName','Times',14);

      legend('Anchor Location','Actual Target Location','Trilateration based Estimation', 'Trilateration+
          KF based Estimation','Trilateration+UKF based Estimation', 'Location', 'SouthEast');
      hold on
   % Actual Distances from Anchors required to generate RSSI Values
      d1 = sqrt( x^2 + y^2 );
      d2 = sqrt((networkSize/2 - x)^2 + (networkSize*0.2 - y)^2);
      d3 = sqrt((networkSize - x)^2 + y^2);
      d4 = sqrt((networkSize - x)^2+ (networkSize - y)^2);
      d5 = sqrt((networkSize/2 - x)^2+ (networkSize*0.8 - y)^2);
      d6 = sqrt(x^2+ (networkSize - y)^2);
  % Generate RSSI Values at 6 Anchor Nodes which are at d1, d2, d3, d4, d5 & d6 distances
  % respectively from Moving Target
```

```
        RSS = lognormalshadowing_6(n,d1,d2,d3,d4,d5,d6,Pr0);
        RSS_s = sort(RSS);
    end
        disp('Trilateration based Estimated Location');
        mobileLoc_est = trilateration_6(RSS,RSS_s,Pr0,n,networkSize);
        X_T = mobileLoc_est(1);
        Y_T = mobileLoc_est(2);
        plot(X_T,Y_T,'r+','LineWidth',2,'MarkerSize',8);
        hold on
    % calculate velocities in X & Y Directions
        velocity_est=velocity(X_T,Y_T,t);
        s = [x; y; 0; 0];         %State of the system at time 't'
    X = s + q*randn(4,1);              % state with noise
% KF for Tracking Moving Target Code starts here
         [X_kalman,Y_kalman,X_kf]= kf(X,P,X_T,Y_T,velocity_est,t);
         plot(X_kalman,Y_kalman,'b+','LineWidth',2);
         hold on
% UKF implementation
        Z = [X_T; Y_T; velocity_est(1);
        velocity_est(2)];
        disp('UKF Estimated State');
        [X_ukf]= ukf5(X,P,Z) plot(X_ukf(1),X_ukf(2),'ko','LineWidth',2);
        hold on
% Error Analysis of algorithm
% ---> Part 1: for Pure RSSI based Technique
        RMSE_rssi = RMSE_rssi + ((X_T - x)^2 + (Y_T - y)^2);
        RMSE_kf = RMSE_kf + ((X_kalman - x)^2 + (Y_kalman - y)^2);
        RMSE_ukf = RMSE_ukf + ((X_ukf(1)-x)^2 + (X_ukf(2)-y)^2);

% ---> Part 2: Calculation of Absolute Errors
% a) For Kalman Filter
        error_x_kf(t) = abs((x - X_kalman));
        error_y_kf(t) = abs((y - Y_kalman));
        error_xy_kf(t) = ((error_x_kf(t) + error_y_kf(t))/2);
% b) For Unscented Kalman Filter
```

```
            error_x_ukf(t) = abs((x - X_ukf(1)));
            error_y_ukf(t) = abs((y - X_ukf(2)));
            error_xy_ukf(t) = ((error_x_ukf(t) + error_y_ukf(t))/2);
% c) For Trilateration based Technique
            error_x_rssi(t) = abs((x - X_T));
            error_y_rssi(t) = abs((y - Y_T));
            error_xy_rssi(t) =((error_x_rssi(t) + error_y_rssi(t))/2);
% Average Error in x & y coordinates
        avg_error_xy_rssi = 0;
        avg_error_xy_kf = 0;
        avg_error_xy_ukf = 0;
for t = 1:no_of_positions
        avg_error_xy_rssi=avg_error_xy_rssi + (error_xy_rssi(t)/no_of_positions);
        avg_error_xy_kf= avg_error_xy_kf + (error_xy_kf(t)/no_of_positions);
        avg_error_xy_ukf= avg_error_xy_ukf + (error_xy_ukf(t)/no_of_positions);
end
        avg_error_xy_rssi;
        avg_error_xy_kf;
        avg_error_xy_ukf;
    % Average Error in x & y coordinates
        RMSE_rssi = sqrt(RMSE_rssi/no_of_positions);
        RMSE_kf = sqrt(RMSE_kf/no_of_positions);
        RMSE_ukf = sqrt(RMSE_ukf/no_of_positions);
    % Plotting Absolute Errors of KF & UKF based Tracking
    f2 = figure(2);
    for t =1:no_of_positions
        plot(t,error_x_kf(t),'b+','LineWidth',2);
        plot(t,error_x_ukf(t),'k+','LineWidth',2);
        plot(t,error_x_rssi(t),'ro','LineWidth',2);
        xlabel('Time [in sec]','FontName','Times','Fontsize',14);
        ylabel('Localization Error in x estimate [in meters]','FontName','Times', 'Fontsize',14);
        hold on
    end
legend('Error in Trilateration based x estimate','Error in Trilateration+KF based x estimate',
    'Error in Trilateration+UKF based x estimate','Location','NorthWest');
    f3 = figure(3);
```

```
  for t =1:no_of_positions
      plot(t,error_y_kf(t),'b+','LineWidth',2);
      plot(t,error_y_ukf(t),'k+','LineWidth',2);
      plot(t,error_y_rssi(t),'ro','Linewidth',2);
      xlabel('Time [in sec]','FontName','Times',14);
      ylabel('Localization Error in y estimate [in meters]','FontName', 'Times',14);
      hold on
end
legend('Error in Trilateration based y estimate','Error in Trilateration+KF based y estimate',
'Error in Trilateration+UKF based y estimate', 'Location','NorthWest');
  f4 = figure(4);
  for t =1:no_of_positions
      plot(t,error_xy_kf(t),'b+','LineWidth',2);
      plot(t,error_xy_ukf(t),'k+','LineWidth',2);
      plot(t,error_xy_rssi(t),'ro','LineWidth',2);
      xlabel('Time [in sec]','FontName','Times',14);
      ylabel('Error in xy estimate [in meters]','FontName','Times',14);
      hold on
end
    legend('Error in Trilateration based xy estimate','Error in Trilateration+KF based xy estimate',
 'Error in Trilateration+UKF based xy estimate', 'Location','NorthWest');
  %%% kf.m %%%%%%%%%%%%%%%%%%%%%%%%%%%%%
  function [ X_kalman,Y_kalman, X_kf] = kf(X,P,X_T,Y_T,velocity_est,t)
  %UNTITLED2 Summary of this function goes here
  %Detailed explanation goes here
  % Kalman Filter Configuration Parameters
          x_ini = 10;   y_ini = 20;
          x_v = 0;      y_v = 0; % velocities
          dt = 1;                              % time interval of 1 second
          A = [1 0 dt 0; 0 1 0 dt; 0 0 1 0; 0 0 0 1];
          B = [(1/2)*dt^2 0; 0 (1/2)*dt^2; dt 0; 0 dt];
          dt=1;
          U = [3.5; 3.5];                      % Control Input (acceleration)
          var_x = 2;
          var_y = 2;
```

```
        var_x_v = 0;
        var_y_v = 0;                    % Variance in process
        R = [2.2 0 0 0; 0 1.2 0 0; 0 0 0.9 0; 0 0 0 0.5];
        sig = 1;
Q = sig*[(1/3)*dt^3      0              (1/2)*dt^2     0;
        0               (1/3)*dt^3      0              (1/2)*dt^2;
        (1/2)*dt^2      0               dt             0;
        0               (1/2)*dt^2      0              dt];
        H = eye(4);
         I = eye(4);
% Prediction Stage
        X = A*X + B*U + [randn;randn;randn;randn];
        P = A*P*A'; + Q; % Q process noise covariance matrix
% Update Stage
        X_meas = [X_T; Y_T; velocity_est(1); velocity_est(2)];
% Observation Equation
        Y = H*X_meas + [randn;randn;randn;randn];
        K = (P*H)/((H*P*H')+ R);
        disp('Kalman Filter State Location')
        X = X + K*(Y-(H*X))
        X_kf = X;
        X_kalman=X(1);
        Y_kalman=X(2);
        P = (I - (K*H))*P;
end
%%%% ukf.m %%%%%%%%%%%%%%%%%%%%
function [ X_ukf ] = ukf5( X,P,Z )
%UNTITLED4 Summary of this function goes here
%Detailed explanation goes here
   dt= 1;
   A = [1 0 dt 0; 0 1 0 dt; 0 0 1 0; 0 0 0 1];
   H = eye(4);
   R = [2.2 0 0 0     ; 0 1.2 0 0; 0 0 0.9 0; 0 0 0 0.5];
%R = [0.00001 0 0 0;     0    0.00001 0 0;    0    0 0.00001 0; 0 0 0 0.00001];
%Q = eye(4);
```

```
        dt=1;
        sig = 1;
    Q = sig*[(1/3)*dt^3        0               (1/2)*dt^2      0;
            0                  (1/3)*dt^3      0               (1/2)*dt^2;
            (1/2)*dt^2         0               dt              0;
            0                  (1/2)*dt^2      0               dt];

       L=numel(X);                               %numer of states
       m=numel(Z);                               %numer of measurements
       alpha=1e-3;                               %default, tunable
       ki=0;                                     %default, tunable
       beta=2;                                   %default, tunable
       lambda=alpha^2*(L+ki)-L;                  %scaling factor
       c=L+lambda;                               %scaling factor
       Wm=[lambda/c 0.5/c+zeros(1,2*L)];         %weights for means
       Wc=Wm;
       Wc(1)=Wc(1)+(1-alpha^2+beta);             %weights for covariance
       c=sqrt(c);
    % Sigma Point Calculation
    %X=sigmas(x,P,c);                            %sigma points around x
    D = c*chol(P)';
      Y = X(:,ones(1,numel(X)));
      X = [X Y+D Y-D];
      [x1,X1,P1,X2]=ut(A,X,Wm,Wc,L,Q);           %unscented transformation of process
      [z1,Z1,P2,Z2]=ut(H,X1,Wm,Wc,m,R);          %unscented transformation of measurments
      P12=X2*diag(Wc)*Z2';                       %transformed      cross-covariance
      K=P12*inv(P2);
      X=x1+K*(Z-z1);                             %state update
      X_ukf = X;
      P=P1-K*P12';                               %covariance update
    end
%% WSN Deployment Setting Parameters
       clear all
       close all
       clc
```

```
        networkSize = 100;
        anchorLoc = [  0                      0;
                       networkSize*0.3        networkSize*0.4;
                       networkSize            0;
                       networkSize*0.7        networkSize*0.6;
                       networkSize            networkSize;
                       networkSize/2          networkSize*0.8;
                       0                      networkSize;
                       networkSize*0.3        networkSize*0.6];
    %show anchor Locations
        f1 = figure(1);
plot(anchorLoc(:,1),anchorLoc(:,2),'ko','MarkerSize',8,'LineWidth',2,'MarkerFaceColor','k');
        grid on;
        hold on;
    % Defining veriables
        no_of_positions = 16;
        P = [0.25 0 0 0; 0 0.04 0 0; 0 0 0.02 0; 0 0 0 0.01]; % Initial Process Covariance Matrix
       error_x_kf = zeros( no_of_positions,1);
       error_y_kf = zeros(no_of_positions,1);
       error_xy_kf = zeros(no_of_positions,1);
       error_x_ukf = zeros(no_of_positions,1);
       error_y_ukf = zeros(no_of_positions,1);
       error_xy_ukf = zeros(no_of_positions,1);
       error_x_rssi = zeros(no_of_positions,1);
       error_y_rssi = zeros(no_of_positions,1);
       error_xy_rssi = zeros(no_of_positions,1);
       RMSE_kf =0 ;
       RMSE_rssi= 0;
       RMSE_ukf= 0;
       RMSE_kf_V= 0;
%Calculate reference RSSI at d0 = 1 meter using Free Space Path Loss Model
      d0=1; % in Meters
      Pr0 = RSSI_friss(d0);
      d_test = 20;
      Pr = RSSI_friss(d_test);
```

```
%Calculation of Path Loss Exponent;
    n = -(Pr + Pr0)/(10*log(d_test));
  % Initial Position of Target
    x=10;
    y=10;
  % Generating trajectory for the mobile node
  for t = 1:no_of_positions
    if(t<9)
         x=10;
         y=x*t+10;
    end
    if(t>=9)
         y=90;
         x=x+10;
    end
     disp('True Location');
     mobileLoc1 = [x,y];                % Actual Target Location
     plot(x,y,'rs','LineWidth',2,'MarkerSize',8)
     ylabel('Y-Axis[meter]');
     xlabel('X-Axis[meter]');
     title('Comparison of Trilateration, Trilateration+KF and Trilateration+UKF Algorithms');
legend('Anchor Location','Actual Target Location','Trilateration based Estimation', 'Trilateration+
      KF based Estimation','Trilateration+UKF based Estimation','Location','SouthEast');
     hold on
  % Actual Distances from Anchors required to generate RSSI Values
     d1 = sqrt( x^2 + y^2 );
     d2 = sqrt((networkSize*0.3 - x)^2 + (networkSize*0.4 - y)^2);
     d3 = sqrt((networkSize - x)^2 + y^2);
     d4 = sqrt((networkSize*0.7 - x)^2+ (networkSize*0.6 - y)^2);
     d5 = sqrt((networkSize - x)^2+ (networkSize - y)^2);
     d6 = sqrt((networkSize/2 - x)^2+ (networkSize*0.8 - y)^2);
     d7 = sqrt(x^2+ (networkSize - y)^2);
     d8 = sqrt((networkSize*0.3 - x)^2 + (networkSize*0.6 - y)^2);
  % Generate RSSI Values
     RSS = lognormalshadowing_8(n,d1,d2,d3,d4,d5,d6,d7,d8,Pr0);
```

```
        RSS_s = sort(RSS);
        disp('Estimated Location');
        mobileLoc_est = trilateration_8(RSS,RSS_s,Pr0,n,networkSize);
        X_T = mobileLoc_est(1);
        Y_T = mobileLoc_est(2);
        plot(X_T,Y_T,'r+','LineWidth',2,'MarkerSize',8);
        hold on;
% calculate velocities in X & Y Directions
        velocity_est=velocity(X_T,Y_T,t);
        X = [x; y; 0; 0];          % State of the system at time 't'
% Kalman Filter for Tracking Moving Target Code starts here
[X_kalman,Y_kalman,X_V_kalman,Y_V_kalman]=kf(X,P,X_T,Y_T,velocity_est,t);
         plot(X_kalman,Y_kalman,'b+','LineWidth',2);
         hold on;
%UKF implementation
        Z = [X_T; Y_T; velocity_est(1); velocity_est(2)];
        disp('UKF Estimated State');
        [X_ukf]= ukf5(X,P,Z);
        plot(X_ukf(1),X_ukf(2),'ko','LineWidth',2);
        hold on;
% Error Analysis of algorithm
% ---> Part 1 : for Pure RSSI based Technique
         RMSE_rssi = abs(RMSE_rssi + ((X_T - x)^2 + (Y_T - y)^2));
         RMSE_kf = RMSE_kf + ((X_kalman - x)^2 + (Y_kalman - y)^2);
         RMSE_ukf = RMSE_ukf + ((X_ukf(1)-x)^2 + (X_ukf(2)-y)^2);
% ---> Part 2 : Calculation of Absolute Errors
% a) For Kalman Filter
         error_x_kf(t) = abs((x - X_kalman));
         error_y_kf(t) = abs((y - Y_kalman));
         error_xy_kf(t) = ((error_x_kf(t) + error_y_kf(t))/2);
% b) For Unscented Kalman Filter
         error_x_ukf(t) = abs((x - X_ukf(1)));
         error_y_ukf(t) = abs((y - X_ukf(2)));
         error_xy_ukf(t) = ((error_x_ukf(t) + error_y_ukf(t))/2);
  % c) For Pure RSSI based Technique
```

```
        error_x_rssi(t) = abs((x - X_T));
        error_y_rssi(t) = abs((y - Y_T));
        error_xy_rssi(t) =((error_x_rssi(t) + error_y_rssi(t))/2);
end
% Average Error in x & y coordinates
        avg_error_xy_rssi = 0;
        avg_error_xy_kf = 0 ;
        avg_error_xy_ukf = 0

  for t = 1:no_of_positions
        avg_error_xy_rssi=avg_error_xy_rssi + (error_xy_rssi(t)/no_of_positions);
        avg_error_xy_kf= avg_error_xy_kf + (error_xy_kf(t)/no_of_positions);
        avg_error_xy_ukf= avg_error_xy_ukf + (error_xy_ukf(t)/no_of_positions);
  end
        avg_error_xy_rssi;
        avg_error_xy_kf;
        avg_error_xy_ukf;
        RMSE_rssi = sqrt(RMSE_rssi/no_of_positions);
        RMSE_kf = sqrt(RMSE_kf/no_of_positions);
        RMSE_ukf = sqrt(RMSE_ukf/no_of_positions);
  % Plotting Absolute Errors of KF & UKF based Tracking
  f2 = figure(2);
  for t =1:no_of_positions
         plot(t,error_x_kf(t),'b+','LineWidth',2);
         plot(t,error_x_ukf(t),'k+','LineWidth',2);
         plot(t,error_x_rssi(t),'ro','LineWidth',2);
         xlabel('Time [in sec]','FontName','Times',12);
         ylabel('Error in x estimation [in meters]','FontName','Times',12);
         hold on
  end
legend('Error in x estimate with Trilateration','Error in x estimate with Trilateration+KF', 'Error in
        x estimate with Trilateration+UKF','Location','NorthWest');
   f3 = figure(3);
  for t =1:no_of_positions
        plot(t,error_y_kf(t),'b+','LineWidth',2);
```

```
        plot(t,error_y_ukf(t),'k+','LineWidth',2);
        plot(t,error_y_rssi(t),'ro','LineWidth',2);
        xlabel('Time [in sec]','FontName','Times',12);
        ylabel('Error in y estimation [in meters]','FontName', 'Times',12);
        hold on
    end
legend('Error in y estimate with Trilateration','Error in y estimate with Trilateration+KF', 'Error in
        y estimate with Trilateration+UKF','Location','NorthWest');
    f4 = figure(4);
    for t =1:no_of_positions
        plot(t,error_xy_kf(t),'b+','Linewidth',2);
        plot(t,error_xy_ukf(t),'k+','Linewidth',2);
        plot(t,error_xy_rssi(t),'ro','Linewidth',2);
        xlabel('Time [in sec]','FontName',12);
        ylabel('Error in xy estimation [in meters]','FontName',12);
        hold on
    end
legend('Error in xy estimate with Trilateration','Error in xy estimate with Trilateration+KF', 'Error
        in xy estimate with Trilateration+UKF','Location','NorthWest');
    %linearity_test(n,Pr0);
    f6 = figure(6);
    for t =1:no_of_positions
        if(t<=8)
                x_v=10;
                plot(t,x_v,'b+','Linewidth',2);
        elseif(t>8)
                x_v=0;
                plot(t,x_v,'b+','Linewidth',2);
        end
          hold on
      xlabel('Time, [s]','FontName','Times','Fontsize',12);
      ylabel('Target Velocity in X direction [m/sec]','FontName','Times','Fontsize',12);
    end
    f7 = figure(7);
    for t =1:no_of_positions
```

```
        if(t<=8)
                y_v=0;
                plot(t,y_v,'b+','Linewidth',2);
        elseif(t>8)
                y_v=10;
                plot(t,y_v,'b+','Linewidth',2);
        end
        hold on
xlabel('Time, [s]','FontName','Times','Fontsize',12);
ylabel('Target Velocity in Y direction [m/sec]','FontName','Times','Fontsize',12);
end
%% WSN Deployment Setting Parameters
        clear all
        close all
        clc
        networkSize = 200;
        anchorLoc = [ 0                   0;
                    networkSize*0.3       networkSize*0.4;
                    networkSize           0;
                    networkSize*0.7       networkSize*0.6;
                    networkSize           networkSize;
                    networkSize/2         networkSize*0.8;
                    0                     networkSize;
                    networkSize*0.3       networkSize*0.6];
  %show anchor Locations
        f1 = figure(1);
plot(anchorLoc(:,1),anchorLoc(:,2),'ko','MarkerSize',8,'lineWidth',2,'MarkerFaceColor','k');
        grid on;
        hold on;
  % Defining veriables
        no_of_positions = 32;
        P = [0.25 0 0 0; 0 0.04 0 0; 0 0 0.02 0; 0 0 00.01];
      error_x_kf = zeros( no_of_positions,1);
      error_y_kf = zeros(no_of_positions,1);
      error_xy_kf = zeros(no_of_positions,1);
```

```
        error_x_ukf = zeros(no_of_positions,1);
        error_y_ukf = zeros(no_of_positions,1);
        error_xy_ukf = zeros(no_of_positions,1);
        error_x_rssi = zeros(no_of_positions,1);
        error_y_rssi = zeros(no_of_positions,1);
        error_xy_rssi = zeros(no_of_positions,1);
        RMSE_kf =0 ;
        RMSE_rssi= 0;
        RMSE_ukf= 0; RMSE_kf_V=0;
% Calculate reference RSSI at d0 = 1 meter using Free Space Path Loss Model
         d0=1;% in Meters
         Pr0 = RSSI_friss(d0);
         d_test = 20;
         Pr = RSSI_friss(d_test);
         n = -(Pr + Pr0)/(10*log(d_test));
% Initial Position of Target
         x=10;
         y=10;
   % Generating trajectory for the mobile node
   for t = 1:no_of_positions
         if(t<18)
               x=10;
               y=x*t+12;
         end
         if(t>=18)
               y=180;
               x=x+11;
         end
         disp('True Location');
         mobileLoc1 = [x,y];          % Actual Target Location
         plot(x,y,'rs','LineWidth',2,'MarkerSize',8);
         ylabel('Y-Axis[meter]');
         xlabel('X-Axis[meter]');
title('Comparison of Trilateration, Trilateration+KF and Trilateration+UKF Algorithms');
legend('Anchor Location','Actual Target Location','Trilateration based Estimation','Trilateration+
```

```
    KF based Estimation','Trilateration+UKF based Estimation','Location','SouthEast')
    hold on

% Actual Distances from Anchors required to generate RSSI Values

        d1 = sqrt( x^2 + y^2 );
        d2 = sqrt((networkSize*0.3 - x)^2 + (networkSize*0.4 - y)^2);
        d3 = sqrt((networkSize - x)^2 + y^2);
        d4 = sqrt((networkSize*0.7 - x)^2+ (networkSize*0.6 - y)^2);
        d5 = sqrt((networkSize - x)^2+ (networkSize - y)^2);
        d6 = sqrt((networkSize/2 - x)^2+ (networkSize*0.8 - y)^2);
        d7 = sqrt(x^2+ (networkSize - y)^2);
        d8 = sqrt((networkSize*0.3 - x)^2 + (networkSize*0.6 - y)^2);
% Generate RSSI Values
        RSS = lognormalshadowing_8(n,d1,d2,d3,d4,d5,d6,d7,d8,Pr0);
        RSS_s = sort(RSS);
        disp('Estimated Location');
        mobileLoc_est = trilateration_8(RSS,RSS_s,Pr0,n,networkSize);
        X_T = mobileLoc_est(1);
        Y_T = mobileLoc_est(2);
        plot(X_T,Y_T,'r+','LineWidth',2,'MarkerSize',8);
        hold on
% calculate velocities in X & Y Directions
      velocity_est=velocity(X_T,Y_T,t);
      X = [x; y; 0; 0];         % State of the system at time 't'
% Kalman Filter for Tracking Moving Target Code starts here
[X_kalman,Y_kalman,X_V_kalman, Y_V_kalman]= kf(X,P,X_T,Y_T,velocity_est,t);
      plot(X_kalman,Y_kalman,'b+','LineWidth',2);
      hold on
%UKF implementation
     Z = [X_T; Y_T; velocity_est(1);velocity_est(2)];
     disp('UKF Estimated State');
     [X_ukf]= ukf5(X,P,Z);
     plot(X_ukf(1),X_ukf(2),'ko','LineWidth',2)
     hold on
```

```
% Error Analysis of algorithm
% ---> Part 1 : for Pure RSSI based Technique
        RMSE_rssi = abs(RMSE_rssi + ((X_T - x)^2 + (Y_T - y)^2));
        RMSE_kf = RMSE_kf + ((X_kalman - x)^2 + (Y_kalman - y)^2);
        RMSE_ukf = RMSE_ukf + ((X_ukf(1)-x)^2 + (X_ukf(2)-y)^2);
% ---> Part 2 : Calculation of Absolute Errors
% a) For Kalman Filter
        error_x_kf(t) = abs((x - X_kalman));
        error_y_kf(t) = abs((y - Y_kalman));
        error_xy_kf(t) = ((error_x_kf(t) + error_y_kf(t))/2);
% b) For Unscented Kalman Filter
        error_x_ukf(t) = abs((x - X_ukf(1)));
        error_y_ukf(t) = abs((y - X_ukf(2)));
        error_xy_ukf(t) = ((error_x_ukf(t) + error_y_ukf(t))/2);
% c) For Pure RSSI based Technique
        error_x_rssi(t) = abs((x - X_T));
        error_y_rssi(t) = abs((y - Y_T));
        error_xy_rssi(t) =((error_x_rssi(t) + error_y_rssi(t))/2);
end
% Average Error in x & y coordinates
       avg_error_xy_rssi = 0;
       avg_error_xy_kf = 0 ;
       avg_error_xy_ukf = 0 ;
for t = 1:no_of_positions
       avg_error_xy_rssi=avg_error_xy_rssi + (error_xy_rssi(t)/no_of_positions);
       avg_error_xy_kf= avg_error_xy_kf + (error_xy_kf(t)/no_of_positions);
       avg_error_xy_ukf= avg_error_xy_ukf + (error_xy_ukf(t)/no_of_positions);
end
           avg_error_xy_rssi;
           avg_error_xy_kf;
           avg_error_xy_ukf;
           RMSE_rssi =sqrt(RMSE_rssi/no_of_positions);
           RMSE_kf = sqrt(RMSE_kf/no_of_positions);
           RMSE_ukf = sqrt(RMSE_ukf/no_of_positions);
  % Plotting Absolute Errors of KF & UKF based Tracking
```

```
  f2 = figure(2);
  for t =1:no_of_positions
      plot(t,error_x_kf(t),'b+','Linewidth',2);
      plot(t,error_x_ukf(t),'k+','Linewidth',2);
      plot(t,error_x_rssi(t),'ro','Linewidth',2);
     xlabel('Time [in sec]','FontName','Times','Fontsize',12);
     ylabel('Error in x estimation [in meters]','FontName','Times',12);
     hold on
  end
legend('Error in x estimate with Trilateration','Error in x estimate with Trilateration+KF', 'Error in
     x estimate with Trilateration+UKF','Location','NorthWest');
  f3 = figure(3);
  for t =1:no_of_positions
      plot(t,error_y_kf(t),'b+','Linewidth',2);
      plot(t,error_y_ukf(t),'k+','Linewidth',2);
      plot(t,error_y_rssi(t),'ro','Linewidth',2);
     xlabel('Time [in sec]','FontName','Times',12);
     ylabel('Error in y estimation [in meters]','FontName', 'Times',12);
     hold on
  end
legend('Error in y estimate with Trilateration','Error in y estimate with Trilateration+KF', 'Error in
     y estimate with Trilateration+UKF','Location','NorthWest')
  f4 = figure(4);
  for t =1:no_of_positions
      plot(t,error_xy_kf(t),'b+','Linewidth',2);
      plot(t,error_xy_ukf(t),'k+','Linewidth',2);
      plot(t,error_xy_rssi(t),'ro','Linewidth',2);
     xlabel('Time [in sec]','FontName','Times',12);
     ylabel('Error in xy estimation [in meters]','FontName','Times',12);
     hold on
  end
legend('Error in xy estimate with Trilateration','Error in xy estimate with Trilateration+KF','Error
     in xy estimate with Trilateration+UKF','Location','NorthWest');
  %linearity_test(n,Pr0);
  f6 = figure(6);
```

```
    for t =1:no_of_positions
        if(t<=8)
            x_v=10;
            plot(t,x_v,'b+','Linewidth',2);
        elseif(t>8)
            x_v=0;
            plot(t,x_v,'b+','Linewidth',2);
        end
        hold on
        xlabel('Time, [s]','FontName','Times','Fontsize',12);
        ylabel('Target Velocity in X direction [m/sec]','FontName','Times','Fontsize',12);
end
     f7 = figure(7);
    for t =1:no_of_positions
        if(t<=8)
            y_v=0;
            plot(t,y_v,'b+','Linewidth',2);
        elseif(t>8)
            y_v=10;
            plot(t,y_v,'b+','Linewidth',2);
        end
        hold on
      xlabel('Time, [s]','FontName','Times',12);
      ylabel('Target Velocity in Y direction [m/sec]','FontName', 'Times',12);
    end
```

原书参考文献

1. S. R. Jondhale, R. S. Deshpande, Kalman filtering framework based real time target tracking in wireless sensor networks using generalized regression neural networks. IEEE Sensors J. 19, 224-233 (2018).
2. S. R. Jondhale, R. S. Deshpande, GRNN and KF framework based real time target tracking using PSOC BLE and smartphone. Ad Hoc Netw. (2019).
3. S. R. Jondhale, R. S. Deshpande, Modified Kalman filtering framework based real time target tracking against environmental dynamicity in wireless sensor networks. Ad Hoc Sensor Wirel. Netw.

40(1-2), 119-143 (2018).

4. T. K. Sarkar, Z. Ji, K. Kim, A. Medouri, M. Salazar-Palma, A survey of various propagation models for mobile communication. IEEE Antennas Propag. Mag. 45, 51-82 (2003).
5. H. Wu, L. Zhang, Y. Miao, The propagation characteristics of radio frequency signals for wireless sensor networks in large-scale farmland. Wirel. Pers. Commun.(2017).
6. D. Balachander, T. R. Rao, G. Mahesh, RF propagation investigations in agricultural fields and gardens for wireless sensor communications, in 2013 IEEE Conference on Information & Communication Technologies(2013).
7. A. S. Paul, E. A. Wan, RSSI-Based indoor localization and tracking using sigma-point kalman smoothers. IEEE J. Sel. Top. Signal Process.(2009).
8. S. Mahfouz, F. Mourad-Chehade, P. Honeine, J. Farah, H. Snoussi, Target tracking using machine learning and kalman filter in wireless sensor networks. IEEE Sensors J. (2014).
9. X. R. Li, V. P. Jilkov, Survey of maneuvering target tracking. Part Ⅰ: dynamic models. IEEE Trans. Aerosp. Electron. Syst. (2003).
10. F. Viani, P. Rocca, G. Oliveri, D. Trinchero, A. Massa, Localization, tracking, and imaging of targets in wireless sensor networks: an invited review. Radio Sci. (2011).

— 第6章 —

基于GRNN的RSSI目标定位与跟踪

6.1 目标定位与跟踪应用的GRNN架构

人工神经网络（ANN）不仅具有处理含有噪声的RSSI测量值的能力，而且具有快速学习和训练能力[1-3]。神经网络被广泛应用于系统输入–输出映射由于环境噪声而具有高不确定性的场合。相对于KF结构，人工神经网络不需要事先知道噪声分布[4-6]。因此，人工神经网络是目标定位与跟踪应用的潜在技术之一。人工神经网络能够非常有效地处理含有噪声的RSSI测量值及无线传感器网络节点之间的距离错误。当然，对于特定的定位与跟踪应用，必须选择适当的人工神经网络类型。

广义回归神经网络（General Regression Neural Network，GRNN）的单程学习能力使其能够快速处理潜在的线性和非线性问题[7,8]。与其他人工神经网络相比，GRNN可以使用极少的训练样本进行快速训练。GRNN能够计算输入向量与训练集模式之间的距离。GRNN是一种有监督学习的架构，包括4层，即输入层、模式层、求和层和输出层[9-11]。输入层节点负责采集输入信号数据，模式层执行输入信号数据到模式空间的非线性变换。为了实现正确的变换，隐藏层神经元数量通常保持与训练集模式数量相等。求和层执行求和操作，而模式层节点输出与适当的互连权重系数相乘得到网络输出。

本章所提出的GRNN架构，其输入是从4个锚节点（RSSI1、RSSI2、RSSI3和RSSI4）接收的RSSI测量值，而运动目标的x和y坐标是网络的输出（见图6.1）。

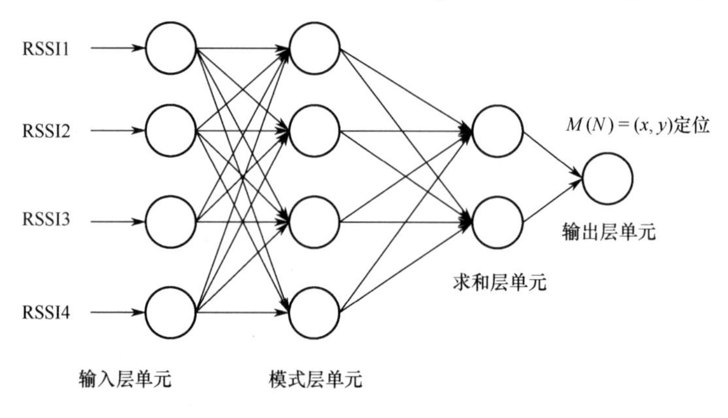

图6.1　用于目标定位与跟踪应用的GRNN架构

从技术上讲，GRNN 要估计任何新的自变量 N 的因变量 M，估计时间由通过该网络的信号传播时间确定[4,5]。本章中，M 表示要估计的二维位置，而 N 是特定时刻 4 个锚节点的 4 个 RSSI 测量值。这两个变量之间的数学关系由式（6.1）给出：

$$M(N)=\frac{\sum_{i=1}^{m}M_i\exp\left(\frac{-D_i^2}{2\sigma^2}\right)}{\sum_{i=1}^{m}\exp\left(\frac{-D_i^2}{2\sigma^2}\right)} \tag{6.1}$$

标量函数 D_i^2 按下式定义：

$$D_i^2=(N-N_i)^{\mathrm{T}}\cdot(N-N_i) \tag{6.2}$$

式（6.1）中使用的变量 σ 和 m 分别称为 GRNN 的扩展因子和输入向量维数。本章中，$m=4$。从 GRNN 的性能准确性来看，选择适当的 m 值非常重要[9-12]。另外，σ 值越大，底层 GRNN 快速泛化能力就越强，反之亦然。因此，σ 值的选择必须非常慎重。

6.2 系统假定与设计

本章提出的目标定位与跟踪系统，假定包含部署在 100 m×100 m 区域内的 WSN 中的某些固定位置处的锚节点，并假定基站位于 WSN 区域之外。运动目标携带一个 WSN 节点，其在每个时刻 k 向周围锚节点广播射频信号。也就是说，本章提出的实验设置，假设锚节点充当接收机，目标节点充当发射机，可以视为协作式定位与跟踪的一个特例。首先，每个锚节点使用收集的 RSSI 测量值计算自身与运动目标之间的距离。锚节点将这些距离及自身坐标发送到外部基站。然后，基站从其中选择最小的 3 个距离。实验中，基站功能由一台笔记本电脑实现（处理器：酷睿 i3，CPU 频率 1.89 GHz，2GB RAM）。在从锚节点接收到详细数据后，基站运行三边测量算法以估计每个 k 时刻的目标位置。本章假定发射功率为 1 mW，接收天线增益和发射天线增益为 1 dBi。

本章介绍以下 3 个研究案例。

- 案例 6.1：基于 GRNN 的算法与传统的基于三边测量算法的比较。
- 案例 6.2：基于 GRNN+KF 算法和基于 GRNN+UKF 算法与基于 GRNN 和基于三边测量算法的比较。
- 案例 6.3：基于 GRNN+KF 算法和基于 GRNN+UKF 算法与基于三边测量+KF 算法和基于三边测量+UKF 算法的比较。

在案例 6.1 中，根据式（6.3）～式（6.9），假设目标在 T 时间段内经历速度突变。该速度突变如图 6.2 和图 6.3 所示。

$$\dot{x}_k=1,\quad \dot{y}_k=3,\quad 0\leqslant k\leqslant 1\,\mathrm{s} \tag{6.3}$$

$$\dot{x}_k=3,\quad \dot{y}_k=7,\quad 1\leqslant k\leqslant 9\,\mathrm{s} \tag{6.4}$$

$$\dot{x}_k = 2, \quad \dot{y}_k = 5, \quad 9 \leqslant k \leqslant 10\ \text{s} \tag{6.5}$$

$$\dot{x}_k = 4, \quad \dot{y}_k = 2, \quad 10 \leqslant k \leqslant 15\ \text{s} \tag{6.6}$$

$$\dot{x}_k = 0, \quad \dot{y}_k = 0, \quad 15 \leqslant k \leqslant 17\ \text{s} \tag{6.7}$$

$$\dot{x}_k = 2, \quad \dot{y}_k = -3, \quad 17 \leqslant k \leqslant 29\ \text{s} \tag{6.8}$$

$$\dot{x}_k = -2, \quad \dot{y}_k = -2, \quad 29 \leqslant k \leqslant 40\ \text{s} \tag{6.9}$$

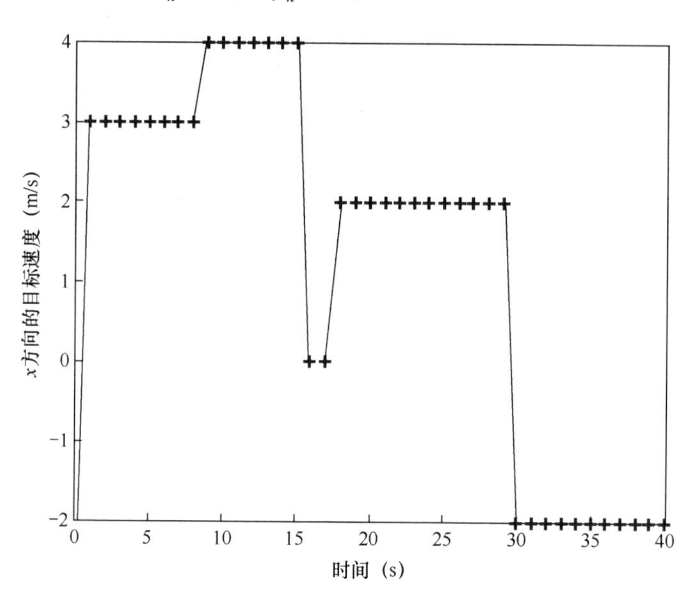

图 6.2　目标速度在 x 方向的变化

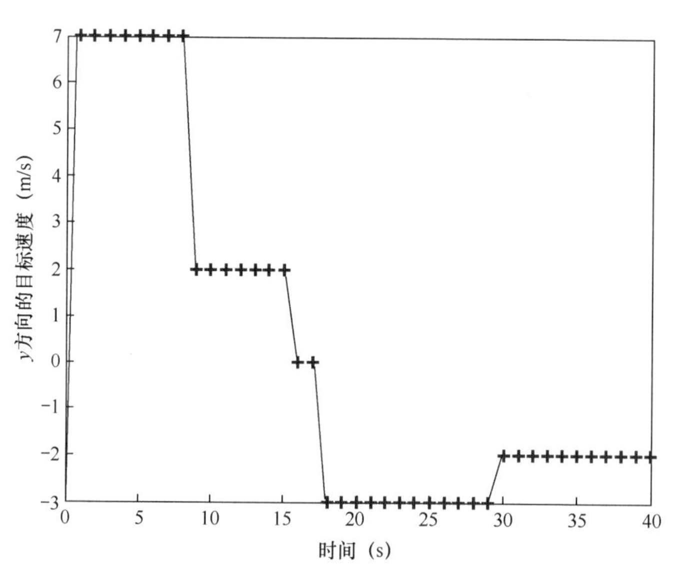

图 6.3　目标速度在 y 方向的变化

本章的仿真实验遵循 LNSM 模型。在 k 时刻，发射信号节点为位于坐标(x_{jk}, y_{jk})的 N_j，接收信号节点为位于坐标(x_{lk}, y_{lk})的 N_l，基于文献[1-3]给出式（6.10），接收信号强度（$z_{lj,k}$）表示为

$$z_{lj,k}= P_r(d_0)-10n\log(d_{lj,k}/d_0)+ X_\sigma \tag{6.10}$$

为了将环境动态性考虑进来，在环境校准步骤中预先计算 n 和 $P_r(d_0)$ 的平均值[见式（6.11）～式（6.13）]。对于给定的 3 个距离（d_1、d_2 和 d_3）和 3 个 RSSI 测量值（z_1、z_2 和 z_3），n 的平均值 n_{avg} 计算[4,13]如下：

$$z_1 = P_r(d_0)-10n_1\log(d_1/d_0)+X_\sigma \tag{6.11}$$

$$z_2 = P_r(d_0)-10n_2\log(d_2/d_0)+X_\sigma \tag{6.12}$$

$$z_3 = P_r(d_0)-10n_3\log(d_3/d_0)+X_\sigma \tag{6.13}$$

式中，n_1、n_2 和 n_3 分别是对应于距离 d_1、d_2 和 d_3 的路径损耗指数。通过对上述方程重排和消元，很容易计算 n_1、n_2 和 n_3 的值，通过取 n_1、n_2 和 n_3 的平均值，得到平均路径损耗指数 n_{avg}，如下所示：

$$n_{\text{avg}} = (n_1+n_2+n_2)/3 \tag{6.14}$$

据此，式（6.10）可以修改为

$$z_{lj,k} = P_r(d_0)-10n_{\text{avg}}\log(d_{lj,k}/d_0)+X_\sigma \tag{6.15}$$

$P_r(d_0)$ 的值及接收机与发射机之间的距离，可以分别使用式（6.16）和式（6.17）求出：

$$P_r(d_0) = z_{lj,k}+10n_{\text{avg}}\log(d_{lj,k}/d_0)-X_\sigma \tag{6.16}$$

$$d_{lj,k} = d_0 10^{(P_r(d_0)-z_{lj,k}+X_\sigma)/10n_{\text{avg}}} \tag{6.17}$$

运动目标在时刻 k 的状态由目标状态向量 $\boldsymbol{X_k}=(x_k, y_k, \dot{x}_k, \dot{y}_k)$ 给出，其中 x_k 和 y_k 是目标位置坐标，$\dot{x}_k$ 和 $\dot{y}_k$ 分别是目标在 x 和 y 方向上的速度。本章的所有方法都遵循恒速（CV）运动模型。所有这些方法中的目标运动都可以由式（6.18）和式（6.19）给出：

$$x_k = x_{k-1}+\dot{x}\mathrm{d}t \tag{6.18}$$

$$y_k = y_{k-1}+\dot{y}\mathrm{d}t \tag{6.19}$$

实验中，$\boldsymbol{R}$、$\boldsymbol{P}$ 和 $\boldsymbol{Q}$ 矩阵的初始值如下：

$$\boldsymbol{R}=\begin{bmatrix}2.2&0&0&0\\0&1.2&0&0\\0&0&0.9&0\\0&0&0&0.5\end{bmatrix},\quad \boldsymbol{P}=\begin{bmatrix}0.25&0&0&0\\0&0.4&0&0\\0&0&0.2&0\\0&0&0&0.01\end{bmatrix},\quad \boldsymbol{Q}=\boldsymbol{I}_{4\times4} \tag{6.20}$$

假定案例 6.1、案例 6.2 和案例 6.3 的初始目标状态向量相同，这些案例的详细仿真参数设定如表 6.1 所示。

表 6.1　仿真参数设定（案例 6.1、案例 6.2 和案例 6.3）

符　号	参　数	参 数 值
$\boldsymbol{X}_0$	k=0 时的目标状态向量	[12 18 0 0]
–	传感器通信范围	100 m
dt	离散化时间步长	1 s
–	锚节点密度	4 个
T	仿真时长	40 s
f	频率	2.4 GHz
X_σ	正态随机变量	~N（3, 1）
n_{avg}	平均路径损耗指数	3.40

6.3　基于三边测量+KF 算法与基于三边测量+UKF 算法流程

基于 GRNN+KF 算法与基于 GRNN+UKF 算法的详细流程如表 6.2 所示。

表 6.2　基于 GRNN+KF 算法与基于 GRNN+UKF 算法的详细流程

Ⅰ. GRNN 训练（离线阶段）
步骤 1：利用 60 对锚节点和目标位置的 RSSI 测量值对 GRNN 网络进行训练
Ⅱ. 基于 GRNN 进行目标位置估计（在线阶段） 步骤 2：每 k 个时间步长，目标从锚节点接收 RSSI 值，发送给基站。 步骤 3：每 k 个时间步长，基站执行 GRNN 目标定位与跟踪算法并估计目标位置，记录在 x 和 y 方向的定位误差
Ⅲ. 基于 KF 算法进行位置估计（在线阶段） 步骤 4：使用 KF 和 UKF 算法来优化步骤 3 中获得的基站的估计值。记录 k=1，2，…，T 时在 x 和 y 方向的定位误差。 步骤 5：对后续的每个时刻重复步骤 2 至步骤 4
Ⅳ. 确定性能指标 步骤 6：计算基于 GRNN 算法、基于三边测量算法、基于 GRNN+KF 算法和基于 GRNN+UKF 算法的 RMSE 和平均定位误差

6.4　性能评估指标

为了评估基于三边测量算法、基于 GRNN 算法、基于三边测量+KF 算法、基于三边测量+UKF 算法、基于 GRNN+KF 算法和基于 GRNN+UKF 算法的定位性能，使用了两个性能评估指标，即 RMSE 和平均定位误差[4,13-16]。这两个评估指标分别表示目标估计位置（$\hat{x}_k$，$\hat{y}_k$）中的平均估计误差，以及估计的目标位置（$\hat{x}_k$，$\hat{y}_k$）和实际目标位置（x_k，y_k）的接近程度。这两个评估指标共同表征了目标定位与跟踪精度。评估指标值越低，目标定位与跟踪精度越高。对于每个时刻

k，计算用于所有上述算法的 x 估计误差（$\hat{x}_k - x_k$）和 y 估计误差（$\hat{y}_k - y_k$）。对于每次仿真，RMSE 和平均定位误差分别由式（6.21）和式（6.22）来计算[4-6,17]。

（1）RMSE

$$\mathrm{RMSE} = \sqrt{\frac{1}{T}\sum_{k=1}^{T}\frac{(\hat{x}_k - x_k)^2 + (\hat{y}_k - y_k)^2}{2}} \tag{6.21}$$

（2）平均定位误差

$$\text{平均定位误差} = \frac{1}{T}\sum_{k=1}^{T}\frac{(\hat{x}_k - x_k) + (\hat{y}_k - y_k)}{2} \tag{6.22}$$

6.5　结果讨论

6.5.1　案例 6.1 结果

本案例旨在比较基于 GRNN 算法与传统的基于三边测量算法的性能。

本案例中，对基于 GRNN 算法与传统的基于三边测量算法进行了比较。从图 6.4 中可以明显看出，基于 GRNN 算法的目标轨迹估计几乎与目标的实际轨迹相同。图 6.5、图 6.6、图 6.7 分别展示了基于 GRNN 算法和基于三边测量算法在 x、y 和 xy 方向上每个时刻的估计误差。

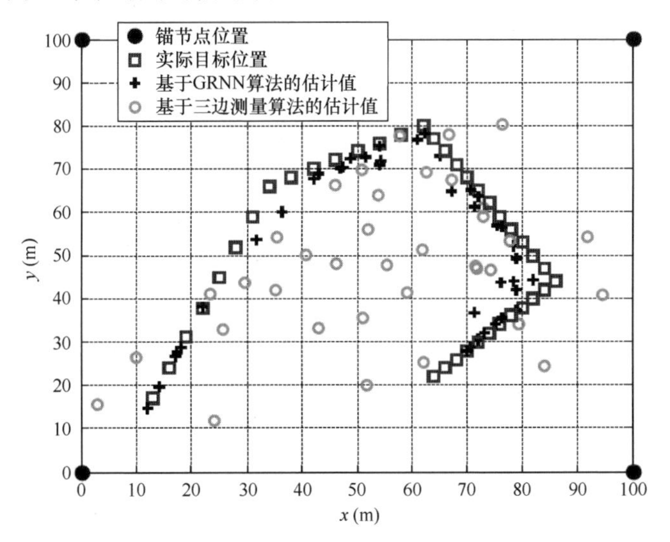

图 6.4　实际目标轨迹与分别基于三边测量算法和基于 GRNN 算法估计的目标轨迹（案例 6.1）

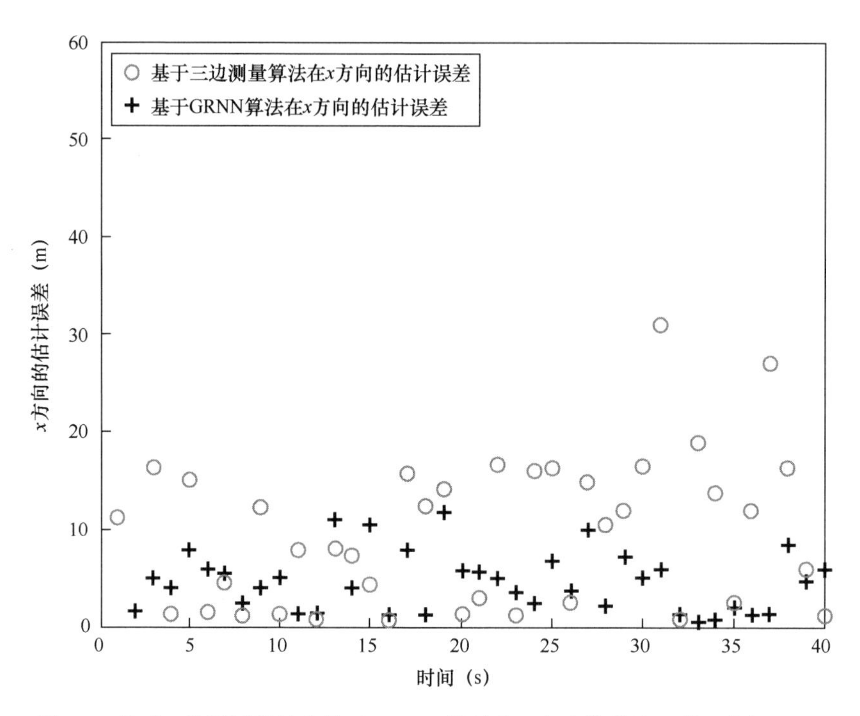

图 6.5　基于三边测量算法和基于 GRNN 算法在 x 方向的估计误差（案例 6.1）

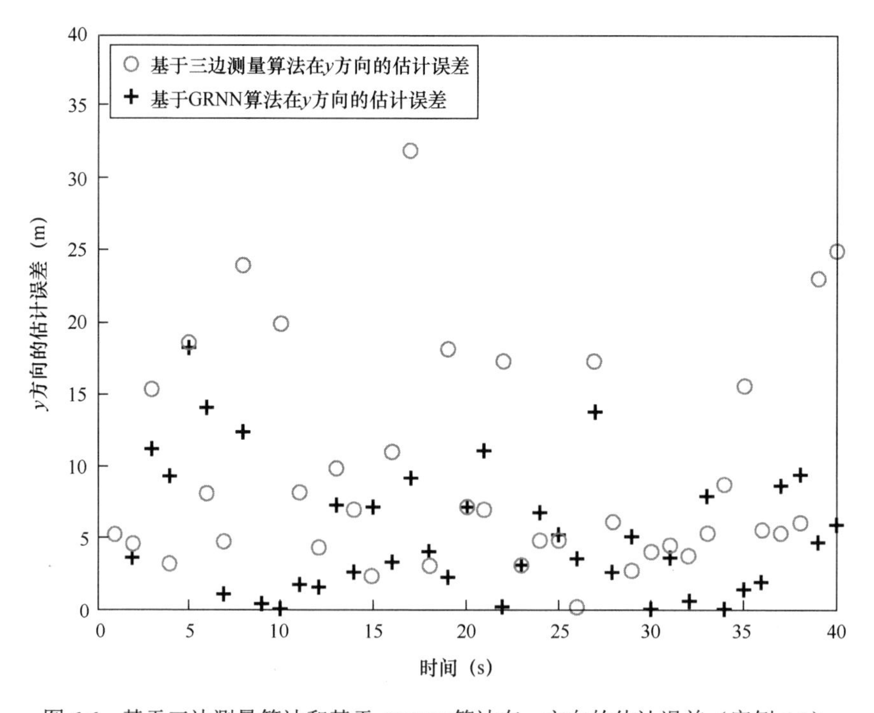

图 6.6　基于三边测量算法和基于 GRNN 算法在 y 方向的估计误差（案例 6.1）

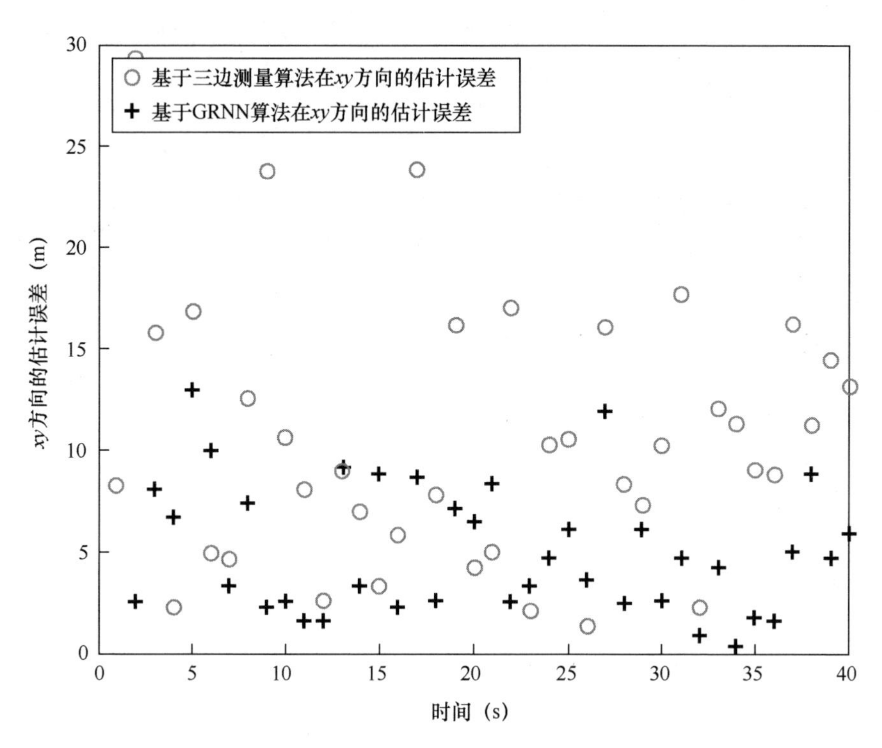

图 6.7　基于三边测量算法和基于 GRNN 算法在 *xy* 方向的估计误差（案例 6.1）

基于 GRNN 算法，平均定位误差和 RMSE 值比基于三边测量算法分别降低了约 53%和 56%（见表 6.3）。然而，在有些定位与跟踪应用中，要求的定位与跟踪精度高于案例 6.1（仅使用 GRNN 算法）中所达到的精度，因此，需要使用常用的 KF 架构来进一步改善基于 GRNN 算法的估计精度（案例 6.2）。

表 6.3　基于三边测量算法和基于 GRNN 算法的数值结果（案例 6.1）

案例 6.1（噪声为 3 dBm）			
序　　号	算　　法	平均定位误差（m）	均方根误差（RMSE）(m)
1	基于三边测量算法	10.4893	14.0275
2	基于 GRNN 算法	4.9188	6.1799

6.5.2　案例 6.2 结果

本案例旨在比较基于 GRNN+KF 算法和基于 GRNN+UKF 算法与基于 GRNN 算法和基于三边测量算法的性能。

在本案例中，对基于 GRNN 算法与基于三边测量算法、基于 GRNN+KF 算法和基于 GRNN+UKF 算法进行了比较。从图 6.8 中可以明显看出，与其他算法相比，基于 GRNN+UKF 算法的目标轨迹估计更准确。图 6.9、图 6.10、图 6.11 分别展示了所有算法在 x、y 和 xy 方向上的每个时刻的定位误差。仿真结果表明，基于 GRNN+UKF 算法的平均定位误差和 RMSE 值均小于 1m。与案例 6.1 相比，案例 6.2 的结果应用前景更好。用基于 GRNN+KF 算法的估计结果也远优于基于 GRNN 算法和基于三边测量算法的估计结果（见表 6.3）。基于 GRNN+UKF 算法与基于三边测量算法相比，平均定位误差和 RMSE 值分别降低了 94%和 93%（见表 6.4）。

表 6.4　基于三边测量算法、GRNN 算法、GRNN+KF 算法和 GRNN+UKF 算法的数值结果（案例 6.2）

案例 6.2（噪声为 3dBm，σ=3.5）			
序　　号	算　　法	平均定位误差（m）	均方根误差（RMSE）（m）
1	基于三边测量算法	8.7027	10.4148
2	基于 GRNN 算法	5.6690	7.3640
3	基于 GRNN+KF 算法	0.8632	1.1133
4	基于 GRNN+UKF 算法	0.5160	0.6600

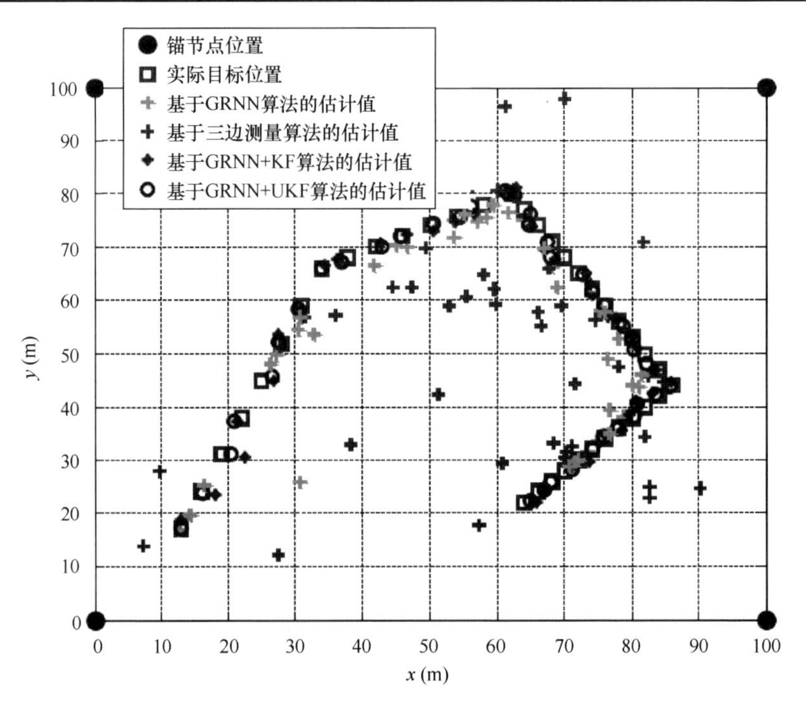

图 6.8　实际目标轨迹及基于三边测量算法、基于 GRNN 算法、基于 GRNN+KF 算法和基于 GRNN+UKF 算法估计的目标轨迹（案例 6.2）

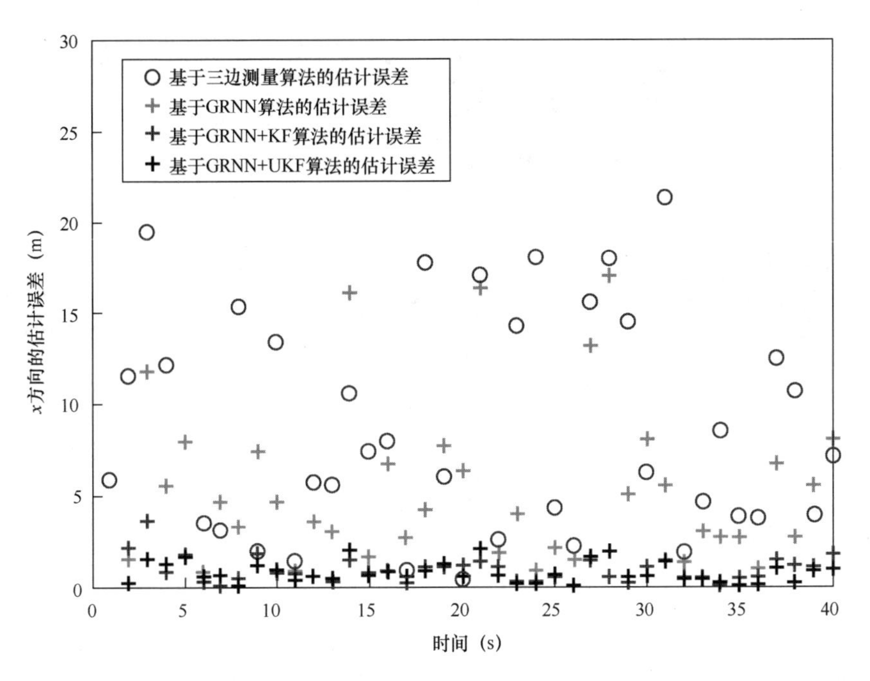

图 6.9　基于三边测量算法、基于 GRNN 算法、基于 GRNN+KF 算法和基于 GRNN+UKF 算法在 x 方向的估计误差（案例 6.2）

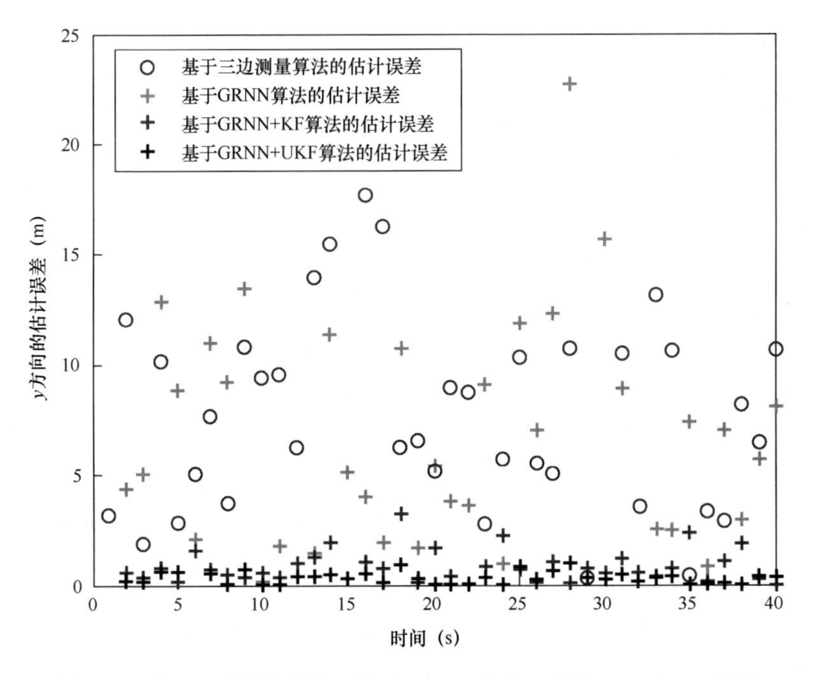

图 6.10　基于三边测量算法、基于 GRNN 算法、基于 GRNN+KF 算法和基于 GRNN+UKF 算法在 y 方向的估计误差（案例 6.2）

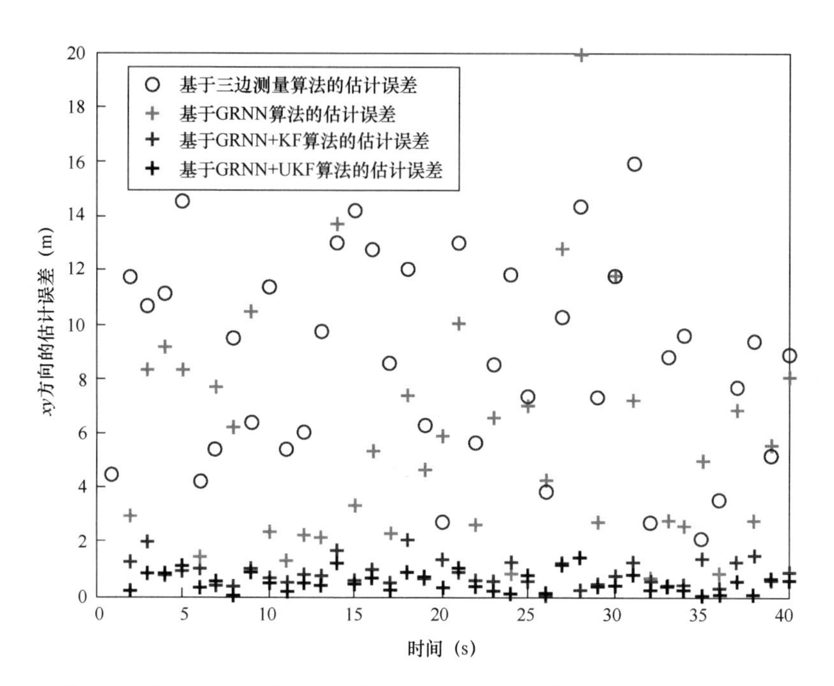

图 6.11　基于三边测量算法、基于 GRNN 算法、基于 GRNN+KF 算法和基于 GRNN+UKF 算法在 *xy* 方向的估计误差（案例 6.2）

6.5.3　案例 6.3 结果

本案例旨在比较基于 GRNN+KF 算法和基于 GRNN+UKF 算法与基于三边测量+KF 算法和基于三边测量+UKF 算法的性能。

在本案例中，将案例 6.2 中的算法（基于 GRNN+KF 算法和基于 GRNN+UKF 算法）与基于三边测量+KF 算法和基于三边测量+UKF 算法再次针对相同的 WSN 配置进行比较。由图 6.12 可以明显看出，在目标跟踪性能方面，基于 GRNN+KF 算法和基于 GRNN+UKF 算法比基于三边测量+KF 算法和基于三边测量+UKF 算法都好得多。图 6.13、图 6.14 和图 6.15 分别展示了两种算法在 *x*、*y* 和 *xy* 方向上每个时刻的定位估计误差。仿真结果表明，与基于三边测量算法相比，基于 GRNN+KF 算法和基于 GRNN+UKF 算法的平均定位误差和 RMSE 都优化了差不多 1m（见表 6.5）。

表 6.5　基于三边测量+KF 算法、基于三边测量+UKF 算法、基于 GRNN+KF 算法和基于 GRNN+UKF 算法的数值结果（案例 6.3）

案例 6.3（噪声为 3dBm，σ=3.5）			
序　号	算　法	平均定位误差（m）	均方根误差（RMSE）（m）
1	基于三边测量+KF 算法	1.1527	1.5235
2	基于三边测量+UKF 算法	0.7849	1.0541

（续表）

案例 6.3（噪声为 3dBm，σ=3.5）			
序　号	算　法	平均定位误差（m）	均方根误差（RMSE）（m）
3	基于 GRNN+KF 算法	0.8440	1.0591
4	基于 GRNN+UKF 算法	0.4615	0.6184

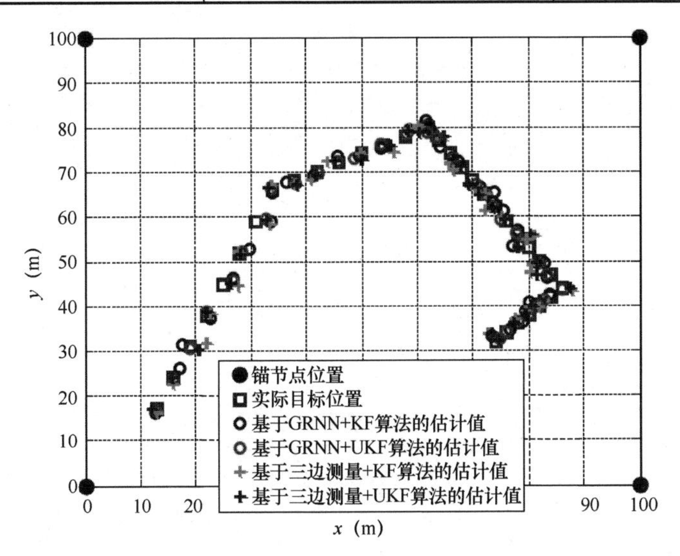

图 6.12　实际目标轨迹及基于 GRNN+KF 算法、基于 GRNN+UKF 算法、基于三边测量+KF 算法和三边测量+UKF 算法估计的目标轨迹（案例 6.3）

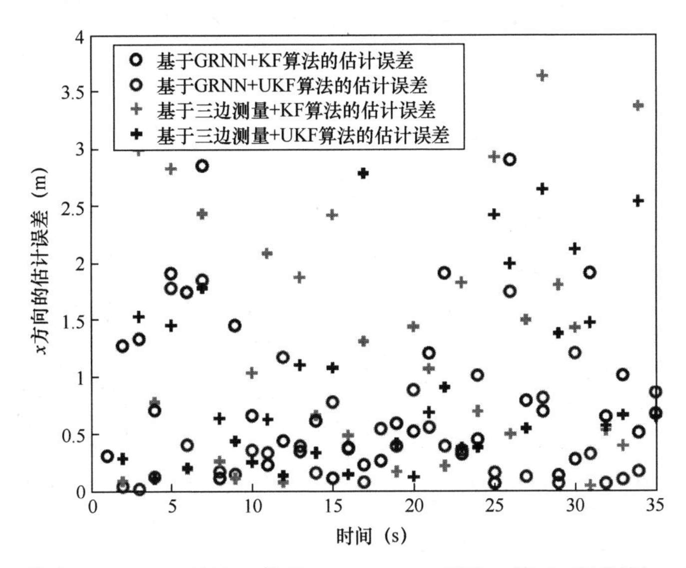

图 6.13　基于 GRNN+KF 算法、基于 GRNN+UKF 算法、基于三边测量+KF 算法和基于三边测量+UKF 算法在 x 方向的估计误差（案例 6.3）

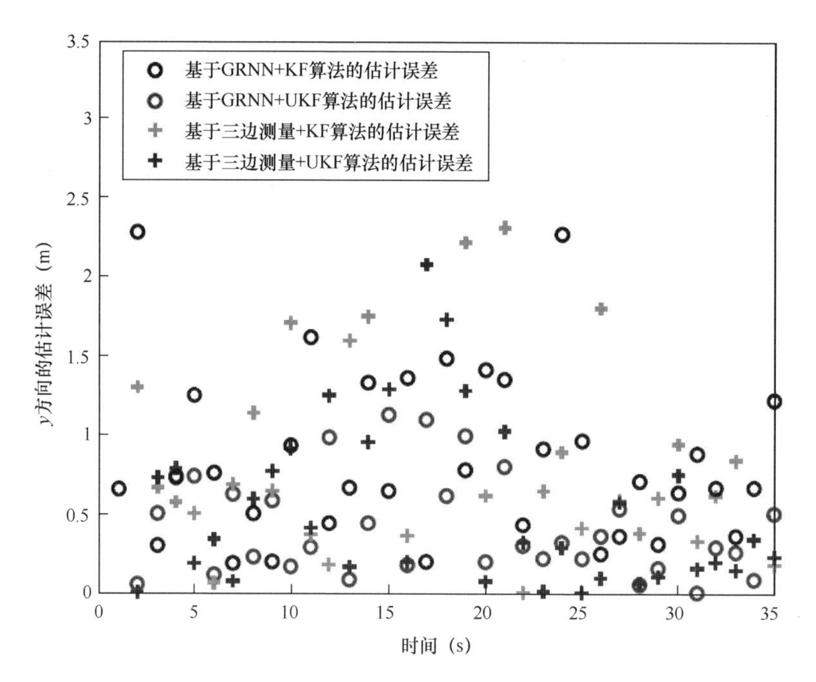

图 6.14　于 GRNN+KF 算法、基于 GRNN+UKF 算法、基于三边测量+KF 算法和基于三边测量+UKF 算法在 y 方向的估计误差（案例 6.3）

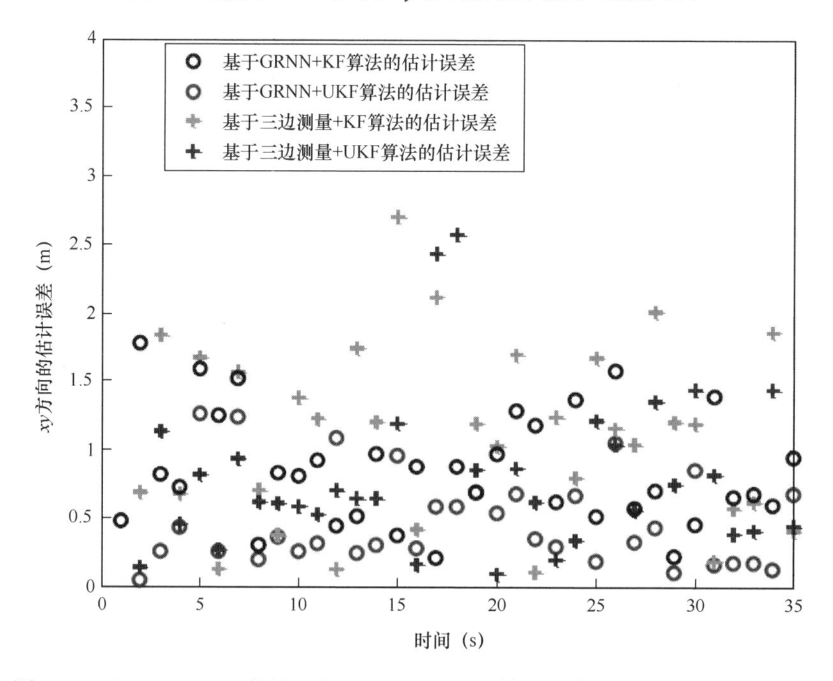

图 6.15　于 GRNN+KF 算法、基于 GRNN+UKF 算法、基于三边测量+KF 算法和基于三边测量+UKF 算法在 xy 方向的估计误差（案例 6.3）

6.6　结论

本章讨论了 GRNN 架构与 KF 框架相结合以用于基于 WSN 的目标定位与跟踪系统的情况。在离线阶段用 RSSI 测量值和对应的位置信息进行训练后，该方法能够快速地学习任何给定的室内环境的动态性，进而于在线阶段给出运动目标的位置估计结果。本章提出了 GRNN+KF 和 GRNN+UKF 两种算法，并通过案例 6.1、案例 6.2 和案例 6.3 中大量的仿真实验对其进行了评估。案例 6.1 对基于 GRNN 算法与传统的基于三边测量算法进行了比较。案例 6.2 对基于 GRNN+KF 算法和基于 GRNN+UKF 算法与基于三边测量算法相比较。案例 6.3 对基于 GRNN+KF 算法和基于 GRNN+UKF 算法与基于三边测量+KF 算法和基于三边测量+UKF 算法进行比较。基于 GRNN+KF 算法，无论目标速度、环境动态和系统非线性如何突变，均表现出优良的目标定位与跟踪性能。研究表明，基于 GRNN 算法优于基于三边测量算法。

基于 GRNN 和 KF 架构的目标定位与跟踪算法的 MATLAB 代码

案例 6.1 的 MATLAB 代码

```
%%%%%%%%%%%% main.m %%%%%%%%%%%%%%%%%%%%%%
%% WSN Deployment Setting Parameters
clear all
close all
clc
networkSize = 100;
anchorLoc   =   [0              0;      % set the anchor at 4 vertices of the region
                 networkSize    0;
                 0              networkSize;
                 networkSize    networkSize];
%%% GRNN Setting %%%%%%%%%%%%%%%%%%%%%%%%%%%%%
RSSI_input_Vector = [-8.63711087700203,-11.5121738440855,-14.9788577741561,
-18.2424970326168,-17.2767505383621,-22.1529456887463,-20.5988132710408,
-26.7381951841692,-28.1016056626748,-26.8401681592955,-31.2009622756918,
-30.7067924858325,-27.0108637314813,-28.6009147429885,-34.8669185548126,
-33.6713973358156,-26.1945007053475,-34.1098185486167,-32.7378316422370,
```

```
-29.5555232963034,-29.1302982767054,-26.0425571563218,-31.0142194231226,
-23.9517855153775,-35.3809753208000,-30.8689220924318,-23.2519641062010,
-26.3382137588999,-33.2003851315704,-26.6366098384704,-26.8893597649793,
-28.1481934702383,-29.3271622723670,-29.3502853536700,-22.2650755453830,
-32.9478086658446,-19.1908979492906,-26.5517429750970,-27.8882690706260,
-24.0805034710059;-24.6443378867791,-23.8593396704728,-25.0300774444898,
-27.3552769837086,-31.3238874955404,-25.5684451777475,-27.2669962899477,
-28.5236948407618,-30.6095309413261,-27.3550681549064,-29.0951633851164,
-26.8496351417526,-25.2402279674739,-33.4366094367594,-28.2018648304488,
-31.7202588327514,-25.7273993271116,-27.7406442000865,-26.8123711146280,
-25.8920330826360,-32.8645336994140,-22.4362331219866,-22.7408893670739,
-26.6055760301610,-15.1061425078805,-22.8393577737386,-16.5018015844959,
-20.3573928149789,-25.9018275788868,-19.0747887851302,-16.4556233464885,
-17.9921345751942,-18.2818096318861,-18.0160361661470,-21.0946978981921,
-14.8199088088597,-17.4389955511778,-14.5491119152686,-16.9372270707295,
-21.7719689162081;-28.5135613143206,-33.0780989357883,-31.3506779461191,
-36.0066734173278,-36.4771716278969,-26.2060894708195,-31.9861022431075,
-25.0584109759550,-28.0201092305810,-20.7125177645295,-20.6950504734078,
-20.6937065669968,-25.6230277199468,-18.7990725652173,-19.3405715045320,
-13.7283029756786,-15.7661646303376,-16.9170765891923,-12.4096156327949,
-20.4488014567320,-11.2793351657313,-19.2735444611160,-12.9127466593933,
-16.6973307478935,-23.2440861614554,-19.5423962483160,-17.8774561543769,
-22.2394269412980,-23.2321402317115,-18.2863155370521,-22.0255637228001,
-25.5137093113793,-26.9308086311955,-21.8929688622825,-19.7266313616989,
-32.6206155831883,-24.9869109502726,-28.0621473668449,-28.2854211807112,
-32.7967125887547;-25.9118064691782,-27.2885447453488,-23.5263426077213,
-19.7371525265260,-17.6956931946208,-20.1876598879298,-18.2350285824841,
-18.2568318614458,-16.4786757425207,-23.8035181257022,-23.5704645802868,
-19.9652392972093,-21.9046157843161,-19.8548782223887,-21.6613529489605,
-22.3355342877953,-23.4218741164849,-22.8986277147529,-26.6970793451071,
-24.5674064740980,-22.1249165070594,-30.4306177007705,-30.4071198812238,
-28.1721577460586,-30.6151353968228,-28.0296173820039,-31.5003675294334,
-28.3877986063688,-33.0397705487563,-32.0049067239378,-33.2699125292289,
-31.2200071293077,-33.9181605899042,-31.9872995878781,-29.6661170371290,
-29.1643624501848,-28.1690529175130,-27.5642192144777,-32.5581354439923,
-34.6179330646867];
```

```
Target = [10,13,16,19,22,25,28,31,34,38,42,46,50,54,58,62,62,62,64,66,68,70,72,74,76,78,80,82,84,86,
84,82,80,78,76,74,72,70,68,66;10,17,24,31,38,45,52,59,66,68,70,72,74,76,78,80,80,80,77,74,71,
68,65,62,59,56,53,50,47,44,42,40,38,36,34,32,30,28,26,24];
  spread =3.5;
  net_Loc_est = newgrnn(RSSI_input_Vector,Target,spread);
  view(net_Loc_est);
  %show anchor Locations
  f1 = figure(1);
  plot(anchorLoc(:,1),anchorLoc(:,2),'ko','MarkerSize',8,'LineWidth',2,'MarkerFaceColor','k');
  axis([0 100 0 100]);
  grid on
  hold on
  % Defining veriables
  no_of_positions = 40;            % Total Simulation Period = 35 seconds
%%%%%%%%%%%%%% Initialization of Error Values %%%%%%%%%%%%%%%%%%
RMSE_rssi_x= 0;
RMSE_grnn_x = 0;
RMSE_rssi_y= 0;
RMSE_grnn_y = 0;
  % Calculate reference RSSI at d0 = 1 meter using Free Space Path Loss Model
  d0=1;                       % in Meters
  Pr0 = RSSI_friss(d0);
  d_test = 20;
  Pr = RSSI_friss(d_test);
  %Calculation of Path Loss Exponent :
  n = -(Pr + Pr0)/(10*log(d_test));
  x=10;
  y=10;
  % Generating trajectory for the mobile node
  for t = 1:no_of_positions
        if(t<9)                   x_v = 3; y_v = 7;
        elseif(t==9 && t<16)      x_v = 4; y_v = 2;
        elseif(t>=16 && t<18)     x_v = 0; y_v = 0;
        elseif(t>=18 && t<30)     x_v = 2; y_v = -3;
        elseif(t>=30 && t<=40)    x_v = -2; y_v = -2;
        end
```

```
    x_actual(t)=x;          %para 1
    y_actual(t)=y;          %para 1
  x=x+x_v;
  y=y+y_v;
  disp('True Location');
  [x,y];                    % Actual Target Location
  plot(x,y,'rs','LineWidth',2);
  ylabel('y-Axis[meter]','FontName','Times','Fontsize',14,'LineWidth',2);
  xlabel('x-Axis[meter]','FontName','Times','Fontsize',14,'LineWidth',2);
  legend('Anchor Node Location','Actual Target Track','GRNN based Estimation',
  'Trilateration based Estimation','Location','SouthEast');
  hold on
  % Actual Distances from Anchors required to generate RSSI Values
  d1 = sqrt( x^2 + y^2 );
  d2 = sqrt((100-x)^2 + y^2);
  d3 = sqrt((100-x)^2+ (100-y)^2);
  d4 = sqrt(x^2+ (100-y)^2);
  % Generate RSSI Values at 4 Anchor Nodes which are at d1, d2, d3 & d4 distances respectively
  from Moving Target
  RSS = lognormalshadowing_4(n,d1,d2,d3,d4,Pr0);
  RSS_1(t)= RSS(1);
  RSS_2(t)= RSS(2);
  RSS_3(t)= RSS(3);          %4 RSS Values
  RSS_4(t)= RSS(4);
  RSS_new_vector = RSS.';
  GRNN_Estimated_Loc = sim(net_Loc_est ,RSS_new_vector);
  GRNN_x(t)= GRNN_Estimated_Loc(1);
  GRNN_y(t)= GRNN_Estimated_Loc(2);
  plot(GRNN_Estimated_Loc(1),GRNN_Estimated_Loc(2),'k+','LineWidth',2);
  hold on
  RSS_s = sort(RSS);
  disp('RSSI Estimated Location');
  mobileLoc_est = trilateration_4(RSS,RSS_s,Pr0,n,networkSize);
  X_T = mobileLoc_est(1);
  Y_T = mobileLoc_est(2);
  trad_x(t)=X_T;
```

```
trad_y(t)=Y_T;
plot(X_T,Y_T,'go','LineWidth',2);
hold on
% Error Analysis of algorithm
% ---> Part 1 : RMSE Analysis
RMSE_rssi_x = RMSE_rssi_x + (X_T - x)^2 ;
RMSE_rssi_y = RMSE_rssi_y+ (Y_T - y)^2;
RMSE_grnn_x = RMSE_grnn_x + (GRNN_Estimated_Loc(1) - x)^2 ;
RMSE_grnn_y = RMSE_grnn_y + (GRNN_Estimated_Loc(2) - y)^2;
% ---> Part 2 : Calculation of Absolute Errors
% a) For Trilateration based Technique
    error_x_rssi(t) = abs((x - X_T));
    error_y_rssi(t) = abs((y - Y_T));
    error_xy_rssi(t) =((error_x_rssi(t) + error_y_rssi(t))/2);
% b) For GRNN based Estimation
    error_x_grnn(t) = abs((x - GRNN_Estimated_Loc(1)));
    error_y_grnn(t) = abs((y - GRNN_Estimated_Loc(2)));
    error_xy_grnn(t) =((error_x_grnn(t) + error_y_grnn(t))/2);
    end
% Average Error in x & y coordinates
avg_error_xy_rssi = 0;
avg_error_xy_grnn = 0;
for t = 1:no_of_positions
        avg_error_xy_rssi=avg_error_xy_rssi + (error_xy_rssi(t)/no_of_positions);
        avg_error_xy_grnn=avg_error_xy_grnn+(error_xy_grnn(t)/no_of_positions);
end
disp('Average Localization Errors :')
avg_error_xy_rssi;
avg_error_xy_grnn;
disp('RMSE Errors :')
RMSE_rssi_x = sqrt(RMSE_rssi_x/no_of_positions);
RMSE_rssi_y = sqrt(RMSE_rssi_y/no_of_positions);
RMSE_grnn_x = sqrt(RMSE_grnn_x/no_of_positions);
RMSE_grnn_y=sqrt(RMSE_grnn_y/no_of_positions);
RMSE_rssi_avg = (RMSE_rssi_x +RMSE_rssi_y)/2;
```

```
RMSE_grnn_avg = (RMSE_grnn_x +RMSE_grnn_y)/2;
% Plotting Absolute Errors of KF & UKF based Tracking
  f2 = figure(2);
for t =1:no_of_positions
          plot(t,error_x_grnn(t),'k+','LineWidth',2);
          plot(t,error_x_rssi(t),'go','LineWidth',2);
          xlabel('Time [in sec]','FontName','Times','Fontsize',14,'LineWidth',2);
          ylabel('Error in x estimation [in meters]','FontName','Times','Fontsize',14,'LineWidth',2);
          hold on
end
legend('Error in x estimation in Trilateration based Estimation','Error in x estimation in GRNN
based Estimation','Location','NorthWest');
  f3 = figure(3);
for t =1:no_of_positions
          plot(t,error_y_grnn(t),'k+','LineWidth',2);
          plot(t,error_y_rssi(t),'go','LineWidth',2);%,'Markersize',2,'MarkerEdgeColor','g')
          xlabel('Time [in sec]','FontName','Times','Fontsize',14, 'LineWidth',2);
          ylabel('Error in y estimation [in meters]','FontName','Times','Fontsize',14, 'LineWidth',2);
          hold on
end
legend('Error in y estimation in Trilateration based Estimation','Error in y estimation in GRNN
based Estimation','Location','NorthWest');
  f4 = figure(4);
for t =1:no_of_positions
          plot(t,error_xy_grnn(t),'k+','LineWidth',2);
          plot(t,error_xy_rssi(t),'go','LineWidth',2);  %,'Markersize',2,'MarkerEdgeColor','g')
          xlabel('Time [in sec]','FontName','Times','Fontsize',14,'LineWidth',2);
          ylabel('Error in xy estimation [in meters]','FontName','Times','Fontsize',14, 'LineWidth',2);
          hold on
end
legend('Error in xy estimation in Traditional RSSI based Estimation','Error in xy estimation in
GRNN based Estimation','Location','NorthWest');
  f5 =figure(5);
for t =1:no_of_positions
          if(t<9)                        x_v = 3;     y_v = 7;
          elseif(t==9 && t<16)           x_v = 4;     y_v = 2;
```

```
        elseif(t>=16 && t<18)        x_v = 0;     y_v = 0;
        elseif(t>=18 && t<30)        x_v = 2;     y_v = -3;
        elseif(t>=30 && t<=40) x_v = -2;     y_v = -2;
        end
        plot(t,x_v,'b+','LineWidth',2);          %,'Markersize',2,'MarkerEdgeColor','b');
        xlabel('Time,[sec]','FontName','Times','FontSIze',14);
        ylabel('Target Velocity in x Direction [meters/sec]','FontName','Times','FontsiZe',14);
        title('Target Velocity in x direction wrt Time','FontName','Times','FontSize',12);
        hold on
end
  f6 = figure(6);
for t =1:no_of_positions
        if(t<9)                      x_v = 3;    y_v = 7;
        elseif(t==9 && t<16)         x_v = 4;     y_v = 2;
        elseif(t>=16 && t<18)        x_v = 0;     y_v = 0;
        elseif(t>=18 && t<30)        x_v = 2;     y_v = -3;
        elseif(t>=30 && t<=40) x_v = -2; y_v = -2;
        end
        plot(t,y_v,'b+','Linewidth',2)          %,'Markersize',2,'MarkerEdgeColor','b');
        xlabel('Time [sec]','FontName','Times','FontSIze',14);
        ylabel('Target Velocity in y Direction [meters/sec]','FontName','Times','FontSIze',14);
        title('Target Velocity in y direction wrt Time','FontName','Times','FontSize',12);
        hold on
end
%%%%%%%%%%%%%%%%%%%%% RSSI_friss.m %%%%%%%%%%%
function [ Pr ] = RSSI_friss( d )
C=3e8;                          %LightSpeed
prompt = 'Enter Frequency in MHz : ';
Freq = input(prompt);
Freq = Freq*1000000;
%Freq=2400*1000000;%hz
%Freq = 867*1000000;
Zigbee=915.0e6;                 %hz
TXAntennaGain=1;                %db
RXAntennaGain=1;                %db
PTx=0.001;%watt
%%%%%% FRIIS Equation %%%%%%%%%
```

```
%       Pt * Gt * Gr * (Wavelength^2)
%       Pr = --------------------------
%       (4 *pi * d)^2 * L
Wavelength=C/Freq;
PTxdBm=10*log10(PTx*1000);
M = Wavelength / (4 * pi * d);
Pr=PTxdBm + TXAntennaGain + RXAntennaGain- (20*log10(1/M)); % Pr0 means A in RSSI
Formula
end
%%%%%%%%%%%% lognormalshodowing_4.m %%%%%%%%%
function [ RSS ] = lognormalshadowing_4( n,d1,d2,d3,d4,Pr0 )
%UNTITLED5 Summary of this function goes here
% Detailed explanation goes here
% clear all
std_meas_noise = 3;     % standard deviation 0f measurement noise in db
RSS_d1= -(10*n* log10(d1) + Pr0) + std_meas_noise*randn;
RSS_d2= -(10*n* log10(d2) + Pr0) + std_meas_noise*randn;
RSS_d3= -(10*n* log10(d3) + Pr0) + std_meas_noise*randn;
RSS_d4= -(10*n* log10(d4) + Pr0) + std_meas_noise*randn;
RSS = [ RSS_d1, RSS_d2, RSS_d3, RSS_d4];
end
%%%%%%%%%%%%%% trilateration_4.m %%%%%%%%%%%%%
function [ mobileLoc_est ] = trilateration_4( RSS,RSS_s,Pr0,n,networkSize );
d1_est = 10^(-(Pr0+RSS_s(4))/(10*n));
d2_est = 10^(-(Pr0+RSS_s(3))/(10*n));
d3_est = 10^(-(Pr0+RSS_s(2))/(10*n));
if (RSS_s(4) == RSS(1))
 X1 = 0; Y1 = 0;
elseif (RSS_s(4) == RSS(2))
        X1 = networkSize; Y1 = 0;
elseif (RSS_s(4) == RSS(3))
        X1 = networkSize; Y1 = networkSize;
elseif (RSS_s(4) == RSS(4))
        X1 = 0; Y1 = networkSize;
end
if (RSS_s(3) == RSS(1))
        X2 = 0;Y2 = 0;
```

```
elseif (RSS_s(3) == RSS(2))
        X2 = networkSize; Y2 = 0;
elseif (RSS_s(3) == RSS(3))
        X2 = networkSize; Y2 = networkSize;
elseif (RSS_s(3) == RSS(4))
        X2 = 0; Y2 = networkSize;
end
if (RSS_s(2) == RSS(1))
        X3 = 0; Y3 = 0;
elseif (RSS_s(2) == RSS(2))
        X3 = networkSize; Y3 = 0;
elseif (RSS_s(2) == RSS(3))
        X3 = networkSize; Y3 = networkSize;
elseif (RSS_s(2) == RSS(4))
        X3 = 0; Y3 = networkSize;
end
A = X1^2 + Y1^2 - d1_est^2;
B = X2^2 + Y2^2 - d2_est^2;
C = X3^2 + Y3^2 - d3_est^2;
X32 = (X3 - X2);
Y32 = (Y3 - Y2);
X21 = (X2 - X1);
Y21 = (Y2 - Y1);
X13 = (X1 - X3);
Y13 = (Y1 - Y3);
X_T = (A*Y32 + B*Y13 + C*Y21) / (2*( X1*Y32 + X2*Y13 + X3*Y21));
% X coordinate of target
Y_T = (A*X32 + B*X13 + C*X21) / (2*( Y1*X32 + Y2*X13 + Y3*X21));
% Y coordinate of target
mobileLoc_est = [ X_T, Y_T];
end
```

案例 6.2 的 MATLAB 代码

```
%% WSN Deployment Setting Parameters
clear all
close all
```

```
clc
N = 4;                                % number of anchors
M = 1;                                % number of mobile nodes
networkSize = 100;

anchorLoc    [0                       0;      % set the anchor at 4 vertices of the region
                  networkSize         0;
                  0                   networkSize;
                  networkSize         networkSize];
%%% GRNN Setting %%%%%%%%%%%%%%%%%%%%%%%%%%%%%%
RSSI_input_Vector = [-8.63711087700203,-11.5121738440855,-14.9788577741561,
-18.2424970326168,-17.2767505383621,-22.1529456887463,-20.5988132710408,
-26.7381951841692,-28.1016056626748,-26.8401681592955,-31.2009622756918,
-30.7067924858325,-27.0108637314813,-28.6009147429885,-34.8669185548126,
-33.6713973358156,-26.1945007053475,-34.1098185486167,-32.7378316422370,
-29.5555232963034,-29.1302982767054,-26.0425571563218,-31.0142194231226,
-23.9517855153775,-35.3809753208000,-30.8689220924318,-23.2519641062010,
-26.3382137588999,-33.2003851315704,-26.6366098384704,-26.8893597649793,
-28.1481934702383,-29.3271622723670,-29.3502853536700,-22.2650755453830,
-32.9478086658446,-19.1908979492906,-26.5517429750970,-27.8882690706260,
-24.0805034710059;-24.6443378867791,-23.8593396704728,-25.0300774444898,
-27.3552769837086,-31.3238874955404,-25.5684451777475,-27.2669962899477,
-28.5236948407618,-30.6095309413261,-27.3550681549064,-29.0951633851164,
-26.8496351417526,-25.2402279674739,-33.4366094367594,-28.2018648304488,
-31.7202588327514,-25.7273993271116,-27.7406442000865,-26.8123711146280,
-25.8920330826360,-32.8645336994140,-22.4362331219866,-22.7408893670739,
-26.6055760301610,-15.1061425078805,-22.8393577737386,-16.5018015844959,
-20.3573928149789,-25.9018275788868,-19.0747887851302,-16.4556233464885,
-17.9921345751942,-18.2818096318861,-18.0160361661470,-21.0946978981921,
-14.8199088088597,-17.4389955511778,-14.5491119152686,-16.9372270707295,
-21.7719689162081;-28.5135613143206,-33.0780989357883,-31.3506779461191,
-36.0066734173278,-36.4771716278969,-26.2060894708195,-31.9861022431075,
-25.0584109759550,-28.0201092305810,-20.7125177645295,-20.6950504734078,
-20.6937065669968,-25.6230277199468,-18.7990725652173,-19.3405715045320,
-13.7283029756786,-15.7661646303376,-16.9170765891923,-12.4096156327949,
-20.4488014567320,-11.2793351657313,-19.2735444611160,-12.9127466593933,
```

```
-16.6973307478935,-23.2440861614554,-19.5423962483160,-17.8774561543769,
-22.2394269412980,-23.2321402317115,-18.2863155370521,-22.0255637228001,
-25.5137093113793,-26.9308086311955,-21.8929688622825,-19.7266313616989,
-32.6206155831883,-24.9869109502726,-28.0621473668449,-28.2854211807112,
-32.7967125887547;-25.9118064691782,-27.2885447453488,-23.5263426077213,
-19.7371525265260,-17.6956931946208,-20.1876598879298,-18.2350285824841,
-18.2568318614458,-16.4786757425207,-23.8035181257022,-23.5704645802868,
-19.9652392972093,-21.9046157843161,-19.8548782223887,-21.6613529489605,
-22.3355342877953,-23.4218741164849,-22.8986277147529,-26.6970793451071,
-24.5674064740980,-22.1249165070594,-30.4306177007705,-30.4071198812238,
-28.1721577460586,-30.6151353968228,-28.0296173820039,-31.5003675294334,
-28.3877986063688,-33.0397705487563,-32.0049067239378,-33.2699125292289,
-31.2200071293077,-33.9181605899042,-31.9872995878781,-29.6661170371290,
-29.1643624501848,-28.1690529175130,-27.5642192144777,-32.5581354439923,
-34.6179330646867];
Target = [10,13,16,19,22,25,28,31,34,38,42,46,50,54,58,62,62,62,64,66,68,70,72,74,76,78,80,82,
84,86,84,82,80,78,76,74,72,70,68,66;10,17,24,31,38,45,52,59,66,68,70,72,74,76,78,80,80,80,77,
74,71,68,65,62,59,56,53,50,47,44,42,40,38,36,34,32,30,28,26,24];
spread =3.5;
net_Loc_est = newgrnn(RSSI_input_Vector,Target,spread);
view(net_Loc_est);
%show anchor Locations
  f1 = figure(1);
plot(anchorLoc(:,1),anchorLoc(:,2),'ko','MarkerSize',8,'LineWidth',2,'MarkerFaceColor','k');
axis([0 100 0 100]);
grid on
hold on
% Defining veriables
no_of_positions = 40;                  % Total Simulation Period = 35 seconds
P = [0.25 0 0 0; 0 0.04 0 0; 0 0 0.02 0; 0 0 0 0.01]; % Initial Process Covariance Matrix
q=0.1;                                 %std of process
%%%%%%%%%%%%%%% Initialization of Error Values %%%%%%%%%%%%%%%%%%
RMSE_kf_x =0 ;RMSE_rssi_x= 0; RMSE_ukf_x= 0; RMSE_grnn_x = 0;
RMSE_kf_y =0 ;RMSE_rssi_y= 0; RMSE_ukf_y= 0; RMSE_grnn_y = 0;
% Calculate reference RSSI at d0 = 1 meter using Free Space Path Loss Model
d0=1;                                  % in Meters
```

```
Pr0 = RSSI_friss(d0);
d_test = 20;
Pr = RSSI_friss(d_test);
%Calculation of Path Loss Exponent :
n = -(Pr + Pr0)/(10*log(d_test));
x=10;
y=10;
% Generating trajectory for the mobile node
for t = 1:no_of_positions
        if(t<9)                     x_v = 3; y_v = 7;
        elseif(t==9 && t<16)        x_v = 4;  y_v = 2;
        elseif(t>=16 && t<18)       x_v = 0;  y_v = 0;
        elseif(t>=18 && t<30)       x_v = 2;  y_v = -3;
        elseif(t>=30 && t<=40)    x_v = -2; y_v = -2;
        end
x_actual(t)=x;    %para 1
y_actual(t)=y;    %para 1
x=x+x_v;
y=y+y_v;
disp('True Location');
[x,y];            % Actual Target Location
plot(x,y,'rs','LineWidth',2);
ylabel('y-Axis[in meters]','FontName','Times','Fontsize',14,'LineWidth',2);
xlabel('x-Axis[in meters]','FontName','Times','Fontsize',14,'LineWidth',2);
    legend('Anchor Node Location','Actual Target Track','GRNN based Estimation','Trilateration
based Estimation','GRNN+KF based Estimation','GRNN+UKF Based
Estimation','Location', 'SouthEast');
hold on
% Actual Distances from Anchors required to generate RSSI Values
d1 = sqrt( x^2 + y^2 );
d2 = sqrt((100-x)^2 + y^2);
d3 = sqrt((100-x)^2+ (100-y)^2);
d4 = sqrt(x^2+ (100-y)^2);
% Generate RSSI Values at 4 Anchor Nodes which are at d1, d2, d3 & d4 distances respectively
from Moving Target
% Use RSSI = - (10*n*log10(d) + A) and d= antilog(-(RSSI + A)/(10*n))
```

```
RSS = lognormalshadowing_4(n,d1,d2,d3,d4,Pr0);
RSS_1(t)= RSS(1);
RSS_2(t)= RSS(2);
RSS_3(t)= RSS(3);                       %4 RSS Values
RSS_4(t)= RSS(4);
RSS_new_vector = RSS.';
GRNN_Estimated_Loc = sim(net_Loc_est ,RSS_new_vector);
GRNN_x(t)= GRNN_Estimated_Loc(1);
GRNN_y(t)= GRNN_Estimated_Loc(2);
plot(GRNN_Estimated_Loc(1),GRNN_Estimated_Loc(2),'g+','LineWidth',2);
hold on
RSS_s = sort(RSS);
disp('RSSI Estimated Location');
mobileLoc_est = trilateration_4(RSS,RSS_s,Pr0,n,networkSize);
X_T = mobileLoc_est(1);
Y_T = mobileLoc_est(2);
trad_x(t)=X_T;
trad_y(t)=Y_T;
plot(X_T,Y_T,'r+','LineWidth',2);
hold on
% Calculate velocities in X & Y Directions
velocity_est=velocity(X_T,Y_T,t);
X = [x; y; 0; 0];          % State of the system at time 't'
% Kalman Filter for Tracking Moving Target Code starts here
[X_kalman,Y_kalman,X_kf]= kf(X,P,GRNN_Estimated_Loc(1), GRNN_Estimated_ Loc(2),
velocity_est,t);
kf_x(t)=X_kalman;          %Para 3
kf_y(t)=Y_kalman;          %Para 4
plot(X_kalman,Y_kalman,'b*','LineWidth',2);
hold on
%UKF implementation
Z = [GRNN_Estimated_Loc(1); GRNN_Estimated_Loc(2); velocity_est(1); velocity_est(2)];
disp('UKF Estimated State');
[X_ukf]= ukf5(X,P,Z);
ukf_x(t)=X_ukf(1);         %Para 5
ukf_y(t)=X_ukf(2);         %Para 6
plot(X_ukf(1),X_ukf(2),'ko','LineWidth',2);
```

```
hold on
% Error Analysis of algorithm
% ---> Part 1 : RMSE Analysis
    RMSE_rssi_x = RMSE_rssi_x + (X_T - x)^2 ;
    RMSE_rssi_y = RMSE_rssi_y+   (Y_T - y)^2;
    RMSE_grnn_x = RMSE_grnn_x + (GRNN_Estimated_Loc(1) - x)^2 ;
    RMSE_grnn_y = RMSE_grnn_y + (GRNN_Estimated_Loc(2) - y)^2;
    RMSE_kf_x = RMSE_kf_x + (X_kalman - x)^2 ;
    RMSE_kf_y = RMSE_kf_y + (Y_kalman - y)^2;
    RMSE_ukf_x = RMSE_ukf_x + (X_ukf(1)-x)^2 ;
    RMSE_ukf_y = RMSE_ukf_y + (X_ukf(2)-y)^2;
% ---> Part 2 : Calculation of Absolute Errors
% a) For Kalman Filter
    error_x_kf(t) = abs((x - X_kalman));
    error_y_kf(t) = abs((y - Y_kalman));
    error_xy_kf(t) = ((error_x_kf(t) + error_y_kf(t))/2);
% b) For Unscented Kalman Filter
    error_x_ukf(t) = abs((x - X_ukf(1)));
    error_y_ukf(t) = abs((y - X_ukf(2)));
    error_xy_ukf(t) = ((error_x_ukf(t) + error_y_ukf(t))/2);
% c) For Pure RSSI based Technique
    error_x_rssi(t) = abs((x - X_T));
    error_y_rssi(t) = abs((y - Y_T));
    error_xy_rssi(t) =((error_x_rssi(t) + error_y_rssi(t))/2);
% d) For GRNN based Estimation
    error_x_grnn(t) = abs((x - GRNN_Estimated_Loc(1)));
    error_y_grnn(t) = abs((y - GRNN_Estimated_Loc(2)));
    error_xy_grnn(t) =((error_x_grnn(t) + error_y_grnn(t))/2);
end
% Average Error in x & y coordinates
avg_error_xy_rssi = 0;
avg_error_xy_kf = 0 ;
avg_error_xy_grnn = 0;
avg_error_xy_ukf = 0 ;
for t = 1:no_of_positions
avg_error_xy_rssi=avg_error_xy_rssi + (error_xy_rssi(t)/no_of_positions);
avg_error_xy_grnn=avg_error_xy_grnn + (error_xy_grnn(t)/no_of_positions);
```

```
avg_error_xy_kf= avg_error_xy_kf + (error_xy_kf(t)/no_of_positions);
avg_error_xy_ukf= avg_error_xy_ukf + (error_xy_ukf(t)/no_of_positions);
end
disp('Average Localization Errors :')
avg_error_xy_rssi
avg_error_xy_grnn
avg_error_xy_kf
avg_error_xy_ukf
disp('RMSE Errors :')
RMSE_rssi_x = sqrt(RMSE_rssi_x/no_of_positions);
RMSE_rssi_y = sqrt(RMSE_rssi_y/no_of_positions);
RMSE_grnn_x = sqrt(RMSE_grnn_x/no_of_positions);
RMSE_grnn_y = sqrt(RMSE_grnn_y/no_of_positions);
RMSE_kf_x = sqrt(RMSE_kf_x/no_of_positions);
RMSE_kf_y = sqrt(RMSE_kf_y/no_of_positions);
RMSE_ukf_x = sqrt(RMSE_ukf_x/no_of_positions);
RMSE_ukf_y = sqrt(RMSE_ukf_y/no_of_positions);
RMSE_rssi_avg = (RMSE_rssi_x + RMSE_rssi_y)/2;
RMSE_grnn_avg = (RMSE_grnn_x + RMSE_grnn_y)/2;
RMSE_kf_avg = (RMSE_kf_x + RMSE_kf_y)/2;
RMSE_ukf_avg = (RMSE_ukf_x + RMSE_ukf_y)/2;
% Plotting Absolute Errors of KF & UKF based Tracking ;
 f2 = figure(2);
for t =1:no_of_positions
        plot(t,error_x_grnn(t),'g+','LineWidth',2)
        plot(t,error_x_kf(t),'b+','LineWidth',2)
        plot(t,error_x_ukf(t),'k+','LineWidth',2)
        plot(t,error_x_rssi(t),'ro','LineWidth',2)
        xlabel('Time [in sec]','FontName','Times','FontSize',14,'LineWidth',2);
        ylabel('Error in x estimates [in meters]','FontName','Times','FontSize',14,'LineWidth',2);
        hold on
 end
 legend('Error with Trilateration based Estimates','Error with GRNN based Estimates','Error with
GRNN+KF based Estimates','Error with GRNN+UKF based Estimates', 'Location','NorthWest');
 f3 = figure(3);
for t =1:no_of_positions
        plot(t,error_y_grnn(t),'g+','LineWidth',2);
```

```
        plot(t,error_y_kf(t),'b+','LineWidth',2);        %,'Markersize',2,'MarkerEdgeColor','b')
        plot(t,error_y_ukf(t),'k+','LineWidth',2);       %,'Markersize',2,'MarkerEdgeColor','r')
        plot(t,error_y_rssi(t),'ro','LineWidth',2);      %,'Markersize',2,'MarkerEdgeColor','g')
        xlabel('Time [in sec]','FontName','Times','Fontsize',14, 'LineWidth',2);
        ylabel('Error in y estimates [in meters]','FontName','Times','Fontsize',14, 'LineWidth',2);
        hold on
end
 legend('Error with Trilateration based Estimates','Error with GRNN based Estimates','Error with
GRNN+KF based Estimates','Error with GRNN+UKF based Estimates','Location','NorthWest');
 f4 = figure(4);
for t =1:no_of_positions
        plot(t,error_xy_grnn(t),'g+','LineWidth',2);
        plot(t,error_xy_kf(t),'b+','LineWidth',2);      %,'Markersize',2,'MarkerEdgeColor','b')
        plot(t,error_xy_ukf(t),'k+','LineWidth',2);     %,'Markersize',2,'MarkerEdgeColor','r')
        plot(t,error_xy_rssi(t),'ro','LineWidth',2);    %,'Markersize',2,'MarkerEdgeColor','g')
        xlabel('Time [in sec]','FontName','Times','Fontsize',14,'LineWidth',2);
        ylabel('Error in xy estimates [in meters]','FontName','Times','Fontsize',14,'LineWidth',2);
        hold on
end
legend('Error with Trilateration based Estimates','Error with GRNN based Estimates','Error with
GRNN+KF based Estimates','Error with GRNN+UKF based Estimates','Location','NorthWest')
```

案例 6.3 的 MATLAB 代码

```
%%%%%%%%%%%%%%% main.m %%%%%%%%%%%%%%%%
%% WSN Deployment Setting Parameters
clear all
close all
clc
N = 4;                          % number of anchors
M = 1;                          % number of mobile nodes
networkSize = 100;              % we consider a 100by100 area that the mobile can wander

anchorLoc    =[0                    0;      % set the anchor at 4 vertices of the region
               networkSize          0;
               0                    networkSize;
               networkSize          networkSize];
```

```
                    networkSize                    networkSize];
%%% GRNN Setting %%%%%%%%%%%%%%%%%%%%%%%%%%%%%%%%%%
RSSI_input_Vector = [-8.63711087700203,-11.5121738440855,-14.9788577741561,
-18.2424970326168,-17.2767505383621,-22.1529456887463,-20.5988132710408,
-26.7381951841692,-28.1016056626748,-26.8401681592955,-31.2009622756918,
-30.7067924858325,-27.0108637314813,-28.6009147429885,-34.8669185548126,
-33.6713973358156,-26.1945007053475,-34.1098185486167,-32.7378316422370,
-29.5555232963034,-29.1302982767054,-26.0425571563218,-31.0142194231226,
-23.9517855153775,-35.3809753208000,-30.8689220924318,-23.2519641062010,
-26.3382137588999,-33.2003851315704,-26.6366098384704,-26.8893597649793,
-28.1481934702383,-29.3271622723670,-29.3502853536700,-22.2650755453830,
-32.9478086658446,-19.1908979492906,-26.5517429750970,-27.8882690706260,
-24.0805034710059;-24.6443378867791,-23.8593396704728,-25.0300774444898,
-27.3552769837086,-31.3238874955404,-25.5684451777475,-27.2669962899477,
-28.5236948407618,-30.6095309413261,-27.3550681549064,-29.0951633851164,
-26.8496351417526,-25.2402279674739,-33.4366094367594,-28.2018648304488,
-31.7202588327514,-25.7273993271116,-27.7406442000865,-26.8123711146280,
-25.8920330826360,-32.8645336994140,-22.4362331219866,-22.7408893670739,
-26.6055760301610,-15.1061425078805,-22.8393577737386,-16.5018015844959,
-20.3573928149789,-25.9018275788868,-19.0747887851302,-16.4556233464885,
-17.9921345751942,-18.2818096318861,-18.0160361661470,-21.0946978981921,
-14.8199088088597,-17.4389955511778,-14.5491119152686,-16.9372270707295,
-21.7719689162081;-28.5135613143206,-33.0780989357883,-31.3506779461191,
-36.0066734173278,-36.4771716278969,-26.2060894708195,-31.9861022431075,
-25.0584109759550,-28.0201092305810,-20.7125177645295,-20.6950504734078,
-20.6937065669968,-25.6230277199468,-18.7990725652173,-19.3405715045320,
-13.7283029756786,-15.7661646303376,-16.9170765891923,-12.4096156327949,
-20.4488014567320,-11.2793351657313,-19.2735444611160,-12.9127466593933,
-16.6973307478935,-23.2440861614554,-19.5423962483160,-17.8774561543769,
-22.2394269412980,-23.2321402317115,-18.2863155370521,-22.0255637228001,
-25.5137093113793,-26.9308086311955,-21.8929688622825,-19.7266313616989,
-32.6206155831883,-24.9869109502726,-28.0621473668449,-28.2854211807112,
-32.7967125887547;-25.9118064691782,-27.2885447453488,-23.5263426077213,
-19.7371525265260,-17.6956931946208,-20.1876598879298,-18.2350285824841,
-18.2568318614458,-16.4786757425207,-23.8035181257022,-23.5704645802868,
-19.9652392972093,-21.9046157843161,-19.8548782223887,-21.6613529489605,
```

```
-22.3355342877953,-23.4218741164849,-22.8986277147529,-26.6970793451071,
-24.5674064740980,-22.1249165070594,-30.4306177007705,-30.4071198812238,
-28.1721577460586,-30.6151353968228,-28.0296173820039,-31.5003675294334,
-28.3877986063688,-33.0397705487563,-32.0049067239378,-33.2699125292289,
-31.2200071293077,-33.9181605899042,-31.9872995878781,-29.6661170371290,
-29.1643624501848,-28.1690529175130,-27.5642192144777,-32.5581354439923,
-34.6179330646867];
Target = [10,13,16,19,22,25,28,31,34,38,42,46,50,54,58,62,62,62,64,66,68,70,72,74,76,78,80,82,
84,86,84,82,80,78,76,74,72,70,68,66;10,17,24,31,38,45,52,59,66,68,70,72,74,76,78,80,80,80,77,
74,71,68,65,62,59,56,53,50,47,44,42,40,38,36,34,32,30,28,26,24];
spread =3.5;
net_Loc_est = newgrnn(RSSI_input_Vector,Target,spread);
view(net_Loc_est);
%show anchor Locations
f1 = figure(1);
plot(anchorLoc(:,1),anchorLoc(:,2),'ko','MarkerSize',8,'LineWidth',2,'MarkerFaceColor','k');
axis([0 100 0 100]);
grid on
hold on
% Defining veriables
no_of_positions = 35;                              % Total Simulation Period = 35 seconds

P = [0.25 0 0 0; 0 0.04 0 0; 0 0 0.02 0; 0 0 0 0.01];   % Initial Process Covariance Matrix
q=0.1;                                             % std of process
%%%%%%%%%%%% Initialization of Error Values %%%%%%%%%%%%%%%
  RMSE_kf1_x = 0; RMSE_rssi_x= 0; RMSE_ukf1_x= 0; RMSE_grnn_x = 0;
  RMSE_kf1_y = 0; RMSE_rssi_y= 0; RMSE_ukf1_y= 0; RMSE_grnn_y = 0;
  RMSE_kf2_x =0 ; RMSE_rssi_x= 0; RMSE_ukf2_x= 0; RMSE_grnn_x = 0;
  RMSE_kf2_y =0 ; RMSE_rssi_y= 0; RMSE_ukf2_y= 0; RMSE_grnn_y = 0;
% Calculate reference RSSI at d0 = 1 meter using Free Space Path Loss Model
d0=1;                                              % in Meters
Pr0 = RSSI_friss(d0);
d_test = 20;
Pr = RSSI_friss(d_test);
%Calculation of Path Loss Exponent :
n = -(Pr + Pr0)/(10*log(d_test));
```

```
x=10;
y=10;
% Generating trajectory for the mobile node
for t = 1:no_of_positions
        if(t<9)                     x_v = 3; y_v = 7;
        elseif(t==9 && t<16)        x_v = 4;  y_v = 2;
        elseif(t>=16 && t<18)       x_v = 0;  y_v = 0;
        elseif(t>=18 && t<30)       x_v = 2;  y_v = -3;
        elseif(t>=30 && t<=40)    x_v = -2; y_v = -2;
        end
x_actual(t)=x;              %para 1
y_actual(t)=y;              %para 1
x=x+x_v;
y=y+y_v;
disp('True Location')
[x,y];                  % Actual Target Location
plot(x,y,'rs','LineWidth',2);
ylabel('y-Axis[meter]','FontName','Times','Fontsize',14,'LineWidth',2);
xlabel('x-Axis[meter]','FontName','Times','Fontsize',14,'LineWidth',2);
legend('Anchor Node Location','Actual Target Track','GRNN+KF based Estimation', 'GRNN+
UKF based Estimation','Trilateration+KF based Estimation','Trilateration+ UKF Based Implementation','
Location','SouthEast');
hold on
% Actual Distances from Anchors required to generate RSSI Values
  d1 = sqrt( x^2 + y^2 );
  d2 = sqrt((100-x)^2 + y^2);
  d3 = sqrt((100-x)^2+ (100-y)^2);
  d4 = sqrt(x^2+ (100-y)^2);
% Generate RSSI Values at 4 Anchor Nodes which are at d1, d2, d3 & d4 distances respectively
from Moving Target
    RSS = lognormalshadowing_4(n,d1,d2,d3,d4,Pr0);
    RSS_1(t)= RSS(1);
    RSS_2(t)= RSS(2);
    RSS_3(t)= RSS(3);           %4 RSS Values
    RSS_4(t)= RSS(4);
    RSS_new_vector = RSS.';
```

```
        GRNN_Estimated_Loc = sim(net_Loc_est ,RSS_new_vector);
        GRNN_x(t)= GRNN_Estimated_Loc(1);
    GRNN_y(t)= GRNN_Estimated_Loc(2);
    RSS_s = sort(RSS);
    disp('RSSI Estimated Location');
    mobileLoc_est = trilateration_4(RSS,RSS_s,Pr0,n,networkSize);
    X_T = mobileLoc_est(1);
    Y_T = mobileLoc_est(2);
    trad_x(t)=X_T;
    trad_y(t)=Y_T;
    plot(X_T,Y_T,'r+','LineWidth',2);
    hold on
    % calculate velocities in X & Y Directions
         velocity_est=velocity(X_T,Y_T,t);
         s = [x; y; 0; 0];            % State of the system at time 't'
         X = s;                       % State with noise
    % GRNN + Kalman Filter for Tracking Moving Target Code starts here
       [X_kalman1,Y_kalman1,X_kf]= kf(X,P,GRNN_Estimated_Loc(1), GRNN_Estimated_Loc
       (2), velocity_est,t);
       kf1_x(t)=X_kalman1;     %Para 3
       kf1_y(t)=Y_kalman1;     %Para 4
       plot(X_kalman1,Y_kalman1,'ko','LineWidth',2);
       hold on
    %GRNN + UKF implementation
       Z = [GRNN_Estimated_Loc(1); GRNN_Estimated_Loc(2); velocity_est(1); velocity_est(2)];
       disp('UKF Estimated State');
       [X_ukf1]= ukf5(X,P,Z);
       ukf1_x(t)=X_ukf1(1);     %Para 5
       ukf1_y(t)=X_ukf1(2);     %Para 6
       plot(X_ukf1(1),X_ukf1(2),'mo','LineWidth',2);
       hold on
    % Trad. RSSI + Kalman Filter for Tracking Moving Target Code starts here
       [X_kalman2,Y_kalman2,X_kf]= kf(X,P,X_T, Y_T, velocity_est,t);
       kf2_x(t)=X_kalman2;     %Para 3
       kf2_y(t)=Y_kalman2;     %Para 4
```

```
    plot(X_kalman2,Y_kalman2,'g+','LineWidth',2)
hold on
%Trad. RSSI + UKF implementation
    Z = [X_T; Y_T; velocity_est(1); velocity_est(2)];
    disp('UKF Estimated State');
    [X_ukf2]= ukf5(X,P,Z);
    ukf2_x(t)=X_ukf2(1);     %Para 5
    ukf2_y(t)=X_ukf2(2);     %Para 6
    plot(X_ukf2(1),X_ukf2(2),'b+','LineWidth',2);
    hold on
%%%%% Error Analysis of algorithm
% ---> Part 1 : RMSE Analysis
     RMSE_kf1_x = RMSE_kf1_x + (X_kalman1 - x)^2 ;
     RMSE_kf1_y = RMSE_kf1_y + (Y_kalman1 - y)^2;
     RMSE_kf2_x = RMSE_kf2_x + (X_kalman2 - x)^2 ;
     RMSE_kf2_y = RMSE_kf2_y + (Y_kalman2 - y)^2;
     RMSE_ukf1_x = RMSE_ukf1_x + (X_ukf1(1)-x)^2 ;
     RMSE_ukf1_y = RMSE_ukf1_y + (Y_ukf1(2)-y)^2;
     RMSE_ukf2_x = RMSE_ukf2_x + (X_ukf2(1)-x)^2 ;
     RMSE_ukf2_y = RMSE_ukf2_y + (Y_ukf2(2)-y)^2;
% ---> Part 2 : Calculation of Absolute Errors
% a) For Kalman Filter
     error_x_kf1(t) = abs((x - X_kalman1));
     error_y_kf1(t) = abs((y - Y_kalman1));
     error_xy_kf1(t) = ((error_x_kf1(t) + error_y_kf1(t))/2);
     error_x_kf2(t) = abs((x - X_kalman2));
     error_y_kf2(t) = abs((y - Y_kalman2));
     error_xy_kf2(t) = ((error_x_kf2(t) + error_y_kf2(t))/2);
% b) For Unscented Kalman Filter
     error_x_ukf1(t) = abs((x - X_ukf1(1)));
     error_y_ukf1(t) = abs((y - X_ukf1(2)));
     error_xy_ukf1(t) = ((error_x_ukf1(t) + error_y_ukf1(t))/2);
     error_x_ukf2(t) = abs((x - X_ukf2(1)));
     error_y_ukf2(t) = abs((y - X_ukf2(2)));
     error_xy_ukf2(t) = ((error_x_ukf2(t) + error_y_ukf2(t))/2);
```

```
end
% Average Error in x & y    coordinates
    avg_error_xy_rssi = 0;
    avg_error_xy_grnn = 0;
    avg_error_xy_kf1 = 0 ;
    avg_error_xy_kf2 = 0 ;
    avg_error_xy_ukf1 = 0 ;
    avg_error_xy_ukf2 = 0 ;
for t = 1:no_of_positions
    avg_error_xy_kf1= avg_error_xy_kf1 + (error_xy_kf1(t)/no_of_positions);
    avg_error_xy_ukf1= avg_error_xy_ukf1 + (error_xy_ukf1(t)/no_of_positions);
    avg_error_xy_kf2= avg_error_xy_kf2 + (error_xy_kf2(t)/no_of_positions);
    avg_error_xy_ukf2= avg_error_xy_ukf2 + (error_xy_ukf2(t)/no_of_positions);
end
disp('Average Localization Errors :')
avg_error_xy_rssi
avg_error_xy_grnn
avg_error_xy_kf1
avg_error_xy_ukf1
avg_error_xy_kf2
avg_error_xy_ukf2
disp('RMSE Errors :')
RMSE_kf1_x = sqrt(RMSE_kf1_x/no_of_positions)
RMSE_kf1_y = sqrt(RMSE_kf1_y/no_of_positions)
RMSE_ukf1_x = sqrt(RMSE_ukf1_x/no_of_positions)
RMSE_ukf1_y = sqrt(RMSE_ukf1_y/no_of_positions)
RMSE_kf2_x = sqrt(RMSE_kf2_x/no_of_positions)
RMSE_kf2_y = sqrt(RMSE_kf2_y/no_of_positions)
RMSE_ukf2_x = sqrt(RMSE_ukf2_x/no_of_positions)
RMSE_ukf2_y = sqrt(RMSE_ukf2_y/no_of_positions)
RMSE_kf1_avg = (RMSE_kf1_x + RMSE_kf1_y)/2;
RMSE_ukf1_avg = (RMSE_ukf1_x + RMSE_ukf1_y)/2;
RMSE_kf2_avg = (RMSE_kf2_x + RMSE_kf2_y)/2;
RMSE_ukf2_avg = (RMSE_ukf2_x + RMSE_ukf2_y)/2
```

```
% Plotting Absolute Errors of KF & UKF based Tracking;
f2 = figure(2);
for t =1:no_of_positions
        plot(t,error_x_ukf1(t),'ro','LineWidth',2);
        plot(t,error_x_kf2(t),'g+','LineWidth',2);
        plot(t,error_x_ukf2(t),'b+','LineWidth',2);
        plot(t,error_x_kf1(t),'ko','LineWidth',2);
        xlabel('Time [in sec]','FontName','Times','Fontsize',14,'LineWidth',2);
        ylabel('Error in x estimates [in meter]','FontName','Times','Fontsize',14,'LineWidth',2);
        hold on
end
legend('Error with GRNN+KF based Estimation','Error with GRNN+UKF based Estimation',
'Error with Trilateration+KF based Estimation','Error with Trilateration+UKF based
Estimation', 'Location','NorthWest');
f3 = figure(3);
for t =1:no_of_positions
        plot(t,error_y_ukf1(t),'ro','LineWidth',2);    %,'Markersize',2,'MarkerEdgeColor','r')
        plot(t,error_y_kf2(t),'g+','LineWidth',2);     %,'Markersize',2,'MarkerEdgeColor','b')
        plot(t,error_y_ukf2(t),'b+','LineWidth',2);    %,'Markersize',2,'MarkerEdgeColor','r')
        plot(t,error_y_kf1(t),'ko','LineWidth',2)      %,'Markersize',2,'MarkerEdgeColor','b')
        xlabel('Time [in sec]','FontName','Times','Fontsize',14, 'LineWidth',2);
        ylabel('Error in y estimates [in meter]','FontName','Times','Fontsize',14, 'LineWidth',2);
        hold on
end
legend('Error with GRNN+KF based Estimation','Error with GRNN+UKF based Estimation',
'Error with Trilateration+KF based Estimation','Error with Trilateration+UKF based Estimation',
'Location','NorthWest');
 f4 = figure(4);
for t =1:no_of_positions
        plot(t,error_xy_ukf1(t),'ro','LineWidth',2);   %,'Markersize',2,'MarkerEdgeColor','r')
        plot(t,error_xy_kf2(t),'g+','LineWidth',2);    %,'Markersize',2,'MarkerEdgeColor','b')
        plot(t,error_xy_ukf2(t),'b+','LineWidth',2);   %,'Markersize',2,'MarkerEdgeColor','r')
        plot(t,error_xy_kf1(t),'ko','LineWidth',2);    %,'Markersize',2,'MarkerEdgeColor','b')
        xlabel('Time [in sec]','FontName','Times','Fontsize',14,'LineWidth',2);
        ylabel('Error in xy estimates [in meter]','FontName','Times','Fontsize',14,'LineWidth',2);
```

```
        hold on
end
legend('Error with GRNN+KF based Estimation','Error with GRNN+UKF based Estimation',
'Error with Trilateration+KF based Estimation','Error with Trilateration+UKF based
Estimation', 'Location','NorthWest')
```

原书参考文献

1. S. K. Gharghan, R. Nordin, M. Ismail, J. A. Ali, Accurate wireless sensor localization technique based on hybrid pso-ann algorithm for indoor and outdoor track cycling. IEEE Senors J. (2016).
2. F. Viani, P. Rocca, G. Oliveri, D. Trinchero, A. Massa, Localization, tracking, and imaging of targets in wireless sensor networks: an invited review. Radio Sci. (2011).
3. H. Huang, L. Chen, E. Hu, A neural network-based multi-zone modelling approach for predictive control system design in commercial buildings. Energy Build. (2015).
4. S. R. Jondhale, R. S. Deshpande, Kalman filtering framework based real time target tracking in wireless sensor networks using generalized regression neural networks. IEEE Sensors J. 19, 224-233 (2018).
5. S. R. Jondhale, R. S. Deshpande, GRNN and KF framework based real time target tracking using PSOC BLE and smartphone. Ad Hoc Netw. (2019).
6. S. R. Jondhale, R. S. Deshpande, Self recurrent neural network based target tracking in wireless sensor network using state observer. Int. J. Sensors Wirel. Commun. Control (2018).
7. S. R. Jondhale, R. S. Deshpande, Efficient localization of target in large scale farmland using generalized regression neural network. Int. J. Commun. Syst. 32(16), e4120 (2019).
8. D. Bani-Hani, M. Khasawneh, A recursive general regression neural network (R-GRNN) Oracle for classification problems. Expert Syst. Appl. 135, 273-286 (2019).
9. D. F. Specht, Probabilistic neural networks. Neural Netw. (1990).
10. D. F. Specht, A general regression neural network. IEEE Trans. Neural Netw. (1991).
11. D. F. Specht, GRNN with double clustering, in The 2006 IEEE International Joint Conference on Neural Network Proceedings (2006).
12. Q. Wen, P. Qicong, An improved particle filter algorithm based on neural network, in Intelligent Information Processing III. IIP 2006. IFIP International Federation for Information Processing, (Springer, Boston, 2006).
13. S. R. Jondhale, R. S. Deshpande, GRNN and KF framework based real time target tracking using PSOC BLE and smartphone. Ad Hoc Netw. 84, 19-28 (2019).
14. N. Patwari, J. N. Ash, S. Kyperountas, A. O. Hero, R. L. Moses, N. S. Correal, Locating the nodes:

cooperative localization in wireless sensor networks. IEEE Signal Process. Mag. (2005).

15. A. PAL, Localization algorithms in wireless sensor networks: current approaches and future challenges. Netw. Protoc. Algorithms (2011).
16. L. Gogolak, S. Pletl, D. Kukolj, Neural network-based indoor localization in WSN environments. Acta Polytech. Hungarica 10, 221-235 (2013).
17. S. R. Jondhale, R. S. Deshpande, Modified Kalman filtering framework based real time target tracking against environmental dynamicity in wireless sensor networks. Ad Hoc Sens. Wirel. Netw. 40, 119-143 (2018).

— 第7章 —
基于监督学习架构的 RSSI 定位和跟踪

7.1 目标定位和跟踪方法的监督学习架构

7.1.1 FFNN

FFNN 即前馈神经网络，在这类神经网络中，数据以一种单向传播的方式从输入节点传输到输出节点[1-3]。FFNN 架构包含三层——输入层、隐藏层和输出层，具体如图 7.1[4-7]所示。在本节中，取输入层的输入向量为 $\boldsymbol{X}$=[RSSI1,RSSI2,RSSI3,RSSI4]。

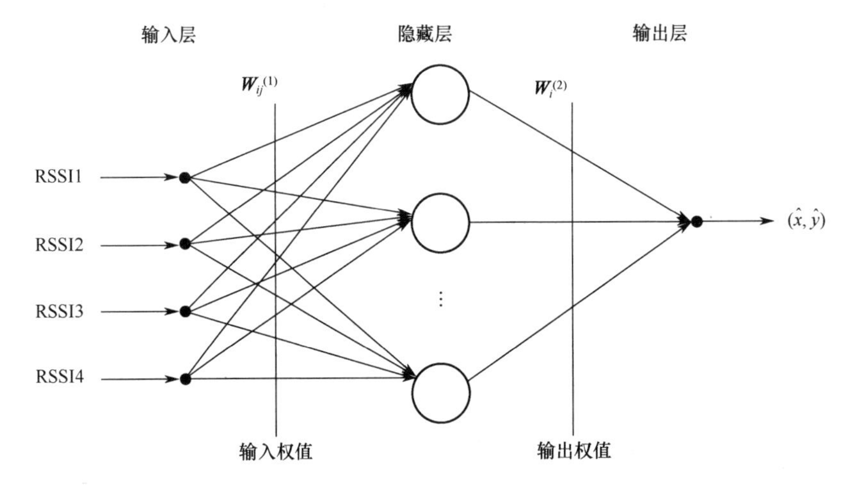

图 7.1　定位和跟踪问题的 FFNN 架构

FFNN 输出的估计位置（$\hat{x},\hat{y}$）可用式（7.1）表示：

$$(\hat{x},\hat{y})=\sum_{i=1}^{H}\boldsymbol{W}_{i}^{(2)}\left(\sum_{j=1}^{N}\boldsymbol{W}_{ij}^{(1)}\boldsymbol{X}(i)+\boldsymbol{b}_{i}\right) \tag{7.1}$$

式中，$\boldsymbol{W}_{ij}^{(1)}$ 为输入层节点 j 和隐藏层节点 i 之间的权值；$\boldsymbol{W}_{i}^{(2)}$ 为隐藏层节点 i 和输出层节点的权值；$\boldsymbol{b}_i$ 为隐藏层节点 i 的偏移。

7.1.2　径向基函数神经网络（RBFN 或 RBFNN）

径向基函数神经网络（RBFN 或 RBFNN）被广泛应用于对任意连续函数的隐函数逼近问题[8-10]，相比其他人工神经网络架构（ANN），RBFNN 具有更快的收敛速度，其基本上是三层 FFNN（见图 7.2）。这里我们讨论 RBFNN 如何应用到基于 RSSI 的目标定位和跟踪领域。将 RSSI 的测量值作为网络输入，在网络输出端得到目标位置的估计，如图 7.2 所示。输入层与隐藏层的映射关系往往是非线性的，可以用径向基函数得到，而隐藏层与输出层的映射通常是线性函数。

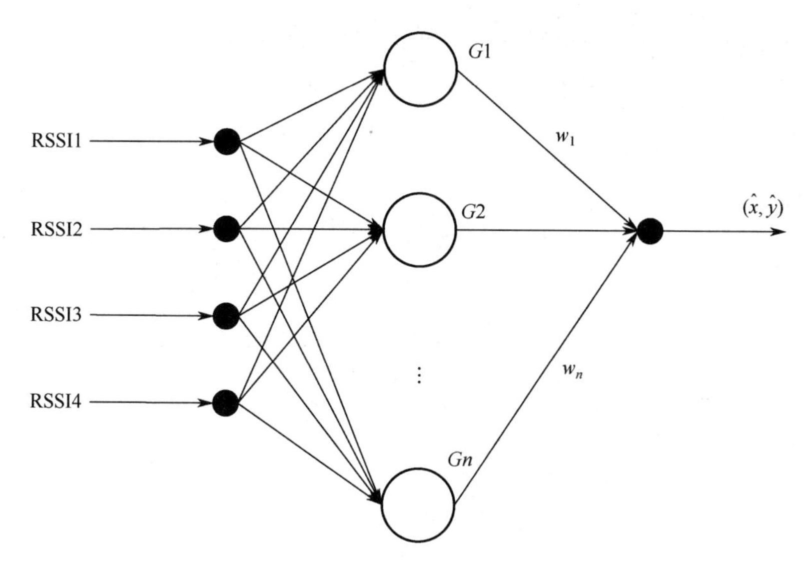

图 7.2　基于 RBFNN 框架的定位和跟踪

RBFNN 分两步工作。第一步，通过输入样本确定激活函数的中心向量和宽度参数，这一步是无监督学习。第二步，在计算出隐藏层参数后，通过简单的最小二乘法确定隐藏层和输出层的权值。隐藏层可以广泛选用各类径向基函数，本章将使用最一般的高斯函数。式（7.2）给出了基于 RBFNN 估计的具体数学表达[8-10]。

$$G(\boldsymbol{X}-\boldsymbol{c}_i)=\exp\left(-\frac{1}{2\sigma_i^2}\|\boldsymbol{X}-\boldsymbol{c}_i\|^2\right) \tag{7.2}$$

式中，$\boldsymbol{X}$ 为由 RSSI 的测量值组成的状态向量，$\boldsymbol{X}$=[RSSI1,RSSI2,RSSI3,RSSI4]；$\|\boldsymbol{X}-\boldsymbol{c}_i\|$ 为欧氏距离；$\boldsymbol{c}_i$ 为高斯函数的中心向量。

使用 RBFNN 估计目标的位置，结果如式（7.3）所示[8,10]。

$$(\hat{x},\hat{y})=\sum_{i=1}^{h}\boldsymbol{w}_i\exp\left(-\frac{1}{2\sigma_i^2}\|\boldsymbol{X}-\boldsymbol{c}_i\|^2\right) \tag{7.3}$$

式中，$\boldsymbol{w}_i(i=1,2,\cdots,h)$ 为隐藏层和输出层的权值；$(\hat{x},\hat{y})$ 为 RBFNN 的输出。

7.1.3 多层感知器（MLP）

多层感知器（MLP）架构类似于如图 7.3 所示的三层 FFNN 架构。实质上，隐藏层的激活函数具备分段线性特性[11-14]。MLP 的参数及其符号定义如下。

$\boldsymbol{W}_i^{(1)}(i=1,2,\cdots,N)$ 为输入层和隐藏层之间的权值。

$\boldsymbol{W}_i^{(2)}(i=1,2,\cdots,N)$ 为隐藏层和输出层之间的权值。

$\boldsymbol{b}_i^{(1)}(i=1,2,\cdots,N)$ 为隐藏层节点的偏移。

$\boldsymbol{b}_i^{(2)}\left(i=1,2,\cdots,N\right)$ 为输出层节点的偏移。

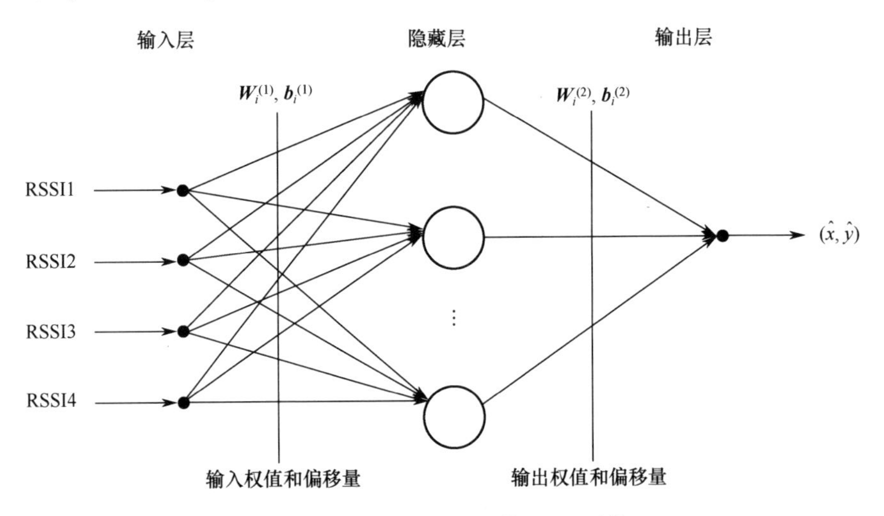

图 7.3 定位和跟踪问题的 MLP 网络

使用 MLP 网络估计位置 $(\hat{x},\hat{y})$ 如式（7.4）所示。

$$(\hat{x},\hat{y})=\sum_{i=1}^{N}\boldsymbol{W}_i^{(2)}\varphi(\boldsymbol{W}_i^{(1)}\boldsymbol{X}+\boldsymbol{b}_i^{(1)})+\boldsymbol{b}_i^{(2)} \tag{7.4}$$

其中，$\boldsymbol{X}$=[RSSI1,RSSI2,RSSI3,RSSI4]。

7.2 ANN 训练函数

在 ANN 中，训练函数定义了整个迭代过程中神经网络的权值是如何更新的。目前，可用于 ANN 训练的训练函数种类很多[15-20]，具体如表 7.1 所示。选取合适的训练函数对 ANN 的潜在应用至关重要。对本章考虑的定位和跟踪问题，基于所提出的 ANN 架构，对所列训练函数都进行了测试。

表 7.1　各类 ANN 训练函数

序　号	缩　写	全　称
1	GD	梯度下降反向传播算法（Gradient descent backpropagation）
2	GDX	带动量和自适应学习率的梯度下降反向传播算法（Gradient descent with momentum and adaptive learning rate backpropagation）
3	GDA	自适应学习率的梯度下降反向传播算法（Gradient descent with adaptive learning rate backpropagation）
4	RP	弹性反向传播算法（Resilient backpropagation）
5	CGP	Polak/Ribiére 共轭梯度下降反向传播法（Conjugate gradient backpropagation with Polak/Ribiére restarts）
6	CGF	Fetcher-Reeves 共轭梯度下降反向传播法（Conjugate gradient backpropagation with Fetcher-Reeves restarts）
7	CGB	Powell/Beale 共轭梯度下降反向传播法（Conjugate gradient backpropagation with Powell/Beale restarts）
8	BFG	BFG 伪牛顿法反向传播法（BFG quasi-Newton backpropagation）
9	SCG	缩放共轭梯度下降反向传播法（Scaled conjugate gradient backpropagation）
10	LM	L-M 反向传播法（Levenberg-Marquardt backpropagation）
11	OSS	一步正割反向传播法（One-step secant backpropagation）

7.3　监督学习架构在 L&T 系统中的应用

本节将讨论 FFNN、RBFNN 和 MLP 架构在解决运动目标定位和跟踪问题中的应用，所有架构将通过一个训练数据集来离线训练。数据集包含了 30 组目标的二维位置和相应的 4 个 RSSI 测量值。每组输入向量由 4 个 RSSI 测量值组成。为了能够同时比较验证所提出的全部监督学习架构，各架构在线输入 4 个相同的 RSSI 测量值，用来估计对应的二维目标位置。由于在信号传输过程中存在非视距传播、多径衰落和反射等问题，因此 RSSI 测量值存在不确定噪声，FFNN、RBFNN 和 MLP 等架构的测试考虑了这一因素的影响。所提出的架构离线训练完成后，用 35 组输入向量进行测试，对应目标移动过程中的 35 个位置。为了评估提出的 ANN 架构随 RSSI 测量值波动的性能变化，RSSI 噪声方差由 0 dBm 变化到 5 dBm，每次变化步长为 1 dBm。目标定位和跟踪问题的具体细节讨论如下。

7.3.1 系统假定和设计

使用 MATLAB 2013a 模拟 100m×100m 的室内环境。在该区域中，部署未知的目标位置和锚节点位置分别用“+”和“•”标记，如图 7.4 所示。仿真实验中，设定锚节点密度为 4 个，未知目标的位置为 24 个。目标位置、锚节点和非锚节点的位置详见表 7.2 和表 7.3。通信半径和传输功率在仿真实验中分别设置为 30 m 和 0 dBm。本研究工作依据 LNSM 生成 RSSI 测量值。

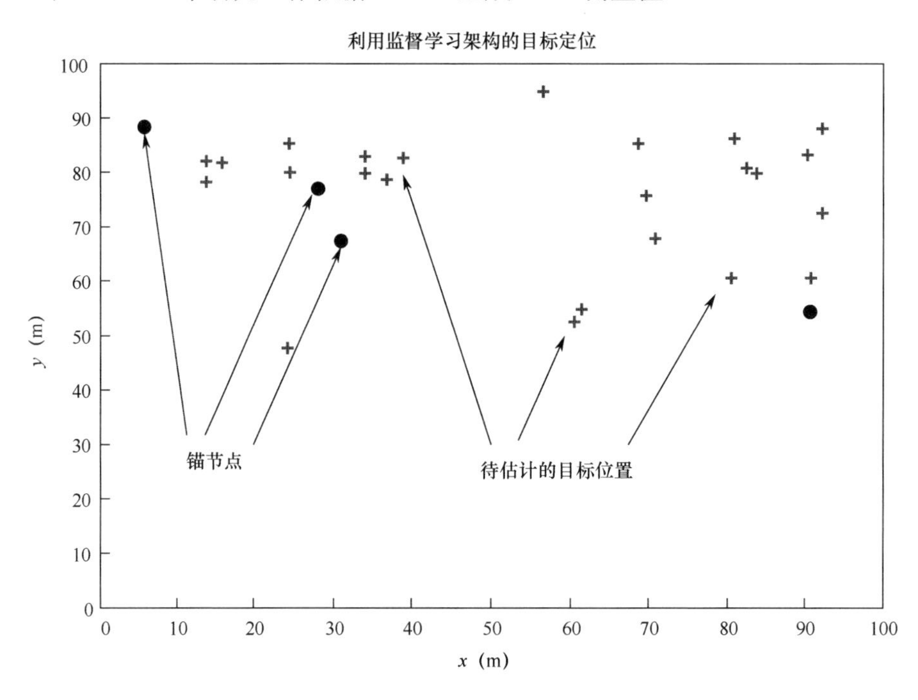

图 7.4　案例 7.1、案例 7.2 中锚节点和目标位置

表 7.2　案例 7.1、案例 7.2 中锚节点在二维平面的分布

锚节点编号	二维位置	锚节点编号	二维位置
1	（5.93,88.5）	3	（30.68,68.03）
2	（27.92,76.89）	4	（90.75,54.45）

表 7.3　案例 7.1、案例 7.2 中的目标位置

目标位置编号	二维位置	目标位置编号	二维位置
1	（23.86, 48.17）	13	（68.27, 85.39）
2	（69.16, 75.90）	14	（80.21, 60.70）
3	（70.52, 68.05）	15	（24.24, 80.14）

（续表）

目标位置编号	二维位置	目标位置编号	二维位置
4	（91.95, 88.10）	16	（15.57, 81.90）
5	（24.09, 85.62）	17	（33.81, 83.24）
6	（56.26, 94.75）	18	（82.40, 80.80）
7	（80.72, 86.36）	19	（90.22, 83.51）
8	（91.83, 72.96）	20	（33.79, 80.30）
9	（38.53, 82.95）	21	（60.28, 52.66）
10	（61.09, 55.00）	22	（83.18, 80.03）
11	（13.48, 78.54）	23	（36.41, 79.04）
12	（13.53, 82.42）	24	（90.45, 60.71）

本节对如下两种情况展开研究：

- 案例 7.1：针对存在 RSSI 测量噪声变量的定位和跟踪问题，将使用各类 ANN 训练函数的 FFNN 与传统三边测量算法对比，评估 FFNN 性能。
- 案例 7.2：针对目标定位和跟踪问题，比较三边测量算法、GRNN、RBFNN、FFNN 和 MLP 架构的性能（见图 7.5）。

其中，$\boldsymbol{X}_i(i=1,2,\cdots,p)$ 是包含 30 个 RSSI 向量的训练集合，RSSI 测量噪声方差为 0 dBm，对应 p 个目标位置（离线训练步骤）。

$$p=24$$

$$\boldsymbol{X}_i=[\text{RSSI1},\text{RSSI2},\text{RSSI3},\text{RSSI4}]$$

在位置估计步骤（在线估计步骤）中，如前文所述，噪声方差由 0 dBm 到 5 dBm 逐渐变化。

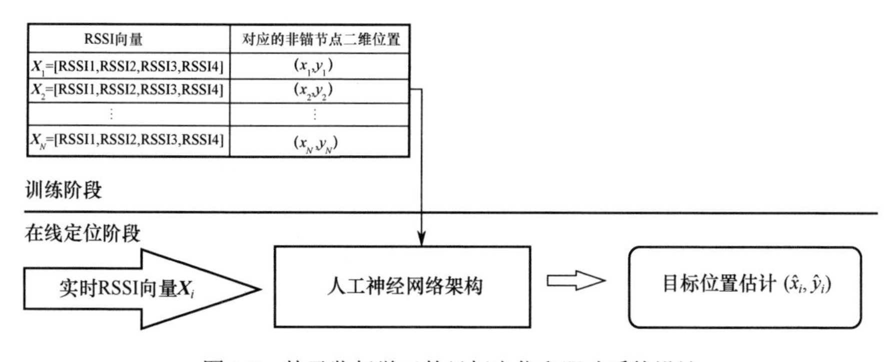

图 7.5　基于监督学习的目标定位和跟踪系统设计

7.3.2　性能评估指标

为了验证所提出的监督学习架构的性能，我们使用定位误差和平均定位误差作为评估指标，见式（7.5）和式（7.6）[21-24]。在前面的章节中已经给出了对于这两个参数的具体讨论。

$$定位误差=\sqrt{(x_i-\hat{x}_i)^2+(y_i-\hat{y}_i)^2}, i=1,2,\cdots,p \tag{7.5}$$

$$平均定位误差=\frac{\sum_{i=1}^{p}定位误差}{p} \tag{7.6}$$

7.3.3 ANN 架构的算法流程

本章所提出的目标跟踪和定位问题的监督学习算法流程主要包括三步，如表 7.4 所示。

表 7.4 案例 7.1、案例 7.2 目标定位算法流程

Ⅰ. ANN 训练（离线步骤）
步骤 1： FFNT 用 30 组 RSSI 测量值训练对应实际目标位置，选用不同训练函数
Ⅱ. 位置估计（在线步骤）
步骤 2： 基于三边测量的位置估计：收集由 12 个锚节点传输的 RSSI，批处理发送到基站。 基于 GRNN、MLP、RBFNN 和 FFNN 的位置估计：收集由 12 个锚节点传输的 RSSI，批处理发送到基站。 步骤 3： 基于三边测量的位置估计：调用三边测量位置估计算法，在基站中估计目标位置。使用式（7.5），计算并记录 x 轴和 y 轴的定位误差。 基于 GRNN、MLP、RBFNN 和 FFNN 的位置估计：调用 GRNN、MLP、RBFNN 和 FFNN 的位置估计算法，在基站中估计目标位置。使用式（7.5），计算并记录 x 轴和 y 轴的定位误差
Ⅲ. 计算评估定位误差
步骤 4：调用式（7.6），计算仿真实验中平均定位误差

7.3.4 结果讨论

案例 7.1：存在 RSSI 测量噪声的情况下，使用各类 ANN 训练函数的 FFNN 与三边测量算法的性能对比评估。

案例 7.1 的仿真结果如图 7.6～图 7.11 所示。针对不同的 RSSI 测量噪声方差，对所提出的 FFNN（网络训练）和基于三边测量算法性能进行了比较。平均定位误差的数值比较结果如表 7.5 所示。

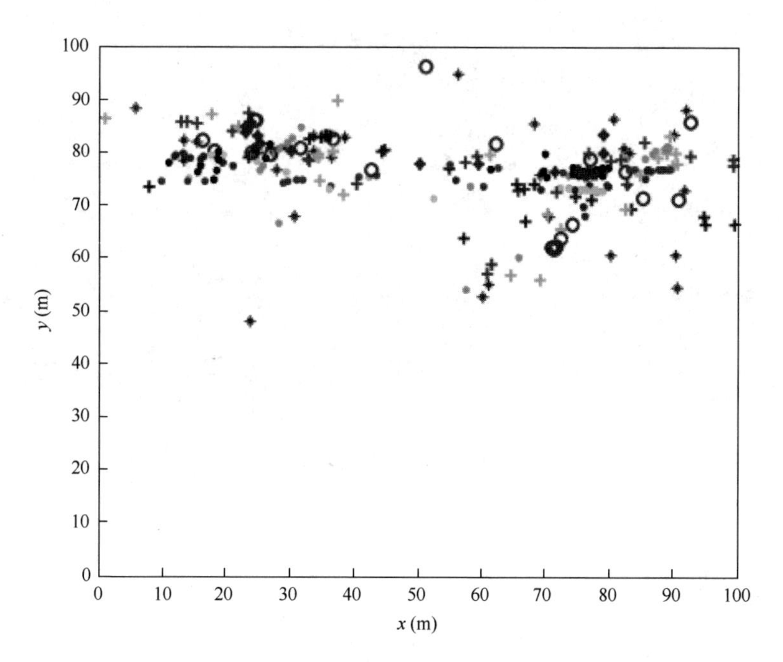

图 7.6　基于三边测量算法和基于不同训练函数的 FFNN 的定位结果，测量噪声方差为 3 dBm（案例 7.1）

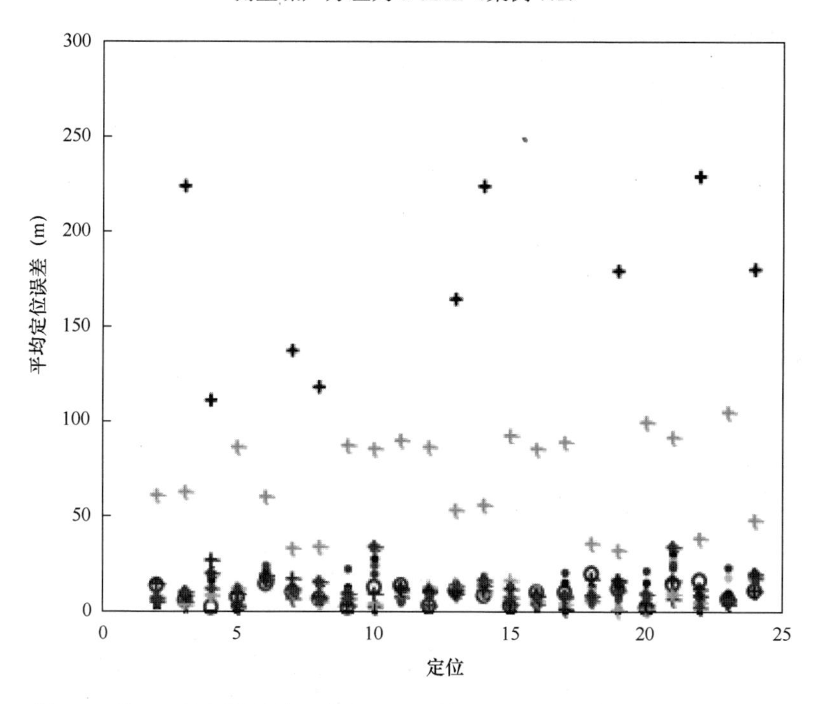

图 7.7　基于三边测量算法和基于不同训练函数的 FFNN 的平均定位误差，测量噪声误差方差为 3 dBm（案例 7.1）

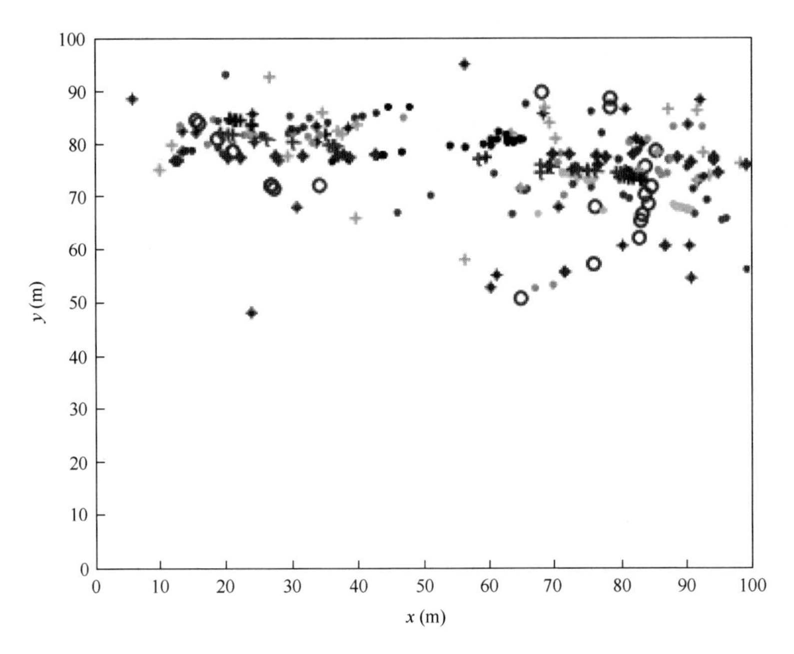

图 7.8 基于三边测量算法和基于不同训练函数的 FFNN 的定位结果，测量噪声误差方差为 4 dBm（案例 7.1）

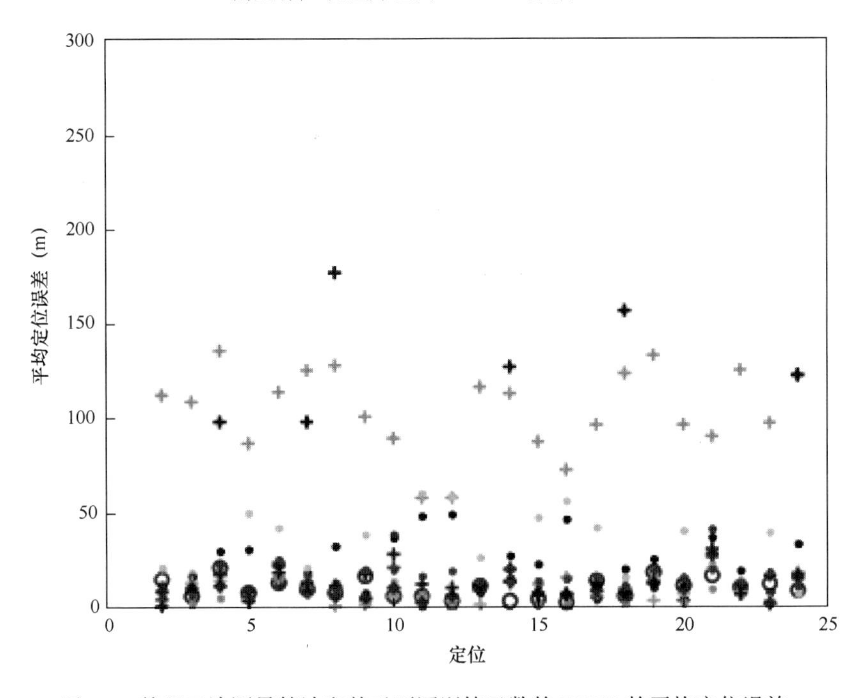

图 7.9 基于三边测量算法和基于不同训练函数的 FFNN 的平均定位误差，测量噪声误差方差为 4 dBm（案例 7.1）

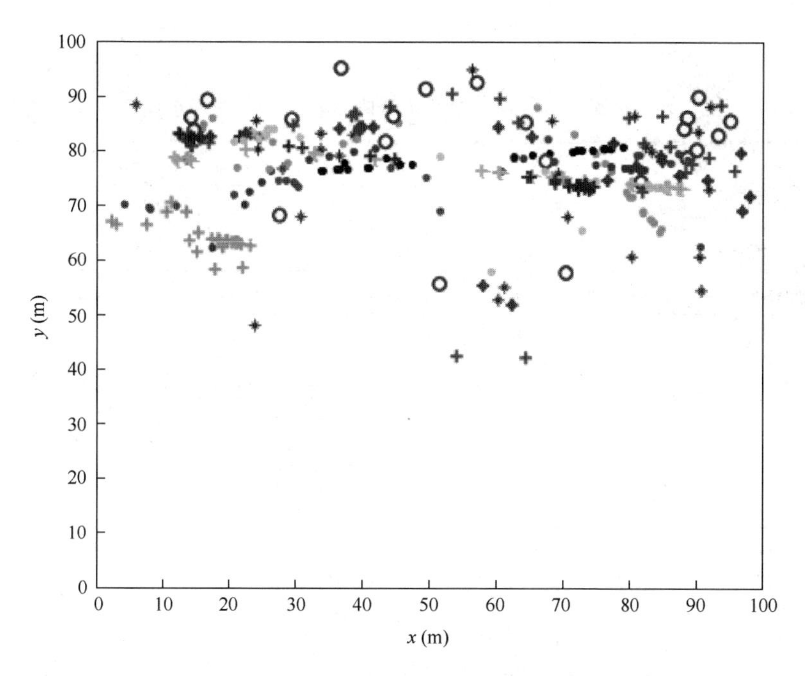

图 7.10　基于三边测量算法和基于不同训练函数的 FFNN 的定位结果，测量噪声误差方差为 5 dBm（案例 7.1）

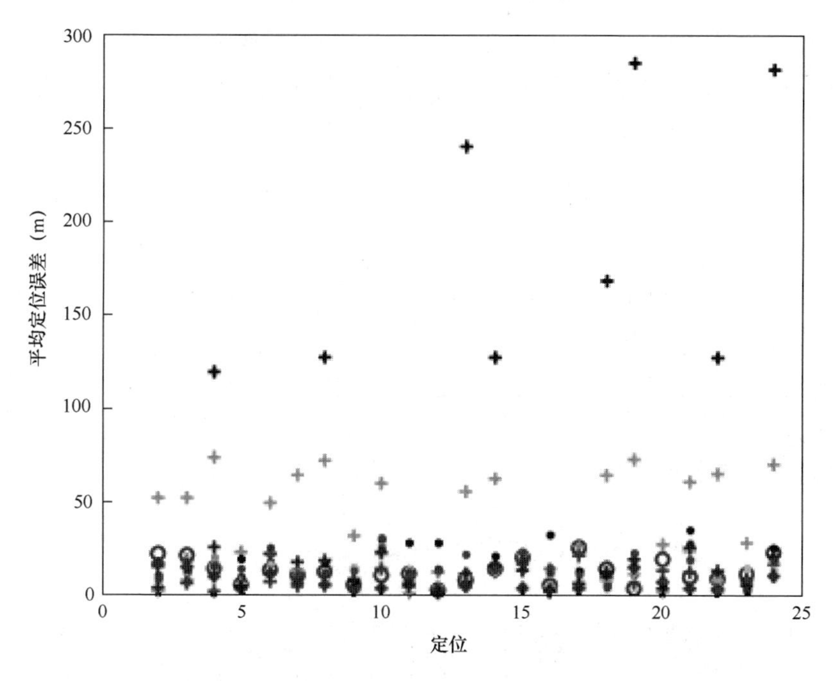

图 7.11　基于三边测量算法和基于不同训练函数的 FFNN 的平均定位误差，测量噪声误差方差为 5 dBm（案例 7.1）

表 7.5　基于三边测量算法和基于不同训练函数的 FFNN 平均定位误差数值结果

算　法	平均定位误差（m）		
	方差=3 dBm	方差=4 dBm	方差=5 dBm
三边测量	146	159	167
LM	9.5037	10.3631	12.5560
GDA	9.3820	31.3192	11.6953
GDX	11.2231	24.2291	16.6293
GD	34.3489	101.7567	45.0641
CGB	19.8868	7.8188	11.5441
CGF	11.5619	11.3910	9.8494
CGP	8.9915	12.7732	13.6693
RP	10.9167	9.1506	10.9545
SCG	11.0890	13.4659	13.3057
OSS	10.3161	11.0642	8.2845
BFG	9.1781	15.9339	14.4390

通过观察仿真结果（见图 7.6～图 7.11）和数值结果（见表 7.6），可以看出，极少一部分训练函数的 FFNN 算法性能明显优于使用其他训练函数的算法性能。案例 7.1 的主要研究结果总结如下。

表 7.6　测量噪声方差为 3dBm 情况下，基于三边测量算法、GRNN、RBFNN、MLP 和 FFNN 的平均定位误差的数值比较（案例 7.2）

待估计的目标位置	三边测量算法估计结果	GRNN 估计结果	RBFNN 估计结果	MLP 估计结果	FFNN 估计结果
(23.86, 48.17)	(123.87, 148.12)	(24.86, 49.18)	(33.86, 48.17)	(33.86, 48.17)	(43.66, 58.37)
(69.16, 75.90)	(169.17, 175.93)	(68.16, 75.90)	(79.16, 75.90)	(69.16, 75.90)	(68.33, 65.90)
(70.52, 68.05)	(170.52, 168.00)	(72.52, 68.05)	(90.54, 68.05)	(40.52, 68.05)	(80.52, 78.05)
(91.95, 88.10)	(191.97, 188.10)	(93.95, 90.10)	(91.95, 48.10)	(41.95, 88.10)	(81.23, 98.30)
(24.09, 85.62)	(124.09, 185.64)	(26.09, 85.62)	(44.09, 85.62)	(54.09, 85.62)	(54.11, 55.62)
(56.26, 94.75)	(156.26, 194.75)	(58.26, 94.75)	(76.55, 94.75)	(56.26, 94.75)	(76.26, 74.35)
(80.72, 86.36)	(180.72, 186.37)	(84.72, 86.36)	(90.72, 46.36)	(80.72, 86.36)	(50.72, 76.36)
(91.83, 72.96)	(191.88, 172.96)	(94.83, 74.96)	(91.83, 72.96)	(81.83, 72.96)	(91.81, 62.96)
(38.53, 82.95)	(138.53, 182.95)	(38.53, 82.95)	(58.53, 82.95)	(38.53, 82.95)	(38.53, 82.35)

（续表）

待估计的目标位置	三边测量算法估计结果	GRNN 估计结果	RBFNN 估计结果	MLP 估计结果	FFNN 估计结果
（61.09, 55.00）	（161.08, 155.00）	（62.09, 55.00）	（81.55, 45.00）	（71.09, 55.00）	（81.09, 55.00）
（13.48, 78.54）	（113.48, 178.54）	（15.48, 78.54）	（33.48, 78.54）	（23.48, 78.54）	（23.49, 68.54）
（13.53, 82.42）	（113.53, 182.42）	（16.53, 82.42）	（43.66, 82.42）	（13.53, 82.42）	（13.53, 82.32）
（68.27, 85.39）	（168.27, 185.39）	（64.27, 85.39）	（88.27, 85.39）	（68.27, 85.39）	（68.27, 55.39）
（80.21, 60.70）	（180.24, 160.70）	（84.21, 60.70）	（90.21, 40.70）	（90.21, 60.70）	（20.20, 70.70）
（24.24, 80.14）	（124.24, 180.14）	（26.24, 82.14）	（64.24, 80.14）	（34.24, 80.14）	（24.24, 80.34）
（15.57, 81.90）	（115.54, 181.92）	（17.57, 81.90）	（55.57, 81.90）	（15.57, 81.90）	（15.57, 85.90）
（33.81, 83.24）	（133.81, 183.24）	（35.81, 83.24）	（33.81, 43.24）	（33.81, 83.24）	（33.81, 89.34）
（82.40, 80.80）	（182.44, 180.83）	（86.40, 80.80）	（42.40, 80.80）	（82.40, 80.80）	（62.40, 80.80）
（90.22, 83.51）	（190.22,183.53）	（96.22, 83.51）	（40.33, 83.51）	（80.22,83.51）	（80.11, 83.31）
（33.79, 80.30）	（133.81, 183.24）	（35.81, 83.24）	（33.81, 43.24）	（33.81, 83.24）	（33.81, 89.34）
（60.28, 52.66）	（160.28, 152.66）	（67.28, 52.66）	（60.28, 42.66）	（40.28, 52.66）	（40.67, 52.66）
（83.18, 80.03）	（183.18, 180.33）	（84.18, 80.03）	（63.18, 80.03）	（84.18, 80.03）	（83.18, 89.03）
（36.41, 79.04）	（136.41, 179.04）	（38.41, 79.04）	（36.47, 79.04）	（36.41, 79.04）	（56.41, 79.34）
（90.45, 60.71）	（190.47, 160.71）	（93.45, 60.31）	（60.45, 30.21）	（77.35, 60.71）	（80.24, 69.31）

（1）当测量噪声方差增加时（由 0 dBm 到 5 dBm），相比利用训练函数的 FFNN 算法（见表 7.5），基于三边测量算法的平均定位误差明显较大。因此，对存在噪声不确定、不可预测的情况，不推荐使用基于三边测量的定位和跟踪算法。

（2）使用 GD 训练函数的定位与跟踪精度最差，使用 GDA、CGF、GDX、CGP 和 CGB 精度有差异。

（3）训练函数 LM 对任意方差定位精度都相对较好，因此，推荐选用 LM 解决基于 RSSI 的定位和跟踪问题。

案例 7.2：基于三边测量算法、GRNN、RBFNN、FFNN 和 MLP 架构在目标定位和跟踪问题上的比较。

对不同的 RSSI 噪声方差，基于三边测量算法、RBFNN、GRNN、FFNN 和 MLP 架构（网络训练）的性能比较如图 7.13～图 7.18 所示。平均定位误差的数值比较结果如表 7.7 所示。

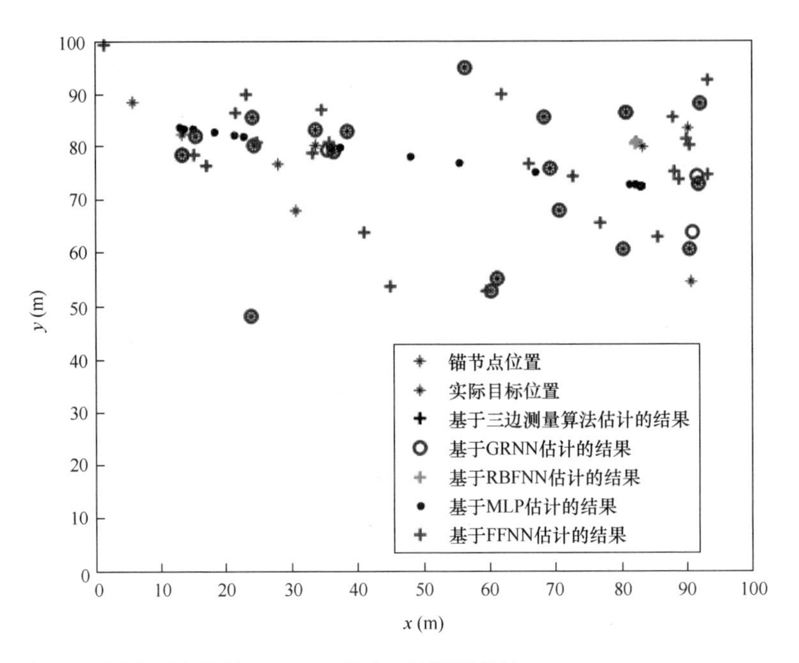

图 7.12　测量噪声方差 3 dBm，基于三边测量算法、GRNN、RBFNN、MLP 和 FFNN 的定位结果（案例 7.2）

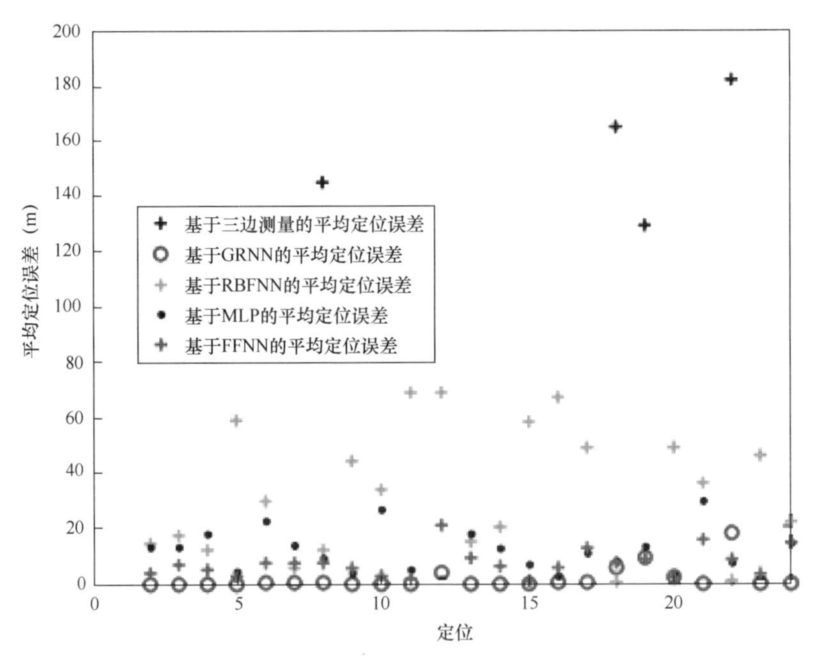

图 7.13　测量噪声方差 3 dBm，基于三边测量算法、GRNN、RBFNN、MLP 和 FFNN 的平均定位误差（案例 7.2）

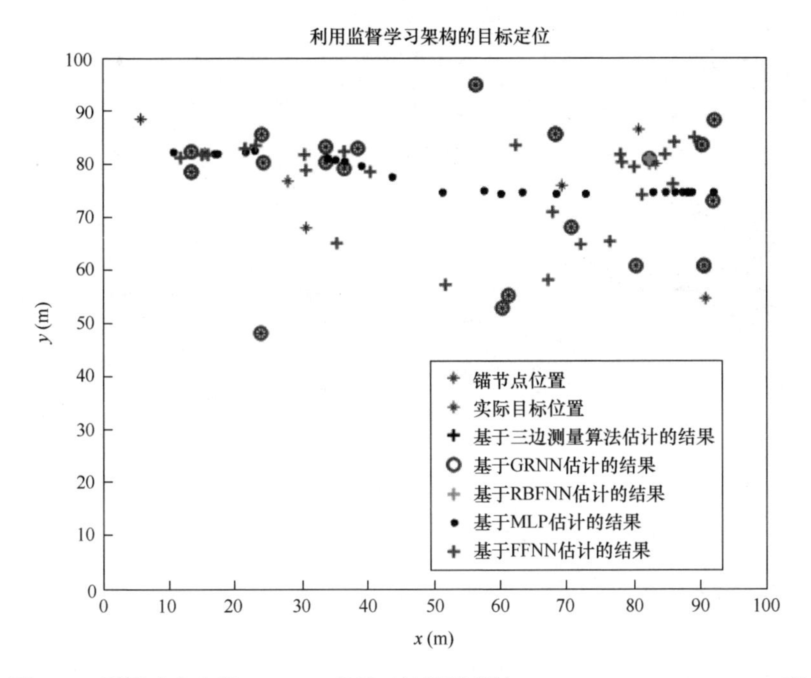

图 7.14　测量噪声方差 4 dBm，基于三边测量算法、GRNN、RBFNN、MLP 和 FFNN 的定位结果（案例 7.2）

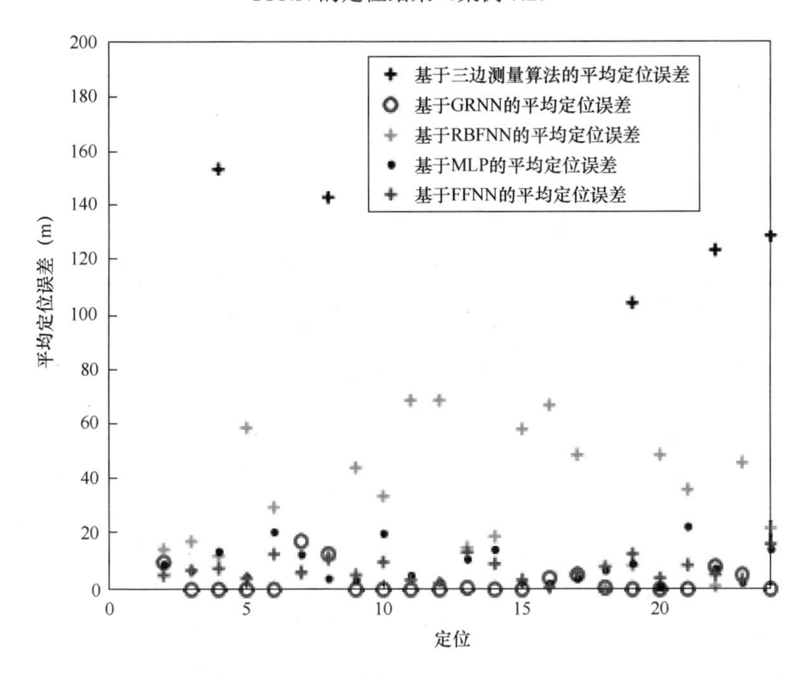

图 7.15　测量噪声方差 4 dBm，基于三边测量法、GRNN、RBFNN、MLP 和 FFNN 的平均定位误差（案例 7.2）

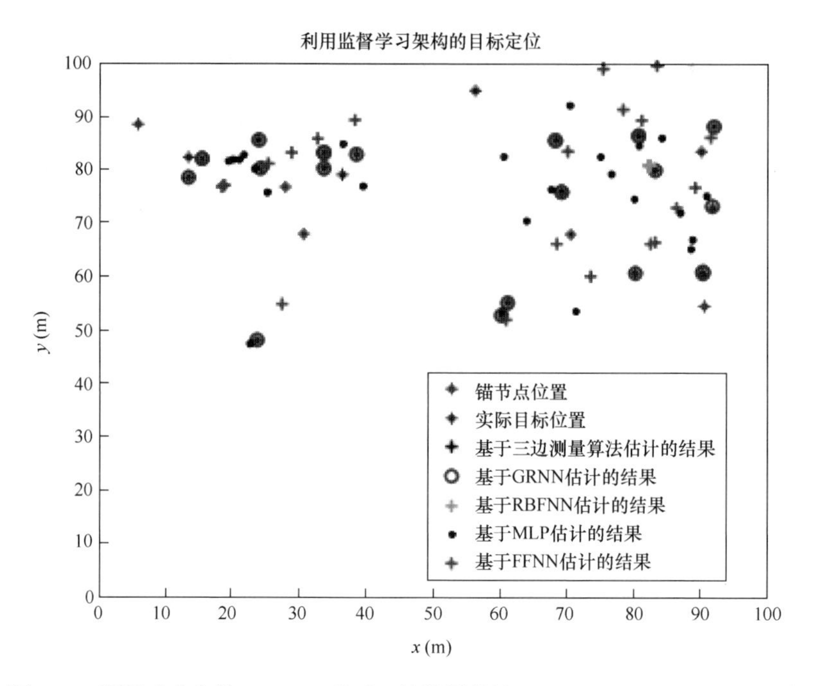

图 7.16　测量噪声方差 5 dBm，基于三边测量算法、GRNN、RBFNN、MLP 和 FFNN 的定位结果（案例 7.2）

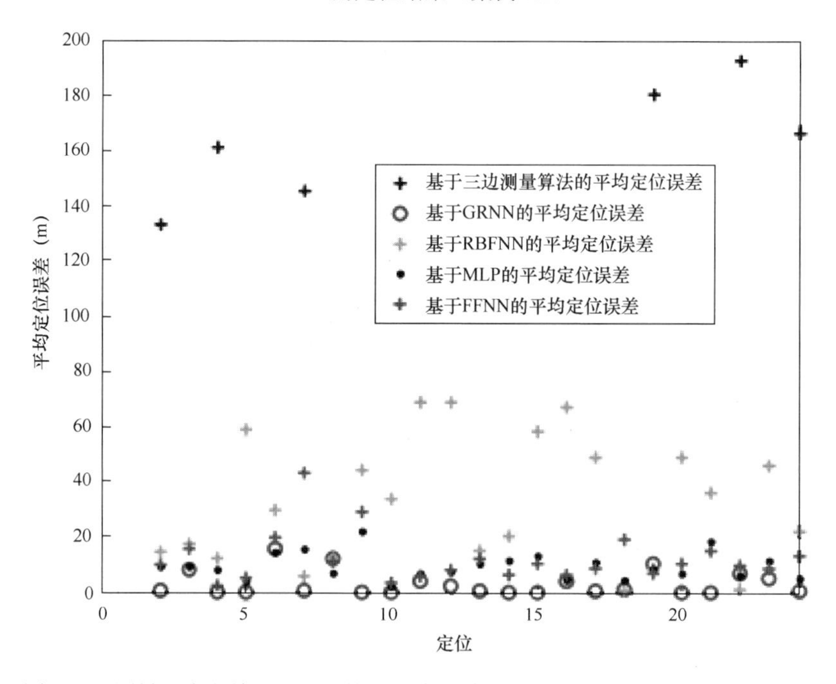

图 7.17　测量噪声方差 5 dBm，基于三边测量算法、GRNN、RBFNN、MLP 和 FFNN 的平均定位误差（案例 7.2）

表 7.7　基于三边测量算法、GRNN、RBFNN、MLP 和 FFNN 平均定位误差的数值比较（案例 7.2）

平均定位误差（m）			
算　法	方差=3 dBm	方差=4 dBm	方差=5 dBm
基于三边测量算法	160	162	165
FFNN	7.7987	7.5275	11.8115
RBFNN	33.4080	33.3855	33.4245
GRNN	1.6129	2.5414	2.8646
MLP	12.4832	9.7424	8.9789

由表 7.7 可以看出，与基于三边测量算法和其他架构的算法相比，GRNN 估计的位置与实际目标位置偏差很小；对于给定的环境，RBFNN 与其他几类架构相比性能最差；MLP 和 FFNN 相比，在噪声方差为 5 dBm 时，MLP 定位性能较好，而其余情况下 FFNN 更优。可以预见，通过改变 RSSI 向量的维度、训练数据库规模和隐藏层神经元个数，将取得不同的定位结果。

7.4　结论

本章讨论了监督学习架构（如 FFNN、RBFNN、GRNN 和 MLP 等）在目标定位与跟踪问题上的应用，这些架构通过 RSSI 测量值和移动目标在离线阶段的二维位置来训练。在仿真实验中考虑了两个案例。案例 7.1 分析了各类训练函数对基于 FFNN 的目标定位和跟踪系统定位精度的影响，案例 7.2 比较了基于传统的三边测量算法、FFNN、MLP、GRNN 和 RBFNN 的目标定位和跟踪系统的目标定位性能。为了在两种情况下客观比较各类监督学习架构性能，所有这些架构的输入向量均为 4 个 RSSI 测量值，并以此来估计相应的目标二维位置。在这两种情况下，锚节点位置和待估计的目标位置均保持固定。具体的研究结果在每个仿真的结尾部分都已经讨论。

案例 7.1 和案例 7.2 的 MATLAB 代码

案例 7.1 的 MATLAB 代码

```
%%%%%%%%%%%%% Main.m %%%%%%%%%%%%%%%%%%%%%
%% WSN Deployment Setting Parameters
clear all
close all
clc
```

```
prompt = 'Enter Frequency in MHz : ';
Freq = input(prompt);
Freq = Freq*1000000;
anchorLoc = [5.93 88.50; 27.92 76.89; 30.68 68.03; 90.75 54.45];
targetLoc = [ 23.86 48.17; 69.16 75.90; 70.52 68.05; 91.95 88.10; 24.09 85.62; 56.26 94.75;
              80.72 86.36; 91.83 72.96; 38.53 82.95; 61.09 55.00; 13.48 78.54; 13.53 82.42;
              68.27 85.39; 80.21 60.70; 24.24 80.14; 15.57 81.90; 33.81 83.24; 82.40 80.80;
              90.22 83.51; 33.79 80.30; 60.28 52.66; 83.18 80.03; 36.41 79.04; 90.45 60.71];
%%%%%%%%%%% Training Set for FFNN %%%%%%%%%%%%%%
RSS_Input = [-18.3288613120487,-4.67428444087499,-0.964045513022431,7.57384665182379,
-49.6179429670664,-11.1608291330407,3.41579702813736,4.02897222371426,
-27.0381904713468,0.653628765631545,-64.3463829643857,-72.3601686545670,
-5.03706842385432,3.24293937753768,-43.9544151850606,-67.7661092893538,
-33.7325788696963,0.765613593731738,0.228152864937741,-36.4488914396046,
-1.94267658857350,-0.0951575163411000,-31.3751011668895,5.68595216292656;
-29.8913164659770,-19.5199778478546,-15.5112990033693,-0.746238720943790,
-69.6978786517952,-24.7749824239484,-8.51565108224177,-5.10052020486471,
-62.1398461436167,-17.8057754009193,-54.0669440657066,-54.4809469444066,
-22.7477918146961,-5.23068524545026,-97.0131882992456,-64.3232183767238,
-78.1121213377313,-9.57281580095875,-6.02888004970743,-86.7354520848503,
-17.9366791314333,-10.5879222328873,-78.9911095429087,-4.23699892275761;
-46.9280995126409,-27.0142861556619,-18.2414258118235,4.83660485995008,
-50.5047822844662,-27.0107302653903,-12.8326108403980,-7.40486648364890,
-55.8828708245475,-32.3124366366187,-43.2237831535616,-49.4804736587852,
-25.8576505384169,-14.9478273779381,-63.4861032502966,-46.6976999807710,
-58.2358646652669,-8.18490742509330,-5.60963014163823,-63.8689648134508,
-27.6186257047612,-10.6563791796436,-63.3311467652521,-7.23059508971731;
-26.6799524140441,-45.8212883548265,-51.6157532570173,-9.39507906412217,
-12.5021083347264,-18.0667197448536,-23.8936722245174,-25.2469317055969,
-23.3543929151763,-172.113685391184,-10.9596045673222,-10.4917285436349,
-26.4376611687186,-42.6338151474468,-16.8873312185192,-14.9098863894250,
-19.0728092264533,-25.7573658859847,-20.8358849454565,-19.1657838399446,
-140.561929589991,-24.7580613967916,-27.5448724632910,-28.6697339921816];

  Target = targetLoc';
```

```
spread=1;
% set early stopping parameters
net.divideParam.trainRatio = 0.7;% training set [%]
net.divideParam.valRatio = 0.15; % validation set [%]
net.divideParam.testRatio = 0.15; % test set [%]
net.trainParam.epochs = 100;
%*********BPNN-LM************************
net_LM = feedforwardnet(3,'trainlm');
net_LM = train(net_LM,RSS_Input,Target);
net_GD = feedforwardnet(3,'traingd');
net_GD = train(net_GD,RSS_Input,Target);
net_GDX = feedforwardnet(3,'traingdx');
net_GDX = train(net_GDX,RSS_Input,Target);
net_GDA = feedforwardnet(3,'traingda');
net_GDA = train(net_GDA,RSS_Input,Target);
net_CGF = feedforwardnet(3,'traincgf');
net_CGF = train(net_CGF,RSS_Input,Target);
net_CGB = feedforwardnet(3,'traincgb');
net_CGB = train(net_CGB,RSS_Input,Target);
net_CGP = feedforwardnet(3,'traincgp');
net_CGP = train(net_CGP,RSS_Input,Target);
net_RP = feedforwardnet(3,'trainrp');
net_RP = train(net_RP,RSS_Input,Target);
net_OSS = feedforwardnet(3,'trainoss');
net_OSS = train(net_OSS,RSS_Input,Target);
net_SCG = feedforwardnet(3,'trainscg')
net_SCG = train(net_SCG,RSS_Input,Target);
net_BFG = feedforwardnet(3,'trainbfg');
net_BFG = train(net_BFG,RSS_Input,Target);
%show anchor Locations
f1 = figure(1);
plot(anchorLoc(:,1),anchorLoc(:,2),'r*');
hold on
plot(targetLoc(:,1),targetLoc(:,2),'b*');
ylabel('Y (in meters)','FontName','Times','Fontsize',14,'LineWidth',2);
xlabel('X (in meters)','FontName','Times','Fontsize',14,'LineWidth',2);
```

```
title('Localization using FFNN with Various Activation Functions','FontName','Times',
'FontSize',12,'LineWidth',2);
axis([0 100 0 100])
hold on
no_of_positions =24;
Avg_LocError_Trilateration =0; Avg_LocError_LM = 0; Avg_LocError_GD = 0;
Avg_LocError_GDX = 0; Avg_LocError_GDA = 0; Avg_LocError_CGF = 0;
Avg_LocError_CGB = 0; Avg_LocError_CGP = 0; Avg_LocError_RP = 0;
Avg_LocError_OSS = 0;Avg_LocError_SCG = 0; Avg_LocError_BFG = 0;
% Calculate reference RSSI at d0 = 1 meter using Free Space Path Loss Model
d0=1;
Pr0 = RSSI_friss(d0,Freq);
d_test = 60;
Pr = RSSI_friss(d_test,Freq);
%Calculation of Path Loss Exponent :
n = -(Pr + Pr0)/(10*log(d_test));
% Generating trajectory for the mobile node
for t = 1:no_of_positions
     P(t)=targetLoc(t,1);
     Q(t)=targetLoc(t,2);
  end
  for t = 1:no_of_positions
      Actual_Target_Location = targetLoc(t,:)
  % Actual Distances from Anchors required to generate RSSI Values
      d1 = sqrt((5.93-P(t))^2+ (88.50-Q(t))^2);
      d2 = sqrt((27.92-P(t))^2+ (76.89-Q(t))^2);
      d3 = sqrt((30.68-P(t))^2+ (68.03-Q(t))^2);
      d4 = sqrt((60.75-P(t))^2+ (54.45-Q(t))^2);
  % Generate RSSI Values according to OFPEDM Path Loss Model
      RSS = lognormalshadowing_4(n,d1,d2,d3,d4,Pr0);
      RSS_s = sort(RSS);
  % Application of Trilateration based L&T Algorithm:
      Trilateration_Estimated_Loc = trilateration_4(RSS,RSS_s,Pr0,n )
      X_T = Trilateration_Estimated_Loc(1);
      Trilateration_X(t)=Trilateration_Estimated_Loc(1);
      Y_T = Trilateration_Estimated_Loc(2);
```

```
        Trilateration_Y(t)=Trilateration_Estimated_Loc(2);
        plot(X_T,Y_T,'k+','LineWidth',2);
        hold on
        RSS_1(t)= RSS(1);
        RSS_2(t)= RSS(2);
        RSS_3(t)= RSS(3);
        RSS_4(t)= RSS(4);
% Online Estimation Phase: Application Set of four random RSSI values to Considered
   Supervised Learning Architectures:
      RSS = [RSS_1(t), RSS_2(t), RSS_3(t), RSS_4(t)];
      RSS_new_vector = RSS.';
      LM_Estimated_Loc= net_LM(RSS_new_vector)
      LM_X(t)= LM_Estimated_Loc(1);
      LM_Y(t)= LM_Estimated_Loc(2);
      plot(LM_Estimated_Loc(1),LM_Estimated_Loc(2),'ro','LineWidth',2);
      GD_Estimated_Loc= net_GD(RSS_new_vector);
      GD_X(t)= GD_Estimated_Loc(1);
      GD_Y(t)= GD_Estimated_Loc(2);
      plot(GD_Estimated_Loc(1), GD_Estimated_Loc(2),'g+','LineWidth',2);
      GDX_Estimated_Loc= net_GDX(RSS_new_vector);
      GDX_X(t)= GDX_Estimated_Loc(1);
      GDX_Y(t)= GDX_Estimated_Loc(2);
      plot(GDX_Estimated_Loc(1), GDX_Estimated_Loc(2),'k.','LineWidth',2);
      GDA_Estimated_Loc= net_GDA(RSS_new_vector);
      GDA_X(t)= GDA_Estimated_Loc(1);
      GDA_Y(t)= GDA_Estimated_Loc(2);
      plot(GDA_Estimated_Loc(1), GDA_Estimated_Loc(2),'y.','LineWidth',2);
      CGF_Estimated_Loc= net_CGF(RSS_new_vector);
      CGF_X(t)= CGF_Estimated_Loc(1);
      CGF_Y(t)= CGF_Estimated_Loc(2);
      plot(CGF_Estimated_Loc(1), CGF_Estimated_Loc(2),'m+','LineWidth',2);
      CGB_Estimated_Loc= net_CGB(RSS_new_vector);
      CGB_X(t)= CGB_Estimated_Loc(1);
      CGB_Y(t)= CGB_Estimated_Loc(2);
      plot(CGB_Estimated_Loc(1), CGB_Estimated_Loc(2),'g.','LineWidth',2);
      CGP_Estimated_Loc= net_CGP(RSS_new_vector)
```

```
        CGP_X(t)= CGP_Estimated_Loc(1);
        CGP_Y(t)= CGP_Estimated_Loc(2);
        plot(CGP_Estimated_Loc(1), CGP_Estimated_Loc(2),'r.','LineWidth',2);
        RP_Estimated_Loc= net_RP(RSS_new_vector);
        RP_X(t)= RP_Estimated_Loc(1);
        RP_Y(t)= RP_Estimated_Loc(2);
        plot(RP_Estimated_Loc(1), RP_Estimated_Loc(2),'c+','LineWidth',2);
        OSS_Estimated_Loc= net_OSS(RSS_new_vector);
        OSS_X(t)= OSS_Estimated_Loc(1);
        OSS_Y(t)= OSS_Estimated_Loc(2);
        plot(OSS_Estimated_Loc(1), OSS_Estimated_Loc(2),'r*','LineWidth',2);
        SCG_Estimated_Loc= net_SCG(RSS_new_vector);
        SCG_X(t)= SCG_Estimated_Loc(1);
        SCG_Y(t)= SCG_Estimated_Loc(2);
        plot(SCG_Estimated_Loc(1), SCG_Estimated_Loc(2),'b+','LineWidth',2);
        BFG_Estimated_Loc= net_BFG(RSS_new_vector);
        BFG_X(t)= BFG_Estimated_Loc(1);
        BFG_Y(t)= BFG_Estimated_Loc(2);
        plot(BFG_Estimated_Loc(1), BFG_Estimated_Loc(2),'m.','LineWidth',2);
    %%%%% Error Analysis of algorithm
        LocError_Trilateration = sqrt((P(t) - Trilateration_Estimated_Loc(1))^2 + (Q(t) -
        Trilateration_Estimated_Loc(2))^2);
        Trilateration_Error(t) = LocError_Trilateration;
        Avg_LocError_Trilateration = Avg_LocError_Trilateration + LocError_Trilateration;

        LocError_LM = sqrt((P(t) - LM_Estimated_Loc(1))^2 + (Q(t) - LM_Estimated_Loc(2))^2);
        LM_Error(t) = LocError_LM;
        Avg_LocError_LM = Avg_LocError_LM + LocError_LM;

        LocError_GD = sqrt((P(t) - GD_Estimated_Loc(1))^2 + (Q(t) - GD_Estimated_Loc(2))^2);
GD_Error(t) = LocError_GD;
Avg_LocError_GD = Avg_LocError_GD + LocError_GD;

LocError_GDX = sqrt((P(t) - GDX_Estimated_Loc(1))^2 + (Q(t) -GDX_Estimated_Loc(2))^2);
GDX_Error(t) = LocError_GDX;
Avg_LocError_GDX = Avg_LocError_GDX + LocError_GDX;
```

```
LocError_GDA = sqrt((P(t) - GDA_Estimated_Loc(1))^2 + (Q(t) -GDA_Estimated_Loc(2))^2);
GDA_Error(t) = LocError_GDA;
Avg_LocError_GDA = Avg_LocError_GDA + LocError_GDA;

LocError_CGF = sqrt((P(t) - CGF_Estimated_Loc(1))^2 + (Q(t) -CGF_Estimated_Loc(2))^2);
CGF_Error(t) = LocError_CGF;
Avg_LocError_CGF = Avg_LocError_CGF + LocError_CGF;

LocError_CGB = sqrt((P(t) - CGB_Estimated_Loc(1))^2 + (Q(t) -CGB_Estimated_Loc(2))^2);
CGB_Error(t) = LocError_CGB;
Avg_LocError_CGB = Avg_LocError_CGB + LocError_CGB;

LocError_CGP = sqrt((P(t) - CGP_Estimated_Loc(1))^2 + (Q(t) -GP_Estimated_Loc(2))^2);
CGP_Error(t) = LocError_CGP;
Avg_LocError_CGP = Avg_LocError_CGP + LocError_CGP;

LocError_RP = sqrt((P(t) - RP_Estimated_Loc(1))^2 + (Q(t) - RP_Estimated_Loc(2))^2);
RP_Error(t) = LocError_RP;
Avg_LocError_RP = Avg_LocError_RP + LocError_RP;

LocError_OSS = sqrt((P(t) - OSS_Estimated_Loc(1))^2 + (Q(t) - OSS_Estimated_Loc(2))^2)
OSS_Error(t) = LocError_OSS;
Avg_LocError_OSS = Avg_LocError_OSS + LocError_OSS;

LocError_SCG = sqrt((P(t) - SCG_Estimated_Loc(1))^2 + (Q(t) -SCG_Estimated_Loc(2))^2)
SCG_Error(t) = LocError_SCG;
Avg_LocError_SCG = Avg_LocError_SCG + LocError_SCG;

LocError_BFG = sqrt((P(t) - BFG_Estimated_Loc(1))^2 + (Q(t) -BFG_Estimated_Loc(2))^2)
        BFG_Error(t) = LocError_BFG;
        Avg_LocError_BFG = Avg_LocError_BFG + LocError_BFG;
end
legend('Anchor Node Location','Actual Target Track','Estimation with Trilateration','Estimation with trainlm','Estimation with traingd','Estimation with traingdx','Estimation with traingda','Estimation with traincgf','Estimation with traincgb','Estimation with traincgp','Estimation with trainrp','Estimation
```

```
with trainoss','Estimation with trainscg','Estimation with trainbfg','Location','BestOutside')
    Avg_LocError_Trilateration = Avg_LocError_Trilateration/no_of_positions;
    Avg_LocError_LM = Avg_LocError_LM/no_of_positions;
    Avg_LocError_GD = Avg_LocError_GD/no_of_positions;
    Avg_LocError_GDX = Avg_LocError_GDX/no_of_positions;
    Avg_LocError_GDA = Avg_LocError_GDA/no_of_positions;
    Avg_LocError_CGF = Avg_LocError_CGF/no_of_positions;
    Avg_LocError_CGB = Avg_LocError_CGB/no_of_positions;
    Avg_LocError_CGP = Avg_LocError_CGP/no_of_positions;
    Avg_LocError_RP = Avg_LocError_RP/no_of_positions;
    Avg_LocError_OSS = Avg_LocError_OSS/no_of_positions;
    Avg_LocError_SCG = Avg_LocError_SCG/no_of_positions;
    Avg_LocError_BFG = Avg_LocError_BFG/no_of_positions;
      f2 = figure(2);
      for t =1:no_of_positions
            plot(t,LM_Error(t),'ro','LineWidth',2);
            plot(t,GD_Error(t),'g+','LineWidth',2);
            plot(t,GDX_Error(t),'k.','LineWidth',2);
            plot(t,GDA_Error(t),'y.','LineWidth',2);
            plot(t,CGF_Error(t),'m+','LineWidth',2);
            plot(t,CGB_Error(t),'g.','LineWidth',2);
            plot(t,CGP_Error(t),'r.','LineWidth',2);
            plot(t,RP_Error(t),'c+','LineWidth',2);
            plot(t,OSS_Error(t),'r*','LineWidth',2);
            plot(t,SCG_Error(t),'b+','LineWidth',2);
            plot(t,BFG_Error(t),'m.','LineWidth',2);
            plot(t,Trilateration_Error(t),'k+','LineWidth',2);
            axis([0 25 0 300])
            xlabel('Location','FontName','Times','Fontsize',14,'LineWidth',2)
            ylabel('Localization Error [in meters]','FontName','Times','Fontsize',14,'LineWidth',2)
       hold on
    end
    legend('Localization Error with Trilateration','Localization Error with trainlm','Localization
    Error with traingd','Localization Error with traingdx','Localization Error with traingda','
Localization Error with traincgf', 'Localization Error with traincgb','Localization Error with traincgp','
Localization Error with trainrp','Localization Error with
```

```
trainoss','Localization Error with trainscg','Localization Error with
trainbfg','Location','BestOutside')

%%%%%%%% lognormalshadowing_4.m%%%%%%%%%%%%%%

function [ RSS ] = lognormalshadowing_4(n,d1,d2,d3,d4,Pr0 )
%UNTITLED5 Summary of this function goes here
% Example Generate values from a normal distribution with mean 1 and standard deviation 2:
mean = 0; % standard deviation 0f measurement noise in dbm
variance =3;
RSS_d1= (10*n* log10(d1) + Pr0) + (mean + variance.*randn);
RSS_d2= (10*n* log10(d2) + Pr0) + (mean + variance.*randn);
RSS_d3= (10*n* log10(d3) + Pr0) + (mean + variance.*randn);
RSS_d4= (10*n* log10(d4) + Pr0) + (mean + variance.*randn);
RSS = [ RSS_d1, RSS_d2, RSS_d3, RSS_d4];
 end
%%%%%%%%% Trilateration.m%%%%%%%%%%%%%%%%
function [ mobileLoc_est ] = trilateration_4( RSS,RSS_s,Pr0,n )
%UNTITLED6 Summary of this function goes here
% Detailed explanation goes here
% Select highest three RSSI Values & Calculate distances using d = antilog(Pr0-RSSI)/ (10*n)
d1_est = 10^(-(Pr0+RSS_s(4))/(10*n));
d2_est = 10^(-(Pr0+RSS_s(3))/(10*n));
d3_est = 10^(-(Pr0+RSS_s(2))/(10*n));
if (RSS_s(4) == RSS(1))
        X1 = 5.93; Y1 = 88.50;
elseif (RSS_s(4) == RSS(2))
        X1 = 27.92; Y1 = 76.89;
elseif (RSS_s(4) == RSS(3))
        X1 = 30.68; Y1 = 68.03;
elseif (RSS_s(4) == RSS(4))
        X1 = 90.75; Y1 = 54.45;
end
if (RSS_s(3) == RSS(1))
        X2 = 5.93; Y2 = 88.50;
elseif (RSS_s(3) == RSS(2))
```

```
            X2 = 27.92; Y2 = 76.89;
    elseif (RSS_s(3) == RSS(3))
            X2 = 30.68; Y2 = 68.03;
    elseif (RSS_s(3) == RSS(4))
            X2 = 90.75; Y2 = 54.45;
    end
    if (RSS_s(2) == RSS(1))
            X3 = 5.93; Y3 = 88.50;
    elseif (RSS_s(2) == RSS(2))
            X3 = 27.92; Y3 = 76.89;
    elseif (RSS_s(2) == RSS(3))
            X3 = 30.68; Y3 = 68.03;
    elseif (RSS_s(2) == RSS(4))
            X3 = 90.75; Y3 = 54.45;
end
A = X1^2 + Y1^2 - d1_est^2;
B = X2^2 + Y2^2 - d2_est^2;
C = X3^2 + Y3^2 - d3_est^2;
X32 = (X3 - X2);
Y32 = (Y3 - Y2);
X21 = (X2 - X1);
Y21 = (Y2 - Y1);
X13 = (X1 - X3);
Y13 = (Y1 - Y3);
X_T = (A*Y32 + B*Y13 + C*Y21) / (2*( X1*Y32 + X2*Y13 + X3*Y21));
Y_T = (A*X32 + B*X13 + C*X21) / (2*( Y1*X32 + Y2*X13 + Y3*X21));
mobileLoc_est = [ X_T, Y_T];
end
```

%%%%%%%%% RSSI_friss.m %%%%%%%%%%%%%%%%%%%%

```
function [ Pr ] = RSSI_friss( d,Freq )
C=3e8;                    %LightSpeed
Freq = Freq*1000000;
TXAntennaGain=1;          %db
RXAntennaGain=1;          %db
PTx=0.001;                %watt
Wavelength=C/Freq;
```

```
PTxdBm=10*log10(PTx*1000);
M = Wavelength / (4 * pi * d);
Pr=PTxdBm + TXAntennaGain + RXAntennaGain- (20*log10(1/M));
end
```

案例 7.2 的 MATLAB 代码

```
%%%%%%%%%%%% Main.m %%%%%%%%%%%%%%%%%%%%
%% WSN Deployment Setting Parameters
clear all
close all
clc
prompt = 'Enter Frequency in MHz : ';
Freq = input(prompt);
Freq = Freq*1000000;
anchorLoc = [5.93 88.50; 27.92 76.89; 30.68 68.03; 90.75 54.45];
targetLoc= [ 23.86 48.17; 69.16 75.90; 70.52 68.05; 91.95 88.10; 24.09 85.62; 56.26 94.75;
            80.72 86.36; 91.83 72.96; 38.53 82.95; 61.09 55.00; 13.48 78.54; 13.53 82.42;
            68.27 85.39; 80.21 60.70; 24.24 80.14; 15.57 81.90; 33.81 83.24; 82.40 80.80;
            90.22 83.51; 33.79 80.30; 60.28 52.66; 83.18 80.03; 36.41 79.04; 90.45 60.71];
%%%%%%%%%%%%%% Training of GRNN %%%%%%%%%%%%%
RSS_Input = [-18.3288613120487,-4.67428444087499,-0.964045513022431,7.57384665182379,
-49.6179429670664,-11.1608291330407,3.41579702813736,4.02897222371426,
-27.0381904713468,0.653628765631545,-64.3463829643857,-72.3601686545670,
-5.03706842385432,3.24293937753768,-43.9544151850606,-67.7661092893538,
-33.7325788696963,0.765613593731738,0.228152864937741,-36.4488914396046,
-1.94267658857350,-0.0951575163411000,-31.3751011668895,5.68595216292656;
-29.8913164659770,-19.5199778478546,-15.5112990033693,-0.746238720943790,
-69.6978786517952,-24.7749824239484,-8.51565108224177,-5.10052020486471,
-62.1398461436167,-17.8057754009193,-54.0669440657066,-54.4809469444066,
-22.7477918146961,-5.23068524545026,-97.0131882992456,-64.3232183767238,
-78.1121213377313,-9.57281580095875,-6.02888004970743,-86.7354520848503,
-17.9366791314333,-10.5879222328873,-78.9911095429087,-4.23699892275761;
-46.9280995126409,-27.0142861556619,-18.2414258118235,4.83660485995008,
-50.5047822844662,-27.0107302653903,-12.8326108403980,-7.40486648364890,
-55.8828708245475,-32.3124366366187,-43.2237831535616,-49.4804736587852,
-25.8576505384169,-14.9478273779381,-63.4861032502966,-46.6976999807710,
```

```
-58.2358646652669,-8.18490742509330,-5.60963014163823,-63.8689648134508,
-27.6186257047612,-10.6563791796436,-63.3311467652521,-7.23059508971731;
-26.6799524140441,-45.8212883548265,-51.6157532570173,-9.39507906412217,
-12.5021083347264,-18.0667197448536,-23.8936722245174,-25.2469317055969,
-23.3543929151763,-172.113685391184,-10.9596045673222,-10.4917285436349,
-26.4376611687186,-42.6338151474468,-16.8873312185192,-14.9098863894250,
-19.0728092264533,-25.7573658859847,-20.8358849454565,-19.1657838399446,
-140.561929589991,-24.7580613967916,-27.5448724632910,-28.6697339921816];
    Target = targetLoc';
    spread=1;
    net_Loc_est = newgrnn(RSS_Input,Target,spread);
    view(net_Loc_est)
    %%%%%%%%%%%%%%%% Training of Exact RBFNN %%%%%%%%%%
    K = 80;
    goal = 0;                   % performance goal (SSE)
    Ki = 25;                    % number of neurons to add between displays
    net_RBFNN = newrb(RSS_Input,Target,goal,spread,K, Ki)
    %%%%%%%%%%%%%%%%%% Training of MLP %%%%%%%%%%%%%%%
    net_MLP = feedforwardnet([5 3]);
    net_MLP1 = train(net_MLP,RSS_Input,Target);
    % set early stopping parameters
    net.divideParam.trainRatio = 0.7; % training set [%]
    net.divideParam.valRatio = 0.15; % validation set [%]
    net.divideParam.testRatio = 0.15; % test set [%]
    net.trainParam.epochs = 100;
    %%%%%%%%%%%%%%%% Training of FFNN %%%%%%%%%%%%%
    net_LM = feedforwardnet(3,'trainlm');
    net_LM1 = train(net_LM,RSS_Input,Target);
    %show anchor Locations
    f1 = figure(1);
    plot(anchorLoc(:,1),anchorLoc(:,2),'r*');
hold on
plot(targetLoc(:,1),targetLoc(:,2),'b*');
ylabel('Y (in meters)','FontName','Times','Fontsize',14,'LineWidth',2);
xlabel('X (in meters)','FontName','Times','FontSize',14,'LineWidth',2);
title('Target Localization with Supervised Learning Architectures','FontName','Times','FontSize',
12,'LineWidth',2);
```

```
axis([0 100 0 100])
hold on
no_of_positions =24;
Avg_LocError_Trilateration =0; Avg_LocError_GRNN = 0; Avg_LocError_RBFNN = 0;
Avg_LocError_MLP = 0; Avg_LocError_FFNN = 0;
% Calculate reference RSSI at d0 = 1 meter using Free Space Path Loss Model
d0=1;                           % in Meters
Pr0 = RSSI_friss(d0,Freq);
d_test = 60;
Pr = RSSI_friss(d_test,Freq);
%Calculation of Path Loss Exponent:
n = -(Pr + Pr0)/(10*log(d_test));
% Generating trajectory for the mobile node
for t = 1:no_of_positions
    P(t)=targetLoc(t,1);
    Q(t)=targetLoc(t,2);
end
for t = 1:no_of_positions
    Actual_Target_Location = targetLoc(t,:)
    % Actual Distances from Anchors required to generate RSSI Values
    d1 = sqrt((5.93-P(t))^2+ (88.50-Q(t))^2);
    d2 = sqrt((27.92-P(t))^2+ (76.89-Q(t))^2);
    d3 = sqrt((30.68-P(t))^2+ (68.03-Q(t))^2);
    d4 = sqrt((60.75-P(t))^2+ (54.45-Q(t))^2);
% Generate RSSI Values according to OFPEDM Path Loss Model
   RSS = lognormalshadowing_4(n,d1,d2,d3,d4,Pr0);
   RSS_s = sort(RSS);
% Application of Trilateration Algorithm:
   Trilateration_Estimated_Loc = trilateration_4(RSS,RSS_s,Pr0,n );
   X_T = Trilateration_Estimated_Loc(1);
   Trilateration_X(t)=Trilateration_Estimated_Loc(1);
   Y_T = Trilateration_Estimated_Loc(2);
   Trilateration_Y(t)=Trilateration_Estimated_Loc(2);
   plot(X_T,Y_T,'k+','LineWidth',2);
   hold on
   RSS_1(t)= RSS(1);
```

```
    RSS_2(t)= RSS(2);
    RSS_3(t)= RSS(3);
    RSS_4(t)= RSS(4);
% Online Estimation Phase: Application Considered Supervised Learning Architectures:
    RSS = [RSS_1(t), RSS_2(t), RSS_3(t), RSS_4(t)];
    RSS_new_vector = RSS.';
    GRNN_Estimated_Loc = sim(net_Loc_est,RSS_new_vector);
    GRNN_X(t)= GRNN_Estimated_Loc(1);
    GRNN_Y(t)= GRNN_Estimated_Loc(2);
    plot(GRNN_Estimated_Loc(1),GRNN_Estimated_Loc(2),'ro','LineWidth',2);
    RBFNN_Estimated_Loc= net_RBFNN(RSS_new_vector);
    RBFNN_X(t)= RBFNN_Estimated_Loc(1);
    RBFNN_Y(t)= RBFNN_Estimated_Loc(2);
    plot(RBFNN_Estimated_Loc(1), RBFNN_Estimated_Loc(2),'g+','LineWidth',2);
    MLP_Estimated_Loc= net_MLP1(RSS_new_vector);
    MLP_X(t)= MLP_Estimated_Loc(1);
    MLP_Y(t)= MLP_Estimated_Loc(2);
    plot(MLP_Estimated_Loc(1), MLP_Estimated_Loc(2),'k.','LineWidth',2);
    FFNN_Estimated_Loc= net_LM1(RSS_new_vector);
    FFNN_X(t)= FFNN_Estimated_Loc(1);
    FFNN_Y(t)= FFNN_Estimated_Loc(2);
    plot(FFNN_Estimated_Loc(1), FFNN_Estimated_Loc(2),'m+','LineWidth',2);
%%%%% Error Analysis of considered algorithms
    LocError_Trilateration = sqrt((P(t) - Trilateration_Estimated_Loc(1))^2 + (Q(t) -Trilateration_
    Estimated_Loc(2))^2);
    Trilateration_Error(t)= LocError_Trilateration;
    Avg_LocError_Trilateration = Avg_LocError_Trilateration + LocError_Trilateration;
    LocError_GRNN = sqrt((P(t) - GRNN_Estimated_Loc(1))^2 + (Q(t) -GRNN_ Estimated_
    Loc(2))^2);
    GRNN_Error(t) = LocError_GRNN;
    Avg_LocError_GRNN = Avg_LocError_GRNN + LocError_GRNN;
    LocError_RBFNN = sqrt((P(t) - RBFNN_Estimated_Loc(1))^2 + (Q(t) -RBFN_Estimated_
    Loc(2))^2);
    RBFNN_Error(t) = LocError_RBFNN;
    Avg_LocError_RBFNN = Avg_LocError_RBFNN + LocError_RBFNN;
    LocError_MLP = sqrt((P(t) - MLP_Estimated_Loc(1))^2 + (Q(t) -MLP_Estimated_
```

```
        Loc(2))^2);
        MLP_Error(t) = LocError_MLP;
        Avg_LocError_MLP = Avg_LocError_MLP + LocError_MLP;
        LocError_FFNN = sqrt((P(t) - FFNN_Estimated_Loc(1))^2 + (Q(t) -FFNN_Estimated_
        Loc(2))^2);
        FFNN_Error(t) = LocError_FFNN;
        Avg_LocError_FFNN = Avg_LocError_FFNN + LocError_FFNN;
        end
    legend('Anchor Node Location','Actual Target Location','Estimation with Trilateration','
Estimation with GRNN','Estimation with RBFNN','Estimation with MLP','Estimation with FFNN','
Location','SouthWest')
    Avg_LocError_Trilateration = Avg_LocError_Trilateration/no_of_positions;
    Avg_LocError_GRNN = Avg_LocError_GRNN/no_of_positions;
    Avg_LocError_RBFNN = Avg_LocError_RBFNN/no_of_positions;
    Avg_LocError_MLP = Avg_LocError_MLP/no_of_positions;
    Avg_LocError_FFNN = Avg_LocError_FFNN/no_of_positions;
    f2 = figure(2);
    for t =1:no_of_positions
        plot(t,GRNN_Error(t),'ro','LineWidth',2);
        plot(t,RBFNN_Error(t),'g+','LineWidth',2);
        plot(t,MLP_Error(t),'k.','LineWidth',2);
        plot(t,FFNN_Error(t),'m+','LineWidth',2);
        plot(t,Trilateration_Error(t),'k+','LineWidth',2);
        axis([0 24 0 200]);
        xlabel('Location','FontName','Times','FontSize',14,'LineWidth',2);
        ylabel('Error in Localization [in meters]','FontName','Times','FontSize',14,'LineWidth',2);
        hold on
    end
    legend('Localization Error with Trilateration','Localization Error with GRNN','Localization
    Error with RBFNN','Localization Error with MLP','Localization Error with FFNN',' Location',
    'NorthEast')
```

原书参考文献

1. Y. Zhang, S. Wang, G. Ji, P. Phillips, Fruit classification using computer vision and feedforward neural network. J. Food Eng. 143, 167-177 (2014).

2. T. K. Gupta, K. Raza, Optimizing deep feedforward neural network architecture: a tabu search based approach. Neural Process. Lett.(3), 51, 2855-2870 (2020).
3. G. S. Shehu, N. Çetinkaya, Flower pollination-feedforward neural network for load fow forecasting in smart distribution grid. Neural Comput. Appl. 31(10) (2019).
4. S. K. Gharghan, R. Nordin, M. Ismail, J. A. Ali, Accurate Wireless Sensor Localization Technique Based on Hybrid PSO-ANN Algorithm for Indoor and Outdoor Track Cycling. IEEE Sensors J. (2016).
5. H. Huang, L. Chen, E. Hu, A neural network-based multi-zone modelling approach for predictive control system design in commercial buildings. Energy Build. (2015).
6. P. Ondruska, I. Posner, Deep tracking: seeing beyond seeing using recurrent neural networks, in AAAI Conference(2016).
7. F. Viani, P. Rocca, G. Oliveri, D. Trinchero, A. Massa, Localization, tracking, and imaging of targets in wireless sensor networks: an invited review. Radio Sci. (2011).
8. W. W. Y. Ng, S. Xu, T. Wang, S. Zhang, C. Nugent, Radial basis function neural network with localized stochastic-sensitive autoencoder for home-based activity recognition. Sensors (Switzerland) 20(5) (2020).
9. M. Dua, R. Gupta, M. Khari, R. G. Crespo, Biometric iris recognition using radial basis function neural network. Soft Comput. 23(22) (2019).
10. M. A. Mansor, S. Z. M. Jamaludin, M. S. M. Kasihmuddin, S. A. Alzaeemi, M. F. M. Basir, S. Sathasivam, Systematic boolean satisfability programming in radial basis function neural network. Processes 8(2) (2020).
11. S. H. Bak et al., A study on red tide detection technique by using multi-layer perceptron. Int. J. Grid Distrib. Comput. 11(9) (2018).
12. N. Talebi, A. M. Nasrabadi, I. Mohammad-Rezazadeh, Estimation of effective connectivity using multi-layer perceptron artificial neural network. Cogn. Neurodyn. 12(1) (2018).
13. Y. Liu, S. Liu, Y. Wang, F. Lombardi, J. Han, A stochastic computational multi-layer perceptron with backward propagation. IEEE Trans. Comput. 67(9) (2018).
14. I. Lorencin, N. Anđelić, J. Španjol, Z. Car, Using multi-layer perceptron with Laplacian edge detector for bladder cancer diagnosis. Artif. Intell. Med. 102(2020).
15. E. Volná, M. Kotyrba, Z. K. Oplatková, R. Senkerik, Elliott waves classification by means of neural and pseudo neural networks. Soft Comput. 22(6) (2018).
16. S. M. Ghoreishi, A. Hedayati, S. O. Mousavi, Quercetin extraction from Rosa damascena Mill via supercritical CO_2: Neural network and adaptive neuro fuzzy interface system modeling and response surface optimization. J. Supercrit. Fluids 112(2016).
17. M. N. Amar, M. A. Ghriga, H. Ouaer, M. El Amine Ben Seghier, B. T. Pham, P. Ø. Andersen, Modeling viscosity of CO_2 at high temperature and pressure conditions. J. Nat. Gas Sci. Eng.

77(2020).
18. A. Ghosh, Comparative study of financial time series prediction by artificial neural network with gradient descent learning. Int. J. Sci. Eng. Res. 3(2011).
19. J. Wang, Y. Wen, Y. Gou, Z. Ye, H. Chen, Fractional-order gradient descent learning of BP neural networks with Caputo derivative. Neural Netw. 89(2017).
20. I. Riadi, A. Wirawan, Sunardi, Network packet classification using neural network based on training function and hidden layer neuron number variation. Int. J. Adv. Comput. Sci. Appl. 8(6) (2017).
21. S. R. Jondhale, R. S. Deshpande, Modified Kalman filtering framework based real time target tracking against environmental dynamicity in wireless sensor networks. Ad Hoc Sens. Wirel. Netw. 40(1-2), 119-143 (2018).
22. S. R. Jondhale, R. S. Deshpande, GRNN and KF framework based real time target tracking using PSOC BLE and smartphone. Ad Hoc Netw. 84(2019).
23. S. R. Jondhale, R. S. Deshpande, Kalman filtering framework-based real time target tracking in wireless sensor networks using generalized regression neural networks. IEEE Sensors J. (2019).
24. S. R. Jondhale, R. S. Deshpande, S. M. Walke, A. S. Jondhale, Issues and challenges in RSSI based target localization and tracking in wireless sensor networks, in 2016 International Conference on Automatic Control and Dynamic Optimization Techniques (ICACDOT)(2017).

反侵权盗版声明